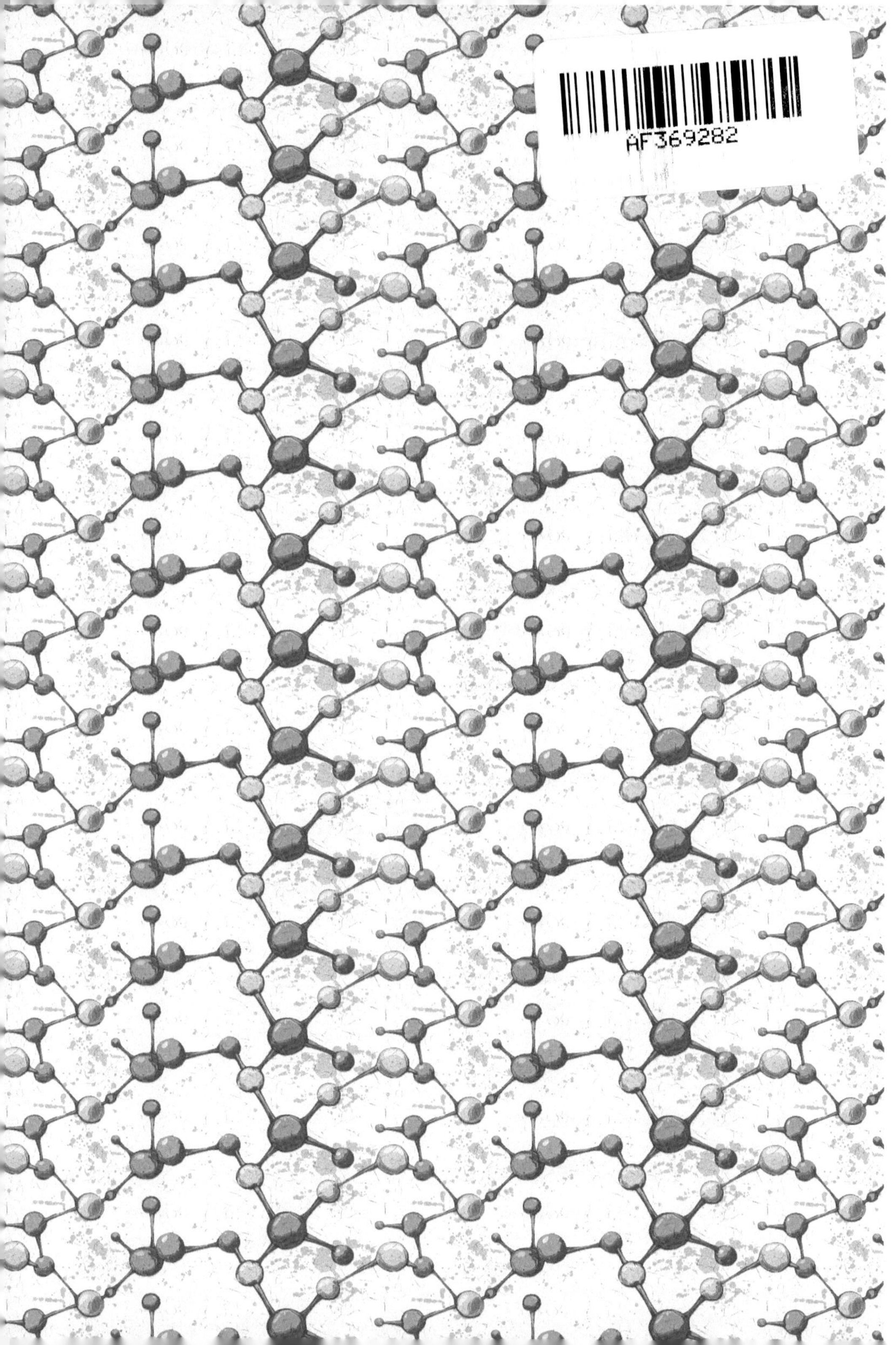
AF369282

Inhaltsverzeichnis

Artemis Saage

Chemie des Lebens: Biochemie und organische Chemie für Mediziner

Grundlagen der Biochemie des Menschen - Von molekularen Bausteinen bis zur Biotechnologie, einfach erklärt

481 Quellen
101 Fotos / Grafiken
7 Illustrationen

Impressum

Saage Media GmbH
c/o SpinLab – The HHL Accelerator
Spinnereistraße 7
04179 Leipzig, Germany
E-Mail: contact@SaageMedia.com
Web: SaageMedia.com
Commercial Register: Local Court Leipzig, HRB 42755 (Handelsregister: Amtsgericht Leipzig, HRB 42755)
Managing Director: Rico Saage (Geschäftsführer)
VAT ID Number: DE369527893 (USt-IdNr.)

Publisher: Saage Media GmbH
Veröffentlichung: 01.2025
Umschlagsgestaltung: Saage Media GmbH
ISBN-Softcover: 978-3-384-46183-4
ISBN-Ebook: 978-3-384-46184-1

Liebe Leserinnen, liebe Leser,

von Herzen danke ich Ihnen, dass Sie sich für dieses Buch entschieden haben. Mit Ihrer Wahl haben Sie mir nicht nur Ihr Vertrauen geschenkt, sondern auch einen Teil Ihrer wertvollen Zeit. Das weiß ich sehr zu schätzen.
Die faszinierende Welt der Biochemie bestimmt jeden Aspekt unseres Körpers - von der DNA bis zur Energiegewinnung in unseren Zellen. Doch wie funktionieren diese komplexen molekularen Prozesse? Dieses Fachbuch führt Sie systematisch durch die grundlegenden biochemischen Vorgänge des menschlichen Organismus. Von den molekularen Bausteinen über Stoffwechselprozesse bis hin zu modernsten biotechnologischen Anwendungen werden alle relevanten Themen verständlich aufbereitet. Sie lernen die Zusammenhänge zwischen organischer Chemie und biologischen Prozessen kennen und verstehen, wie Enzyme, Hormone und Stoffwechselwege zusammenspielen. Das Buch verbindet theoretisches Wissen mit praktischen Beispielen aus Medizin und Biotechnologie. Mit diesem fundierten Verständnis biochemischer Grundlagen können Sie komplexe medizinische Zusammenhänge besser einordnen und aktuelle Entwicklungen in Biotechnologie und Pharmazie nachvollziehen. Entdecken Sie die chemischen Grundlagen des Lebens und erweitern Sie Ihr medizinisches Fachwissen mit diesem praxisorientierten Lehrbuch.
Ich wünsche Ihnen nun eine inspirierende und aufschlussreiche Lektüre. Sollten Sie Anregungen, Kritik oder Fragen haben, freue ich mich über Ihre Rückmeldung. Denn nur durch den aktiven Austausch mit Ihnen, den Lesern, können zukünftige Auflagen und Werke noch besser werden. Bleiben Sie neugierig!

Artemis Saage
Saage Media GmbH

- support@saagemedia.com
- Spinnereistraße 7 - c/o SpinLab – The HHL Accelerator, 04179 Leipzig, Germany

Einleitung

Um Ihnen die bestmögliche Leseerfahrung zu bieten, möchten wir Sie mit den wichtigsten Merkmalen dieses Buches vertraut machen. Die Kapitel sind in einer logischen Reihenfolge angeordnet, sodass Sie das Buch von Anfang bis Ende durchlesen können. Gleichzeitig wurde jedes Kapitel und Unterkapitel als eigenständige Einheit konzipiert, sodass Sie auch gezielt einzelne Abschnitte lesen können, die für Sie von besonderem Interesse sind. Jedes Kapitel basiert auf sorgfältiger Recherche und ist durchgehend mit Quellenangaben versehen. Sämtliche Quellen sind direkt verlinkt, sodass Sie bei Interesse tiefer in die Thematik eintauchen können. Auch die im Text integrierten Bilder sind mit entsprechenden Quellenangaben und Links versehen. Eine vollständige Übersicht aller Quellen- und Bildnachweise finden Sie im verlinkten Anhang. Um die wichtigsten Informationen nachhaltig zu vermitteln, schließt jedes Kapitel mit einer prägnanten Zusammenfassung. Fachbegriffe sind im Text unterstrichen dargestellt und werden in einem direkt darunter platzierten, verlinkten Glossar erläutert.

Für einen schnellen Zugriff auf weiterführende Online-Inhalte können Sie die QR-Codes mit Ihrem Smartphone scannen.

Zusätzliche Bonus-Materialien auf unserer Website
Auf unserer Website stellen wir Ihnen folgende exklusive Materialien zur Verfügung:

- Bonusinhalte und zusätzliche Kapitel
- Eine kompakte Gesamtzusammenfassung
- Eine PDF-Datei mit allen Quellenangaben
- Weiterführende Literaturempfehlungen

Die Website befindet sich derzeit noch im Aufbau.

SaageBooks.com/de/chemie_des_lebens-bonus-275PUC

1. Grundlagen der Biochemie

ie Biochemie bildet das Fundament für das Verständnis aller Lebensprozesse - von der Energiegewinnung in unseren Zellen bis zur Weitergabe genetischer Information. Wie schaffen es Organismen, komplexe Moleküle aufzubauen und wieder abzubauen? Welche Rolle spielen dabei die verschiedenen Zellorganellen und ihre spezialisierten Stoffwechselwege? Und wie gelingt es der Natur, diese vielfältigen biochemischen Prozesse präzise zu koordinieren? Die Antworten auf diese Fragen sind nicht nur für die Grundlagenforschung relevant, sondern haben direkte Auswirkungen auf die medizinische Praxis. Ein tieferes Verständnis der biochemischen Abläufe ermöglicht es uns, Krankheitsprozesse besser zu verstehen und neue therapeutische Ansätze zu entwickeln. Von der Wirkung von Medikamenten bis zur Entstehung von Stoffwechselerkrankungen - überall spielen biochemische Grundprinzipien eine zentrale Rolle. In diesem Kapitel werden die wichtigsten Konzepte der Biochemie vorgestellt - von den grundlegenden chemischen Bindungen über die Struktur und Funktion von Biomolekülen bis hin zu den zentralen Stoffwechselwegen. Dabei wird besonderer Wert darauf gelegt, die Relevanz für die medizinische Praxis aufzuzeigen. Denn letztendlich ist es das Zusammenspiel dieser molekularen Prozesse, das zwischen Gesundheit und Krankheit entscheidet.

1. 1. Molekulare Bausteine

ie molekularen Bausteine des Lebens faszinieren durch ihre Vielfalt und Komplexität. Von den fundamentalen Atomen und chemischen Bindungen bis hin zu den hochspezialisierten Biomolekülen wie Proteinen, Kohlenhydraten, Lipiden und Nukleinsäuren - sie alle folgen präzisen chemischen Gesetzmäßigkeiten. Doch wie entstehen aus einfachen atomaren Strukturen die komplexen Moleküle, die Leben ermöglichen? Welche Rolle spielen dabei die verschiedenen chemischen Bindungsarten? Und wie beeinflussen Vitamine, Mineralstoffe und Enzyme das Zusammenspiel dieser Bausteine? Die Antworten auf diese Fragen sind nicht nur für das theoretische Verständnis biochemischer Prozesse relevant, sondern haben direkte Auswirkungen auf medizinische Behandlungen, Ernährungskonzepte und biotechnologische Anwendungen. Ein fundiertes Verständnis der molekularen Grundlagen ermöglicht es, biologische Prozesse gezielt zu beeinflussen und neue therapeutische Ansätze zu entwickeln.

„Atome bestehen aus einem positiv geladenen Kern, der von negativ geladenen Elektronen umgeben ist."

1. 1. 1. Atome und chemische Bindungen

tome bilden die fundamentalen Bausteine aller Materie und sind die kleinsten Einheiten eines chemischen Elements, die dessen charakteristische Eigenschaften bewahren [s1]. Sie bestehen aus einem positiv geladenen Kern, der von negativ geladenen Elektronen umgeben ist - eine Struktur, die man sich vereinfacht wie ein winziges Sonnensystem vorstellen kann, wobei der Kern die Sonne und die Elektronen die kreisenden Planeten darstellen [s2]. Im Atomkern befinden sich Protonen und Neutronen, wobei die Anzahl der Protonen die Identität des Elements bestimmt [s3]. Beispielsweise hat Wasserstoff ein Proton, während Sauerstoff acht Protonen besitzt. Diese Unterschiede in der Protonenzahl führen zu den verschiedenen chemischen Eigenschaften der Elemente, die wir im Alltag beobachten können - etwa warum Wasser (H2O) flüssig ist und Sauerstoff (O2) als Gas vorliegt. Besonders interessant ist das Konzept der Isotope: Atome des gleichen Elements können unterschiedliche Anzahlen von Neutronen haben [s4]. Ein praktisches Beispiel hierfür ist Kohlenstoff-14, das in der Archäologie zur Altersbestimmung organischer Materialien verwendet wird. Diese Methode basiert auf dem radioaktiven Zerfall dieses speziellen Kohlenstoff-Isotops.

Die chemischen Eigenschaften eines Elements werden hauptsächlich durch die Elektronen in der äußersten Schale, der sogenannten Valenzschale, bestimmt [s4]. Nach der Oktettregel streben Atome einen energetisch günstigen Zustand an, bei dem ihre äußerste Schale mit acht Elektronen gefüllt ist [s1]. Dies führt zu verschiedenen Arten von chemischen Bindungen. Bei der Ionenbindung gibt ein Atom Elektronen ab, während ein anderes sie aufnimmt [s2]. Ein alltägliches Beispiel ist Kochsalz (NaCl), bei dem Natrium ein Elektron an Chlor abgibt. Diese Bindungsart erklärt, warum Salz in Wasser löslich ist und warum es zum Beispiel beim Kochen wichtig ist, Salz erst nach dem Kochen hinzuzufügen, um Energie zu sparen. Kovalente Bindungen entstehen durch das Teilen von Elektronen zwischen Atomen [s3]. Ein wichtiges Beispiel ist das Wassermolekül (H2O), bei dem Sauerstoff und Wasserstoff Elektronen teilen. Die besondere Struktur des Wassermoleküls führt zur Bildung von Wasserstoffbrücken zwischen den Molekülen, was die einzigartigen Eigenschaften des Wassers erklärt - etwa warum Eis auf Wasser schwimmt, was für das Leben in Gewässern während des Winters essentiell ist. Die Van-der-Waals-Kräfte, die schwächste Form der intermolekularen Wechselwirkungen, spielen eine wichtige Rolle bei vielen biologischen Prozessen [s2]. Sie erklären zum Beispiel, wie Geckos an Wänden hochklettern können oder warum Proteine ihre spezifische dreidimensionale Struktur einnehmen. Das Verständnis dieser atomaren Strukturen und Bindungen hat praktische Bedeutung in vielen Bereichen: In der Medizin hilft es bei der Entwicklung neuer Medikamente, in der Materialwissenschaft ermöglicht es die Schaffung innovativer Werkstoffe, und in der Umwelttechnologie unterstützt es die Entwicklung nachhaltiger Lösungen für Umweltprobleme. Für den Alltag bedeutet dies auch, dass wir besser verstehen, warum bestimmte chemische Reaktionen ablaufen - zum Beispiel warum Öl und Wasser sich nicht mischen, oder warum Rost entsteht. Dieses Wissen kann uns helfen, bewusstere Entscheidungen zu treffen, etwa bei der Verwendung von Reinigungsmitteln oder bei der Lagerung von Lebensmitteln.

Oktettregel [i1]

Isotop

Atomvarianten eines Elements mit gleicher Protonenzahl aber unterschiedlicher Neutronenzahl. Einige Isotope sind instabil und zerfallen mit der Zeit, was sie für wissenschaftliche Datierungsmethoden interessant macht.

Oktettregel

Eine Regel in der Chemie, die besagt, dass Atome durch Aufnahme, Abgabe oder gemeinsame Nutzung von Elektronen eine Elektronenkonfiguration wie ein Edelgas anstreben. Dies entspricht meist acht Elektronen in der äußersten Schale.

Valenzschale

Die äußerste Elektronenschale eines Atoms, die maßgeblich für die chemischen Eigenschaften und Reaktionsfähigkeit verantwortlich ist. Sie kann maximal acht Elektronen aufnehmen.

Van-der-Waals-Kräfte

Schwache elektrische Anziehungskräfte zwischen Molekülen, die durch kurzzeitige Ladungsverschiebungen in den Elektronenhüllen entstehen. Sie sind besonders wichtig bei der Faltung von großen Molekülen.

1. 1. 2. Proteine und Aminosäuren

Proteine sind die vielseitigsten Biomoleküle in lebenden Organismen und bestehen aus Ketten von Aminosäuren, die wie Perlen auf einer Schnur aneinandergereiht sind [s5]. Die Natur nutzt dabei 20 verschiedene standardisierte Aminosäuren als Grundbausteine, die sich durch ihre spezifischen chemischen Eigenschaften unterscheiden [s6]. Diese Vielfalt ermöglicht eine nahezu unbegrenzte Anzahl an Kombinationsmöglichkeiten - vergleichbar mit einem Alphabet, das unendlich viele "Wörter" bilden kann. Jede Aminosäure besitzt einen charakteristischen Aufbau mit einer Aminogruppe (-NH2), einer Carboxylgruppe (-COOH) und einer spezifischen Seitenkette, die ihre chemischen Eigenschaften bestimmt [s7]. Diese Seitenketten können hydrophob (wasserabweisend), polar (wasserliebend), sauer oder basisch sein [s6]. Diese Eigenschaften sind entscheidend für die spätere Faltung und Funktion des Proteins. Ein praktisches Beispiel hierfür findet sich in der Küche: Wenn Eiweiß erhitzt wird, verändert sich seine Struktur - die Proteine denaturieren und das ursprünglich flüssige Eiweiß wird fest. Im menschlichen Körper können nicht alle Aminosäuren selbst hergestellt werden. Neun davon sind "essentiell" und müssen über die Nahrung aufgenommen werden [s8]. Dies erklärt, warum eine ausgewogene Ernährung mit verschiedenen Proteinquellen so wichtig ist. Besonders reichhaltige Quellen sind Fleisch, Fisch, Eier, Hülsenfrüchte und Nüsse. Vegetarier und Veganer sollten besonders auf die Kombination verschiedener pflanzlicher Proteinquellen achten, um alle essentiellen Aminosäuren zu erhalten.

Die Struktur von Proteinen wird in vier Ebenen organisiert [s8]. Die Primärstruktur ist die lineare Abfolge der Aminosäuren. Die Sekundärstruktur beschreibt lokale Faltungsmuster wie die Alpha-Helix oder das Beta-Faltblatt. Die Tertiärstruktur zeigt die vollständige dreidimensionale Faltung einer Proteinkette, während die Quartärstruktur die Anordnung mehrerer Proteinketten zueinander beschreibt. Ein faszinierendes Beispiel für die Bedeutung der korrekten Proteinfaltung ist die Entstehung von Krankheiten wie Alzheimer, bei denen fehlgefaltete Proteine eine zentrale Rolle spielen. Proteine übernehmen lebenswichtige Funktionen im Körper [s5]. Als Enzyme katalysieren sie biochemische Reaktionen, als Antikörper schützen sie vor Krankheitserregern, als Strukturproteine geben sie Zellen und Geweben Halt und Form. Ein alltägliches Beispiel ist das

Protein Keratin in Haaren und Nägeln [s9]. Die richtige Pflege dieser Proteinstrukturen, etwa durch geeignete Shampoos oder Nagelöle, kann ihre Struktur und Funktion unterstützen. Die moderne Forschung eröffnet spannende Perspektiven: Wissenschaftler arbeiten daran, künstliche Proteine mit neuen Funktionen zu entwickeln [s10]. Mithilfe von künstlicher Intelligenz können Proteinstrukturen vorhergesagt werden, was die Entwicklung neuer Medikamente revolutionieren könnte [s11]. Ein praktisches Beispiel ist die Entwicklung von Enzymen für die biologische Waschmittelproduktion, die auch bei niedrigen Temperaturen effektiv arbeiten und damit zum Energiesparen beitragen. Die Bedeutung von Proteinen und Aminosäuren für die Hautgesundheit ist bemerkenswert [s9]. Sie sind nicht nur Bausteine für Kollagen und Elastin, die der Haut Struktur und Elastizität verleihen, sondern spielen auch eine wichtige Rolle bei der Wundheilung und dem Schutz vor UV-Strahlung. Dies erklärt, warum viele Hautpflegeprodukte mit <u>Peptiden</u> und Aminosäuren angereichert sind.

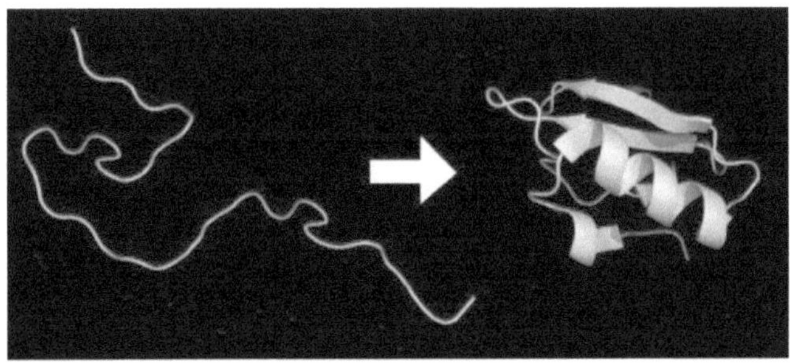

Proteinfaltung [i2]

Glossar

Alpha-Helix

Eine schraubenförmige Anordnung der Proteinkette, die durch
Wasserstoffbrücken stabilisiert wird und besonders häufig in
globulären Proteinen vorkommt

Beta-Faltblatt

Eine faltblattartige Struktur in Proteinen, bei der benachbarte
Peptidketten parallel oder antiparallel zueinander angeordnet sind

Carboxylgruppe

Eine funktionelle Gruppe aus Kohlenstoff, Sauerstoff und
Wasserstoff, die den sauren Charakter einer Verbindung bestimmt
und wichtig für chemische Reaktionen ist

Peptide

Kurze Ketten aus Aminosäuren, die als Signalmoleküle oder
Hormone fungieren können und kleiner als Proteine sind

1. 1. 3. Kohlenhydrate und Zucker

ohlenhydrate gehören zu den wichtigsten Energielieferanten in der menschlichen Ernährung und sind neben Proteinen und Fetten einer der drei Hauptnährstoffe [s12]. Sie bestehen aus den Elementen Kohlenstoff, Wasserstoff und Sauerstoff, wobei das Verhältnis typischerweise CH2O beträgt [s13]. Diese Moleküle sind die häufigsten organischen Verbindungen in der Natur [s14]. Die Struktur der Kohlenhydrate folgt einer hierarchischen Organisation. Die einfachsten Bausteine sind die Monosaccharide oder Einfachzucker [s15]. Diese können in verschiedenen dreidimensionalen Konfigurationen (Stereoisomere) existieren und bilden meist Ringstrukturen aus. Zu den biologisch wichtigsten Monosacchariden zählen Glukose, Galaktose, Fruktose sowie Ribose und Desoxyribose [s14]. Ein praktisches Beispiel für die Bedeutung verschiedener Zuckerformen zeigt sich bei der Laktoseintoleranz: Hier kann der Körper Milchzucker (Laktose) nicht spalten, was zu Verdauungsbeschwerden führt.

Wenn sich zwei Monosaccharide verbinden, entstehen Disaccharide [s16]. Diese Verbindung erfolgt durch eine Dehydratisierungsreaktion, bei der eine glykosidische Bindung entsteht [s17]. Ein bekanntes Beispiel ist der Haushaltszucker (Saccharose), der aus Glukose und Fruktose besteht. Für die Küche ist interessant, dass Saccharose beim Erhitzen zu Karamell wird - ein Prozess, der beim Kochen und Backen häufig genutzt wird.

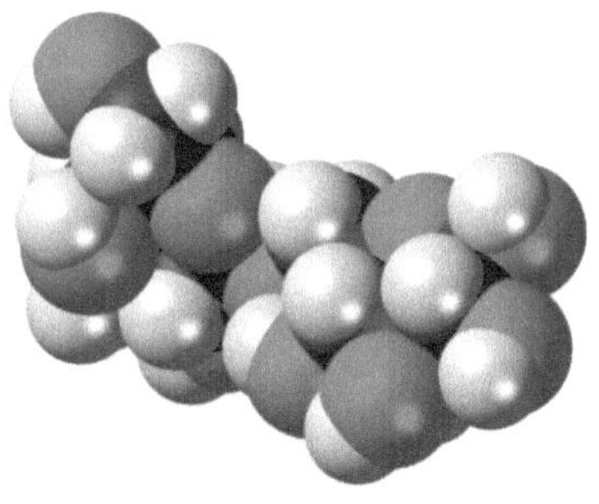

Disaccharide [i3]

<u>Polysaccharide</u> sind lange Ketten aus vielen Monosacchariden [s17]. Sie erfüllen verschiedene biologische Funktionen: Stärke dient Pflanzen als Energiespeicher, während Tiere Glykogen als Energiereserve nutzen [s13]. Die Art der chemischen Bindung zwischen den Zuckerbausteinen bestimmt dabei die Verdaulichkeit - alpha-Bindungen können von unseren Verdauungsenzymen gespalten werden, beta-Bindungen hingegen nicht [s13]. Dies erklärt, warum wir Stärke verdauen können, Cellulose (Ballaststoffe) jedoch nicht.

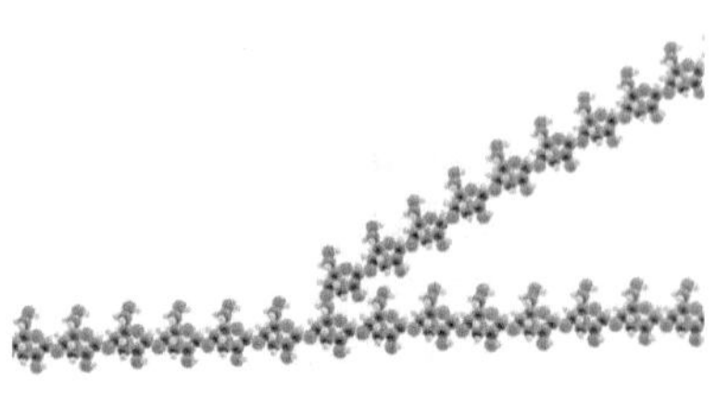

Glykogen [i4]

Die Verdauung von Kohlenhydraten ist ein komplexer Prozess, der bereits im Mund beginnt [s18]. Hier spaltet das Enzym Amylase erste Stärkemoleküle. Im Dünndarm setzen weitere Enzyme die Verdauung fort, bis schließlich einzelne Zuckermoleküle vorliegen, die ins Blut aufgenommen werden können [s19]. Für die Ernährungspraxis bedeutet dies: Gründliches Kauen unterstützt die Verdauung, da die Enzyme im Speichel mehr Zeit haben zu wirken. Der <u>glykämische Index</u> hilft bei der Einschätzung, wie stark verschiedene kohlenhydrathaltige Lebensmittel den

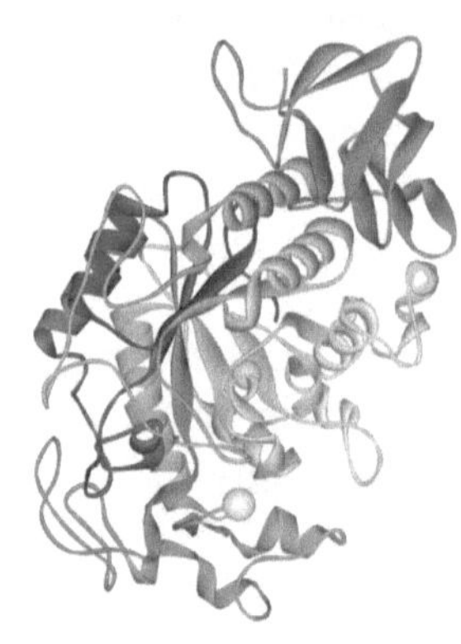

Amylase [i5]

Blutzuckerspiegel beeinflussen [s19]. Dies ist besonders für Diabetiker relevant, aber auch für Menschen, die ihre Ernährung optimieren möchten. Vollkornprodukte haben beispielsweise einen niedrigeren glykämischen Index als Weißmehlprodukte und führen zu einem stabileren Blutzuckerspiegel. Überschüssige Glukose wird in Leber und Muskelgewebe als Glykogen gespeichert [s12]. Diese Energiereserven sind besonders für sportliche Aktivitäten wichtig. Daher empfiehlt sich vor intensivem Training eine kohlenhydratreiche Mahlzeit, um die Glykogenspeicher aufzufüllen.

Glossar

Dehydratisierung
Chemische Reaktion, bei der zwei Moleküle unter Abspaltung von
Wasser miteinander verbunden werden.

Disaccharid
Zweifachzucker, die durch enzymatische Spaltung in zwei
Monosaccharide zerlegt werden können.

Glykämischer Index
Maßzahl von 0 bis 100, die angibt, wie schnell Kohlenhydrate aus
einem Lebensmittel ins Blut übergehen, wobei Glukose als
Referenzwert 100 hat.

Monosaccharid
Die kleinsten Zuckereinheiten, die aus einer einzelnen Zuckerkette
bestehen. Sie können nicht weiter in einfachere Zucker zerlegt
werden.

Polysaccharid
Komplexe Zuckerketten, die aus hunderten bis tausenden
Monosacchariden bestehen können und wichtige Strukturelemente
in Organismen bilden.

Stereoisomer
Moleküle mit gleicher Summenformel aber unterschiedlicher
räumlicher Anordnung der Atome, was zu verschiedenen
biologischen Eigenschaften führt.

1. 1. 4. Lipide und Fettsäuren

ipide sind lebenswichtige Biomoleküle, die sich durch ihre Wasserunlöslichkeit auszeichnen [s20]. Diese Eigenschaft macht sie ideal für ihre vielfältigen biologischen Funktionen, von der Energiespeicherung bis zum Aufbau von Zellmembranen. Die Grundbausteine vieler Lipide sind die Fettsäuren - langkettige Kohlenwasserstoffmoleküle mit einer Carboxylgruppe am Ende [s20]. Besonders interessant ist die Unterscheidung zwischen gesättigten und ungesättigten Fettsäuren. Gesättigte Fettsäuren haben keine Doppelbindungen in ihrer Kohlenstoffkette und sind bei Raumtemperatur meist fest. Ungesättigte Fettsäuren hingegen besitzen eine oder mehrere Doppelbindungen und sind typischerweise flüssig [s20]. Dies erklärt, warum Butter (reich an gesättigten Fettsäuren) fest ist, während Olivenöl (reich an ungesättigten Fettsäuren) flüssig bleibt. Einige Fettsäuren sind für den Menschen essentiell, das heißt, sie müssen über die Nahrung aufgenommen werden. Dazu gehören die Linolsäure (LA) und alpha-Linolensäure (ALA) [s21]. Besonders wichtig sind auch die langkettigen Omega-3-Fettsäuren EPA und DHA, die zwar theoretisch aus ALA gebildet werden können, jedoch ist diese Umwandlung beim Menschen sehr ineffizient [s21]. Ein regelmäßiger Verzehr von fettem Fisch wie Lachs, Makrele oder Hering kann helfen, den Bedarf zu decken. Phospholipide spielen eine zentrale Rolle beim Aufbau biologischer Membranen. Sie bestehen aus zwei Fettsäureketten und einer phosphathaltigen Kopfgruppe, wodurch sie amphipathische Eigenschaften besitzen [s22]. In wässriger Umgebung ordnen sie sich spontan zu Doppelschichten an, wobei die wasserabweisenden Fettsäureketten nach innen und die wasserlöslichen Kopfgruppen nach außen zeigen [s22]. Diese Struktur ist fundamental für die Bildung von Zellmembranen. Die Fluidität von Zellmembranen wird maßgeblich durch ihre Lipidzusammensetzung bestimmt. Kürzere Fettsäureketten und ungesättigte Bindungen erhöhen die Membranfluidität [s22]. Dies erklärt, warum kaltlebende Organismen einen höheren Anteil an ungesättigten Fettsäuren in ihren Membranen haben - sie bleiben dadurch auch bei niedrigen Temperaturen funktionsfähig. Der Transport von Lipiden im Blut erfolgt über spezielle Transportproteine, die Lipoproteine. Diese können in verschiedene Klassen eingeteilt werden, darunter HDL ("gutes Cholesterin") und LDL ("schlechtes Cholesterin") [s23]. Eine gesunde Ernährung mit viel Gemüse, Vollkornprodukten und hochwertigen

Pflanzenölen kann dabei helfen, ein günstiges Verhältnis dieser Lipoproteine zu erreichen. Mitochondrien, die "Kraftwerke" unserer Zellen, sind besonders abhängig von der richtigen Zusammensetzung ihrer Membranlipide [s24]. Omega-3-Fettsäuren spielen hier eine wichtige Rolle und können die Funktion der Mitochondrien positiv beeinflussen [s24]. Dies unterstreicht die Bedeutung einer ausgewogenen Fettsäurezufuhr für die zelluläre Energieproduktion. Ein Mangel an essentiellen Fettsäuren kann sich in verschiedenen Symptomen äußern, darunter trockene, schuppige Haut, Wachstumsverzögerungen und eine erhöhte Infektionsanfälligkeit [s21]. Der "Omega-3-Index", der den Gehalt an EPA und DHA in den Membranen roter Blutkörperchen misst, wird als Biomarker für das Risiko von Herz-Kreislauf-Erkrankungen diskutiert [s21].

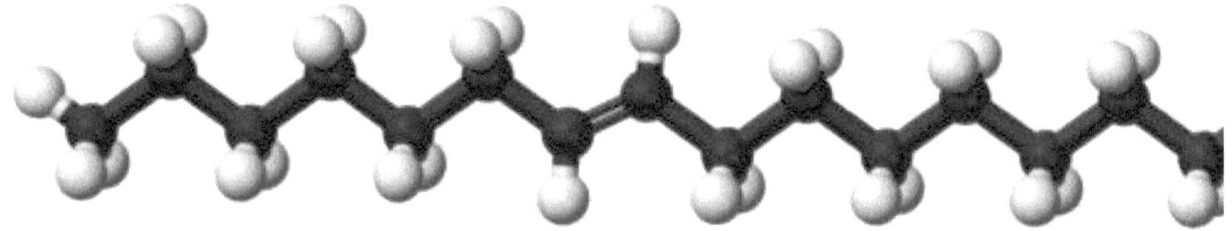

Fettsäuren [i6]

Glossar

alpha-Linolensäure
Eine pflanzliche Omega-3-Fettsäure mit 18 Kohlenstoffatomen und drei Doppelbindungen, die vor allem in Leinsamen und Walnüssen vorkommt

amphipathisch
Beschreibt Moleküle, die sowohl einen wasserliebenden (hydrophilen) als auch einen wasserabweisenden (hydrophoben) Teil besitzen

Carboxylgruppe
Eine funktionelle Gruppe in der organischen Chemie, bestehend aus einem Kohlenstoffatom, das mit einem Sauerstoffatom durch eine Doppelbindung und mit einer Hydroxylgruppe (-OH) verbunden ist

DHA
Docosahexaensäure, eine langkettige Omega-3-Fettsäure mit 22 Kohlenstoffatomen und sechs Doppelbindungen, die besonders wichtig für die Gehirnentwicklung ist

EPA
Eicosapentaensäure, eine langkettige Omega-3-Fettsäure mit 20 Kohlenstoffatomen und fünf Doppelbindungen, die hauptsächlich in Meeresfischen vorkommt

Linolsäure
Eine mehrfach ungesättigte Omega-6-Fettsäure mit 18 Kohlenstoffatomen und zwei Doppelbindungen, die der Körper nicht selbst herstellen kann

1. 1. 5. Nukleinsäuren und Basen

ukleinsäuren gehören zu den faszinierendsten Molekülen des Lebens und sind die Träger unserer Erbinformation [s25]. Sie kommen in zwei Hauptformen vor: der Desoxyribonukleinsäure (DNA) und der Ribonukleinsäure (RNA) [s26]. Diese komplexen Moleküle sind aus kleineren Bausteinen aufgebaut, den Nukleotiden, die jeweils aus drei Komponenten bestehen: einer stickstoffhaltigen Base, einem Zucker und einer Phosphatgruppe [s27]. Die DNA verwendet vier verschiedene Basen: Adenin (A), Guanin (G), Cytosin (C) und Thymin (T). In der RNA wird Thymin durch Uracil (U) ersetzt [s26]. Diese Basen lassen sich in zwei Gruppen einteilen: Die <u>Purine</u> (Adenin und Guanin) und die <u>Pyrimidine</u> (Cytosin, Thymin und Uracil) [s27]. Ein praktisches Beispiel für die Bedeutung dieser Basen findet sich in der DNA-Analyse bei Vaterschaftstests oder in der forensischen Arbeit, wo die spezifische Abfolge dieser Basen zur Identifikation von Personen genutzt wird.

Die Struktur der DNA als Doppelhelix wird durch spezifische Basenpaarungen stabilisiert: Adenin paart sich immer mit Thymin, Guanin immer mit Cytosin [s26]. Diese präzise Paarung ist fundamental für die zuverlässige Weitergabe genetischer Information und erklärt, warum selbst kleinste Mutationen schwerwiegende Folgen haben können. RNA spielt verschiedene wichtige Rollen in der Zelle und existiert in mehreren Formen: messenger RNA (mRNA), ribosomale RNA (rRNA), transfer RNA (tRNA) und

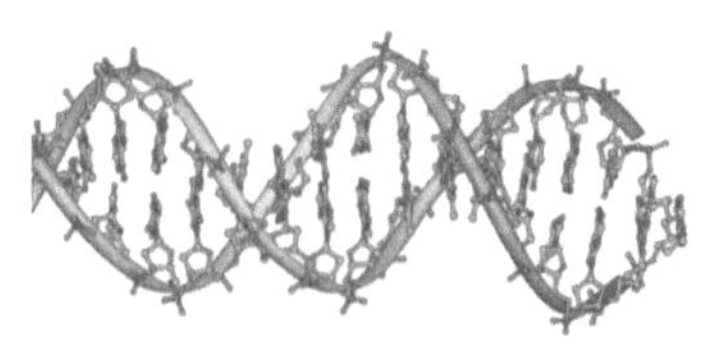

Doppelhelix [i7]

micro RNA (miRNA) [s28]. Jede dieser RNA-Arten hat spezifische Funktionen bei der Proteinsynthese und Genregulation. Ein faszinierendes Beispiel ist die COVID-19-Impfstoffentwicklung, bei der mRNA genutzt wird, um dem Körper Bauanleitungen für Virusproteine zu liefern. Besonders interessant ist die Entdeckung von RNA:DNA-Hybriden, die eine wichtige Rolle bei verschiedenen Krankheiten spielen können [s29]. Diese Strukturen sind über Millionen von Basenpaaren im menschlichen Genom verteilt und tragen zur Regulation der Genexpression bei. Dies erklärt, warum bestimmte genetische Störungen zu neurologischen Erkrankungen führen können. Die Telomere, spezielle Strukturen an den Chromosomenenden, werden durch das Enzym Telomerase geschützt [s30]. Diese Entdeckung hat wichtige Implikationen für das Verständnis des Alterungsprozesses und der Krebsentwicklung. Praktische Anwendungen dieser Erkenntnisse finden sich bereits in der Entwicklung von Anti-Aging-Therapien und Krebsbehandlungen. Die thermodynamische Stabilität von DNA- und RNA-Strukturen wird durch verschiedene Faktoren beeinflusst, wie den Gehalt an bestimmten Basensequenzen [s31]. Diese Erkenntnisse sind wichtig für die Entwicklung von diagnostischen Tests und therapeutischen Ansätzen, bei denen die Stabilität von Nukleinsäurestrukturen eine zentrale Rolle spielt. Die Synthese von Nukleotiden erfolgt in der Zelle aus einfachen Vorläufermolekülen, wobei der Zuckeranteil aus Glukose über den Pentosephosphatweg gebildet wird [s27]. Dies verdeutlicht die enge Verbindung zwischen Stoffwechselwegen und der Produktion genetischen Materials.

Pentosephosphatweg

Ein alternativer Stoffwechselweg zum Glukoseabbau, der neben der Energiegewinnung auch wichtige Bausteine für die Herstellung von Nukleotiden und anderen Biomolekülen liefert.

Purin

Stickstoffhaltige Ringverbindungen mit zwei kondensierten Ringen als Grundstruktur, die als Grundbausteine für verschiedene biologisch aktive Substanzen dienen.

Pyrimidin

Heterozyklische organische Verbindungen mit einem einzelnen Ring, die als Grundgerüst für wichtige biologische Moleküle fungieren.

Telomerase

Ein spezielles Enzym, das die Verlängerung der Chromosomenenden ermöglicht und damit die Zellalterung beeinflusst. Ohne Telomerase würden sich die Chromosomen bei jeder Zellteilung verkürzen.

1. 1. 6. Vitamine und Mineralstoffe

itamine und Mineralstoffe sind essenzielle Mikronährstoffe, die der Körper für zahlreiche lebenswichtige Funktionen benötigt [s32]. Sie spielen eine zentrale Rolle bei komplexen zellulären Prozessen und sind unerlässlich für die enzymatische Aktivität [s33]. Dabei unterscheidet man zwischen wasserlöslichen und fettlöslichen Vitaminen sowie zwischen Makro- und Mikromineralstoffen [s32]. Die wasserlöslichen Vitamine umfassen die B-Vitamine (B1, B2, B3, B5, B6, B7, B9, B12) sowie Vitamin C. Sie müssen regelmäßig über die Nahrung aufgenommen werden, da der Körper sie nicht speichern kann [s32]. Ein praktisches Beispiel: Beim Kochen von Gemüse gehen wasserlösliche Vitamine ins Kochwasser über - das Gemüsewasser sollte daher möglichst mitverwendet werden, etwa für Soßen oder Suppen. Die fettlöslichen Vitamine A, D, E und K können hingegen im Fettgewebe gespeichert werden [s32]. Ihre Aufnahme verbessert sich durch die gleichzeitige Zufuhr gesunder Fette. So erhöht beispielsweise ein Tropfen hochwertiges Öl im Salat die Verfügbarkeit der fettlöslichen Vitamine aus dem Gemüse deutlich. Mineralstoffe werden in Makrominerale (Tagesbedarf über 100 mg) und Mikrominerale (Tagesbedarf unter 100 mg) unterteilt [s32]. Zu den Makromineralen gehören Calcium, Phosphor, Magnesium, Natrium, Kalium und Chlorid. Die wichtigsten Mikrominerale sind Eisen, Kupfer, Zink, Selen und Jod [s32]. Diese Mineralien sind integrale Bestandteile vieler Enzyme und essentiell für deren Funktion [s33]. Die <u>Bioverfügbarkeit</u> dieser Mikronährstoffe ist entscheidend für ihre Wirksamkeit [s33]. So wird beispielsweise die Eisenaufnahme durch Vitamin C verbessert. Ein praktischer Tipp: Eisenreiche Lebensmittel wie Hülsenfrüchte sollten mit Vitamin-C-reichen Lebensmitteln wie Paprika oder Zitrusfrüchten kombiniert werden. Bei unzureichender Zufuhr von Vitaminen und Mineralstoffen greift die sogenannte <u>Triage-Hypothese</u>: Der Körper priorisiert bestimmte biologische Funktionen, was langfristig das Risiko für degenerative Erkrankungen erhöhen kann [s33]. Ein ausgewogener Ernährungsplan ist daher essentiell für die Gesunderhaltung. Die empfohlenen Tagesdosen variieren je nach Alter, Geschlecht und individuellen Faktoren [s33]. Für Calcium liegt die <u>RDA</u> bei 1.000 mg für Erwachsene, für Eisen zwischen 8 und 18 mg, für Zink bei 10 mg und für Vitamin C bei 75-90 mg [s32]. Diese Werte können durch eine ausgewogene Ernährung mit viel Obst, Gemüse, Vollkornprodukten und hochwertigen Proteinquellen erreicht werden. Die Biochemie der Nährstoffe zeigt, dass ihr Stoffwechsel sowohl auf zellulärer als auch auf Gewebeebene stattfindet [s34]. Ein Mangel an Mikronährstoffen kann zu metabolischen Störungen führen und sogar DNA-Schäden verursachen [s33]. Dies unterstreicht die Bedeutung einer optimalen Versorgung für die Prävention von Krankheiten.

Glossar

Bioverfügbarkeit
Beschreibt den Anteil eines Nährstoffs, der vom Körper tatsächlich aufgenommen und verwertet werden kann. Wird durch verschiedene Faktoren wie Darmbakterien, Transportproteine und chemische Bindungsformen beeinflusst.

RDA
Recommended Dietary Allowance - international standardisierte Empfehlungen für die tägliche Aufnahme von Nährstoffen, basierend auf wissenschaftlichen Studien und Bevölkerungsstatistiken.

Triage-Hypothese
Ein evolutionär entwickelter Schutzmechanismus des Körpers, bei dem bei Nährstoffmangel lebenswichtige Funktionen bevorzugt werden, während weniger dringende Prozesse zurückgestellt werden.

1. 1. 7. Enzyme und Katalyse

nzyme sind hochspezialisierte Proteine, die als biologische Katalysatoren fungieren und biochemische Reaktionen im Organismus ermöglichen und beschleunigen [s35]. Sie senken die Aktivierungsenergie von Reaktionen, ohne dabei selbst verbraucht zu werden und sind für nahezu alle Stoffwechselprozesse unerlässlich. Die Struktur von Enzymen ist eng mit ihrer Funktion verknüpft. Sie besitzen ein aktives Zentrum, in dem die eigentliche katalytische Reaktion stattfindet. Dieses aktive Zentrum weist eine spezifische dreidimensionale Form auf, die genau zu bestimmten Substratmolekülen passt - ähnlich einem Schlüssel-Schloss-Prinzip [s36]. Diese Substratspezifität erklärt, warum beispielsweise das Verdauungsenzym Laktase ausschließlich Milchzucker (Laktose) spalten kann. Die Aktivität von Enzymen wird durch verschiedene Faktoren beeinflusst. Temperatur und pH-Wert spielen dabei eine entscheidende Rolle. Jedes Enzym hat ein Temperaturoptimum - beim Menschen liegt dies meist um 37°C. Bei zu hohen Temperaturen denaturieren Enzyme, was in der Praxis beispielsweise beim Kochen von Lebensmitteln genutzt wird, um unerwünschte enzymatische Reaktionen zu stoppen.

Ein faszinierendes Beispiel für die Spezifität und Komplexität enzymatischer Reaktionen findet sich in der marinen Biochemie: Bestimmte Bakterien produzieren spezielle Enzyme wie die PL24-Lyase, die komplexe Polysaccharide wie Ulvan aus Grünalgen abbauen können [s37]. Diese Enzyme weisen eine hochspezialisierte Struktur auf - eine siebenblättrige β-Propeller-Faltung mit einer charakteristischen Vertiefung, die genau auf ihr Substrat abgestimmt ist. Die

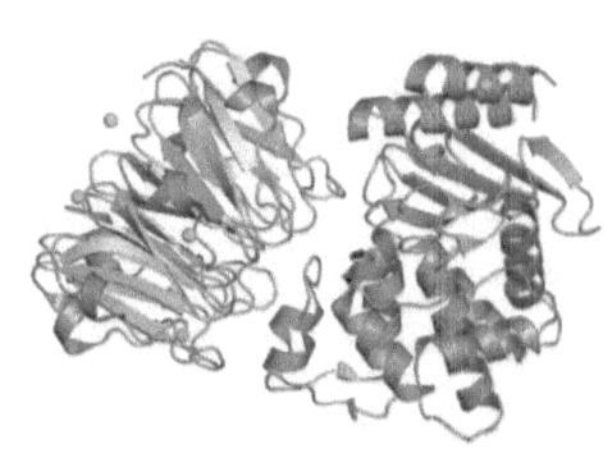

β-Propeller-Faltung [i8]

Regulation enzymatischer Aktivität erfolgt häufig durch Feedback-Mechanismen. Dabei kann das Endprodukt einer Reaktionskette die Aktivität eines frühen Enzyms in dieser Kette hemmen. Dies verhindert die übermäßige Produktion von Stoffwechselprodukten. Ein praktisches Beispiel hierfür ist die Blutzuckerregulation, bei der Enzyme wie die Glukosekinase durch Stoffwechselprodukte reguliert werden. Enzyme spielen auch in der modernen Medizin eine wichtige Rolle. Viele Krankheiten basieren auf Enzymdefekten oder -mängeln. Die Phenylketonurie beispielsweise beruht auf einem Mangel an Phenylalanin-Hydroxylase. Betroffene müssen eine spezielle Diät einhalten, um Schäden zu vermeiden. Andererseits werden Enzyme auch therapeutisch eingesetzt, etwa bei der Behandlung von Verdauungsstörungen oder als Thromboseprophylaxe. In der Biotechnologie werden Enzyme vielfältig genutzt. Sie finden Anwendung in Waschmitteln (Proteasen zum Eiweißabbau), in der Lebensmittelindustrie (Amylasen in der Brotherstellung) oder in der Textilindustrie (Cellulasen beim "Stone-Washing" von Jeans). Diese industriellen Anwendungen verdeutlichen die praktische Bedeutung des Verständnisses enzymatischer Prozesse. Die Erforschung von Enzymstrukturen und -mechanismen bleibt ein aktives Forschungsfeld. Neue Erkenntnisse, wie die Aufklärung komplexer Katalysemechanismen bei marinen Enzymen [s37], tragen dazu bei, das Verständnis dieser essentiellen Biomoleküle zu vertiefen und neue Anwendungsmöglichkeiten zu erschließen.

Glossar

Aktivierungsenergie
Die Mindestenergie, die aufgebracht werden muss, damit eine chemische Reaktion stattfinden kann. Sie stellt eine Energiebarriere dar, die überwunden werden muss.

Amylase
Eine Enzymklasse, die Stärke in kleinere Zuckermoleküle spaltet und besonders wichtig für die Verdauung von kohlenhydratreicher Nahrung ist.

Cellulase
Enzyme, die Cellulose-Moleküle in kleinere Bestandteile zerlegen können und hauptsächlich von Mikroorganismen produziert werden.

Denaturieren
Ein Prozess, bei dem die natürliche Struktur von Proteinen durch äußere Einflüsse wie Hitze oder Säuren dauerhaft zerstört wird, wodurch sie ihre Funktion verlieren.

Phenylketonurie
Eine angeborene Stoffwechselstörung, bei der die Aminosäure Phenylalanin nicht richtig abgebaut werden kann, was unbehandelt zu schweren Entwicklungsstörungen führt.

Protease
Eine Gruppe von Enzymen, die Peptidbindungen in Proteinen spalten können und dadurch große Proteine in kleinere Einheiten zerlegen.

Zusammenfassung - 1.1. Molekulare Bausteine

- Atome bestehen aus einem positiv geladenen Kern mit Protonen und Neutronen, umgeben von negativ geladenen Elektronen
- Die Anzahl der Protonen bestimmt die Identität des Elements und seine chemischen Eigenschaften
- Isotope sind Atome des gleichen Elements mit unterschiedlicher Neutronenzahl, wie Kohlenstoff-14 für Altersbestimmungen
- Die Oktettregel beschreibt das Streben von Atomen nach acht Elektronen in der äußersten Schale
- Van-der-Waals-Kräfte ermöglichen biologische Prozesse wie das Klettern von Geckos an Wänden
- Proteine bestehen aus 20 verschiedenen Aminosäuren mit spezifischen chemischen Eigenschaften
- Neun Aminosäuren sind essentiell und müssen über die Nahrung aufgenommen werden
- Die Proteinstruktur wird in vier Ebenen organisiert: Primär-, Sekundär-, Tertiär- und Quartärstruktur
- Fehlgefaltete Proteine spielen eine zentrale Rolle bei Krankheiten wie Alzheimer
- Kohlenhydrate folgen typischerweise dem Verhältnis CH_2O und existieren als Mono-, Di- und Polysaccharide
- Alpha-Bindungen in Kohlenhydraten können verdaut werden, Beta-Bindungen nicht
- Der glykämische Index zeigt den Einfluss von Kohlenhydraten auf den Blutzuckerspiegel
- Lipide sind wasserunlöslich und essentiell für Energiespeicherung und Membranbildung
- Phospholipide bilden durch ihre amphipathischen Eigenschaften spontan Doppelschichten
- Die Membranfluidität wird durch kürzere und ungesättigte Fettsäuren erhöht

- DNA verwendet vier Basen (A,G,C,T), während RNA Uracil statt Thymin enthält
- RNA-DNA-Hybride spielen eine wichtige Rolle bei verschiedenen Krankheiten
- Telomere werden durch das Enzym Telomerase geschützt
- Vitamine werden in wasser- und fettlösliche Kategorien eingeteilt
- Die Bioverfügbarkeit von Mineralstoffen wird durch Kombinationen wie Eisen mit Vitamin C verbessert
- Enzyme senken die Aktivierungsenergie biochemischer Reaktionen
- Die PL24-Lyase zeigt eine siebenblättrige β-Propeller-Faltung zum Abbau von Ulvan
- Enzymatische Aktivität wird durch Feedback-Mechanismen reguliert

1. 2. Zellstrukturen

ie Erforschung zellulärer Strukturen hat unser Verständnis vom Leben grundlegend verändert. Wie schaffen es Zellen, komplexe biochemische Prozesse räumlich und zeitlich zu koordinieren? Welche Rolle spielen die verschiedenen Zellkompartimente bei Gesundheit und Krankheit? Und wie kommunizieren diese Strukturen miteinander? Von der dynamischen Zellmembran über die energieproduzierenden Mitochondrien bis hin zum informationsspeichernden Zellkern - jedes Organell erfüllt spezifische Aufgaben, die das Überleben der Zelle sichern. Störungen dieser fein abgestimmten Systeme können zu schwerwiegenden Erkrankungen führen. Das Verständnis zellulärer Strukturen bildet daher die Grundlage für die Entwicklung gezielter therapeutischer Ansätze. Die folgenden Abschnitte beleuchten die verschiedenen Zellkompartimente und ihre Funktionen - von ihrer molekularen Organisation bis hin zu ihrer medizinischen Bedeutung.

„Die Zellmembran folgt dem Fluid-Mosaik-Modell und besteht aus einer komplexen Anordnung verschiedener Moleküle, die zusammen eine dynamische und anpassungsfähige Struktur bilden."

1. 2. 1. Zellmembran und Transport

ie Zellmembran, auch als <u>Plasmamembran</u> bekannt, ist eine fundamentale Struktur, die das Innere jeder Zelle von ihrer Umgebung abgrenzt [s38]. Diese erstaunlich dünne, aber hocheffiziente Barriere folgt dem <u>Fluid-Mosaik-Modell</u> und besteht aus einer komplexen Anordnung verschiedener Moleküle, die zusammen eine dynamische und anpassungsfähige Struktur bilden [s39]. Die Grundstruktur der Membran wird von Phospholipiden gebildet, die sich aufgrund ihrer **amphipathischen** Eigenschaften spontan zu einer Doppelschicht organisieren. Dabei zeigen die hydrophilen (wasserliebenden) Köpfe nach außen, während die hydrophoben (wassermeidenden) Schwänze das Innere der Membran bilden [s39]. Diese Anordnung ist essentiell für die Funktionalität der Zelle, wie sich beispielsweise bei der Wirkung bestimmter Medikamente zeigt, die gezielt die Membranstruktur beeinflussen.

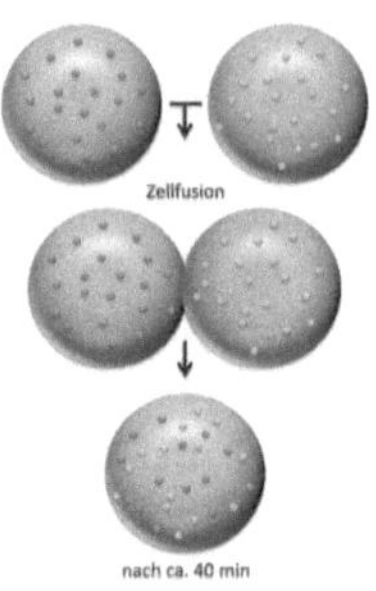

Fluid-Mosaik-Modell [i9]

Ein faszinierender Aspekt der Zellmembran ist ihre selektive Permeabilität [s40]. Diese Eigenschaft ermöglicht es der Zelle, lebenswichtige Substanzen aufzunehmen und Abfallprodukte auszuscheiden, während schädliche Stoffe draußen bleiben. Dies wird durch verschiedene Transportmechanismen erreicht, die sich in passive und aktive Prozesse unterteilen lassen. Die passive Diffusion erfolgt ohne Energieaufwand entlang eines

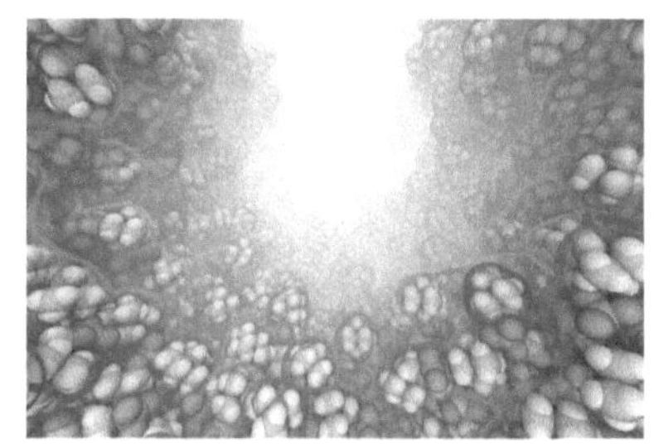

selektive Permeabilität [i10]

Konzentrationsgradienten [s40]. Ein alltägliches Beispiel hierfür ist die Aufnahme von Sauerstoff in unsere Zellen: Sauerstoffmoleküle diffundieren aufgrund ihrer kleinen Größe direkt durch die Lipiddoppelschicht. Größere oder geladene Moleküle benötigen hingegen spezielle Transportproteine.

Besonders interessant ist der Wassertransport über spezielle Proteine, die Aquaporine [s41]. Diese "Wasserkanäle" wurden ursprünglich durch ihre Hemmbarkeit durch Quecksilberverbindungen entdeckt - eine Erkenntnis, die auch heute noch relevant ist für das Verständnis von Vergiftungen durch Schwermetalle. In Pflanzenzellen spielen Aquaporine eine zentrale Rolle bei der Anpassung an Umweltveränderungen, wobei ihre Aktivität durch verschiedene Faktoren wie pH-Wert und Calcium reguliert wird [s41]. Die Membran enthält zwei Hauptklassen von Transportproteinen:

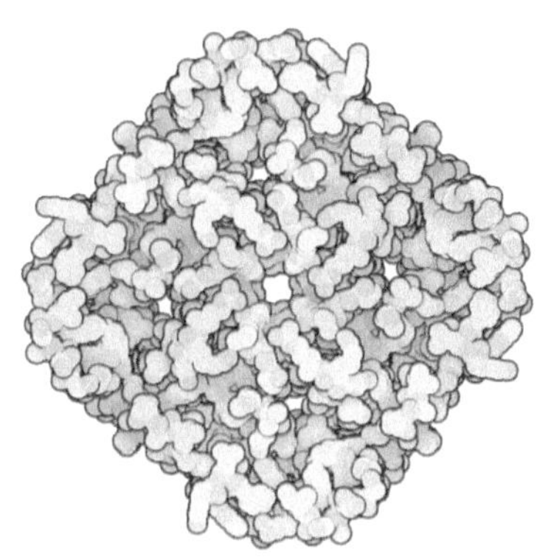

Aquaporin [i11]

Carrier (Träger) und Kanäle [s42]. Trägerproteine funktionieren wie molekulare Aufzüge, die spezifische Substanzen binden und durch Formveränderungen über die Membran transportieren. Kanalproteine hingegen bilden wassergefüllte Poren, die besonders für den Transport von Ionen wichtig sind [s42]. Ein klinisch relevantes Beispiel ist der defekte Chloridkanal bei Mukoviszidose, der zu einer gestörten Salzausscheidung führt.

Die Zellmembran enthält auch zahlreiche Proteine und Kohlenhydrate, die wichtige Funktionen bei der Zellkommunikation und -erkennung übernehmen [s39]. Glykoproteine und Glykolipide an der Zelloberfläche dienen als "Erkennungsmarken" und spielen eine wichtige Rolle bei Immunreaktionen und der Geweberträglichkeit bei Transplantationen. Ein weiterer wichtiger Aspekt ist die Osmose, die besonders in der medizinischen Praxis relevant ist [s40]. Das Verständnis der Tonizität von Lösungen ist essentiell für die intravenöse Therapie: Eine falsch gewählte Infusionslösung kann durch osmotische Effekte zu gefährlichen Zellschäden führen. Isotonische Lösungen, die dem osmotischen Druck des Blutplasmas entsprechen, sind daher der Standard in der Infusionstherapie.

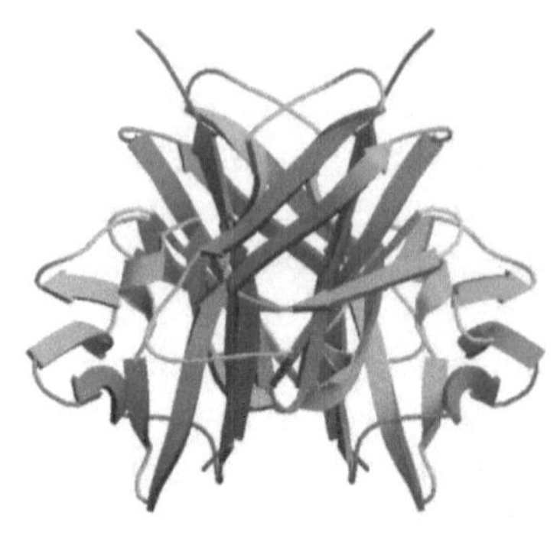

Glykoprotein [i12]

Die Zellmembran enthält auch beträchtliche Mengen an Cholesterin [s38], das die Membranfluidität reguliert und sie stabilisiert. Dies erklärt teilweise, warum extreme Cholesterinwerte im Blut Auswirkungen auf die Zellfunktion haben können - ein wichtiger Aspekt bei der Prävention von Herz-Kreislauf-Erkrankungen.

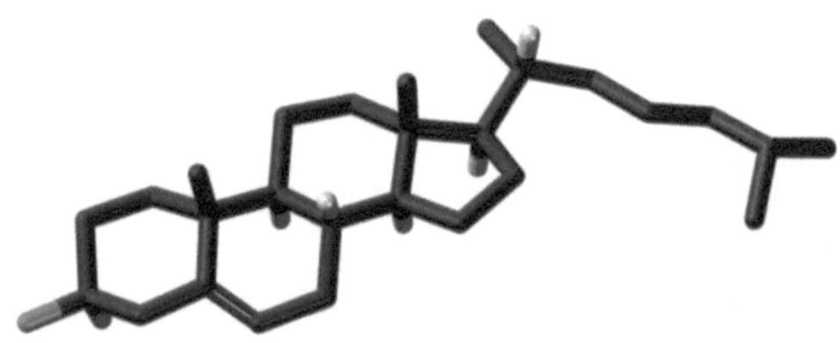

Cholesterin [i13]

amphipathisch

Beschreibt Moleküle mit sowohl wasserliebenden als auch wassermeidenden Bereichen, vergleichbar mit einem Waschmittelmolekül

Aquaporin

Membranproteine, die pro Sekunde bis zu 3 Milliarden Wassermoleküle durchlassen können, dabei aber Protonen und andere Ionen blockieren

Fluid-Mosaik-Modell

Ein 1972 von Singer und Nicolson entwickeltes Modell, das die flexible, fließende Bewegung der Membranbestandteile beschreibt, ähnlich wie Eisschollen auf einem See

Plasmamembran

Eine etwa 7-10 Nanometer dicke Biomembran, die sich durch ihre asymmetrische Verteilung von Proteinen und Lipiden in der äußeren und inneren Schicht auszeichnet

Tonizität

Maß für die effektive osmotische Konzentration einer Lösung, die den Wasserfluss zwischen Zellen und ihrer Umgebung bestimmt

1. 2. 2. Mitochondrien und Energiegewinnung

<u>Mitochondrien</u> sind die Kraftwerke unserer Zellen und spielen eine zentrale Rolle bei der Energiegewinnung [s43]. Diese faszinierenden Organellen, die etwa 35-40% des Volumens in Herzmuskelzellen ausmachen [s44], sind von zwei Membranen umgeben und enthalten sogar ihre eigene DNA, die interessanterweise nur von der Mutter vererbt wird [s43]. Die Energiegewinnung in den Mitochondrien erfolgt in mehreren aufeinander abgestimmten Schritten. Nach der Glykolyse im Zellplasma wird <u>Pyruvat</u> in der mitochondrialen Matrix zu Acetyl-CoA umgewandelt [s45]. Dies ist der Startpunkt für den Zitronensäurezyklus, bei dem Acetyl-CoA mit <u>Oxalacetat</u> zu Citrat reagiert [s45]. Die dabei freiwerdenden Elektronen werden in der Elektronentransportkette weitergeleitet, die aus vier komplexen Proteinkomplexen besteht [s46]. Besonders interessant ist der Mechanismus der oxidativen Phosphorylierung an der inneren Mitochondrienmembran. Hier wird ein Protonengradient aufgebaut, der wie eine Art biologische Batterie funktioniert [s46]. Die ATP-Synthase, ein faszinierendes molekulares "Kraftwerk", nutzt diesen Gradienten, um aus ADP und Phosphat das energiereiche ATP zu produzieren [s47]. Pro Glucosemolekül entstehen dabei beeindruckende 30-32 ATP-Moleküle [s45]. Die Bedeutung der Mitochondrien wird besonders bei Erkrankungen deutlich. Bei Diabetes beispielsweise ist die ATP-Synthesekapazität der Herzmitochondrien um fast ein Drittel reduziert [s44]. Dies zeigt, wie wichtig eine gesunde Lebensweise für die mitochondriale Funktion ist. Regelmäßige Bewegung und ausgewogene Ernährung können die Anzahl und Effizienz der Mitochondrien steigern, was besonders für Organe mit hohem Energiebedarf wie Herz, Gehirn und Muskeln wichtig ist [s43]. Ein faszinierender Regulationsmechanismus ist das PGC-1-Molekül, das die mitochondriale Biogenese und Energieproduktion steuert [s48]. Bei Fastenperioden wird PGC-1 verstärkt aktiviert, was die Anpassungsfähigkeit unseres Energiestoffwechsels zeigt [s48]. Dies erklärt auch, warum moderates Fasten positive Effekte auf die Zellgesundheit haben kann. Die Mitochondrien bilden dynamische Netzwerke durch Teilung und Fusion, was ihre Effizienz optimiert [s47]. Diese Anpassungsfähigkeit ist besonders wichtig bei wechselnden Energieanforderungen, wie sie etwa im Sporttraining auftreten. Interessanterweise teilen Mitochondrien viele Gemeinsamkeiten mit Chloroplasten, was auf einen gemeinsamen evolutionären Ursprung hindeutet [s49]. Ein wichtiger praktischer Aspekt ist der Schutz der Mitochondrien vor oxidativem Stress. Bei verschiedenen

Belastungen produzieren sie vermehrt reaktive Sauerstoffspezies [s49], weshalb eine ausreichende Versorgung mit Antioxidantien durch eine ausgewogene Ernährung wichtig ist. Besonders reich an schützenden Substanzen sind beispielsweise Beeren, grünes Gemüse und Nüsse. Die mitochondriale Funktion kann durch verschiedene Faktoren optimiert werden: Regelmäßige körperliche Aktivität stimuliert die Bildung neuer Mitochondrien, ausreichend Schlaf unterstützt ihre Regeneration, und eine ausgewogene Ernährung liefert die notwendigen Bausteine für ihre Funktion. Diese Erkenntnisse sind besonders relevant für Menschen mit hoher geistiger oder körperlicher Belastung, da ihre Zellen einen erhöhten Energiebedarf haben [s43].

Glossar

Mitochondrium

Mikroskopisch kleine, meist längliche Zellorganellen mit einer Größe von 0,5-1,5 Mikrometern. Sie besitzen eine charakteristische Cristae-Struktur, die durch Einfaltungen der inneren Membran entsteht.

Oxalacetat

Eine Dicarbonsäure mit vier Kohlenstoffatomen, die auch bei der Harnstoffsynthese und der Gluconeogenese eine wichtige Rolle spielt.

Pyruvat

Eine organische Säure mit drei Kohlenstoffatomen, die als Schlüsselmolekül zwischen verschiedenen Stoffwechselwegen fungiert und unter anderem beim Abbau von Aminosäuren entsteht.

1. 2. 3. Zellkern und DNA

er Zellkern ist das beeindruckende Kontrollzentrum jeder eukaryotischen Zelle und beherbergt unser Erbgut in Form der DNA [s50]. Mit einem Durchmesser von etwa 5-10 Mikrometern ist er das größte und auffälligste Organell der Zelle [s51]. Seine Bedeutung wird besonders deutlich, wenn man sich vor Augen führt, dass hier die gesamte Erbinformation gespeichert ist - in der menschlichen Zelle eine DNA-Länge von etwa 2 Metern, die hocheffizient verpackt werden muss [s52]. Die DNA selbst ist ein faszinierendes Molekül, das aus zwei komplementären Strängen besteht und wie eine verdrehte Leiter aussieht. Die vier Basen Adenin, Thymin, Cytosin und Guanin bilden dabei die "Sprossen" dieser molekularen Leiter [s51]. Um diese enorme Menge an genetischem Material platzsparend zu verpacken, wird die DNA zunächst um Proteine namens Histone gewickelt. Diese Struktur, bekannt als Nucleosom, ist der erste Schritt einer mehrstufigen Komprimierung [s52]. Ein praktisches Beispiel für die Effizienz dieser Verpackung: Würde man die DNA einer einzigen menschlichen Zelle auseinanderziehen, wäre sie etwa so lang wie ein Fußballfeld - doch dank der ausgeklügelten Verpackung passt sie problemlos in den mikroskopisch kleinen Zellkern.

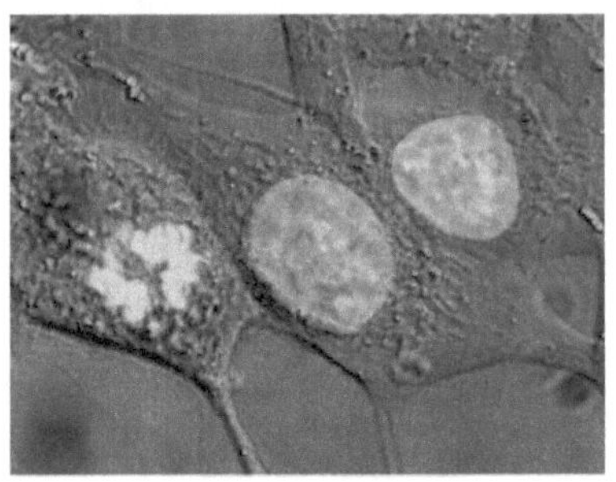

Zellkern [i14]

Die Organisation der DNA im Zellkern folgt dabei einem präzisen Plan. Die Chromosomen befinden sich in speziellen Bereichen, den sogenannten Chromosomenterritorien, wobei ihre Position nicht zufällig ist [s53]. Interessanterweise befinden sich aktive Gene häufig im Zentrum des Kerns, während inaktive Bereiche eher am Rand liegen. Diese räumliche Anordnung hat direkten Einfluss darauf, welche Gene wann aktiviert werden [s54]. Ein praktisches

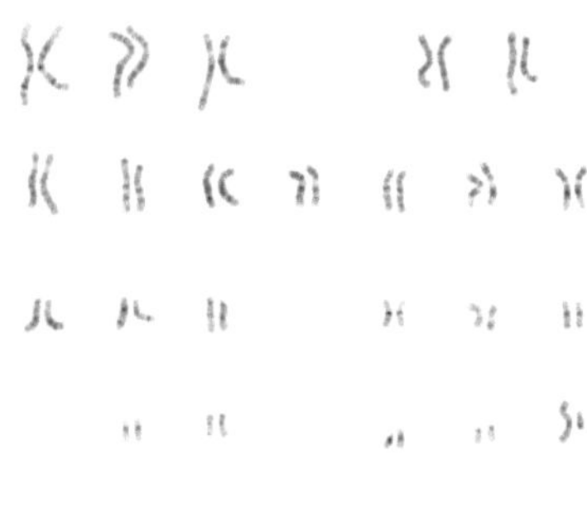

Chromosomen [i15]

Beispiel aus der Medizin: Bei verschiedenen Krankheiten, einschließlich Krebs, ist diese Organisation gestört, was zu abnormaler Genaktivität führen kann [s54]. Die DNA-Replikation, also die Verdopplung des Erbguts vor der Zellteilung, ist ein weiterer faszinierender Prozess. Er läuft in drei Phasen ab: Initiation, Elongation und Termination [s51]. Dabei wird jeder DNA-Strang als Vorlage für einen neuen Strang genutzt - ein Prinzip, das als semikonservative Replikation bezeichnet wird [s51]. Diese Präzisionsarbeit ist vergleichbar mit dem Kopieren eines riesigen Bibliothekskatalogs, bei dem jeder einzelne Buchstabe exakt übertragen werden muss. Der Zellkern wird von einer speziellen Doppelmembran umgeben, der Kernhülle, die mit zahlreichen Kernporen durchsetzt ist [s55]. Diese Poren fungieren wie molekulare Türsteher, die den Transport zwischen Kern und Zytoplasma streng kontrollieren. Unter der inneren Kernmembran befindet sich die <u>Kernlamina</u>, ein Proteinnetzwerk, das wesentlich zur Stabilität des Kerns beiträgt [s55]. Die praktische Relevanz zeigt sich bei verschiedenen Erbkrankheiten: Mutationen in den Proteinen der Kernlamina können zu schweren Erkrankungen führen, die die mechanische Stabilität der Zellen beeinträchtigen [s55]. Besonders interessant ist die Reaktion des Zellkerns auf mechanische Kräfte. Über spezielle Proteinverbindungen, den <u>LINC-Komplex</u>, können äußere Kräfte die Organisation des <u>Chromatins</u> und damit die Genaktivität beeinflussen [s55]. Dies erklärt zum Beispiel, warum körperliche Aktivität nicht nur die Muskeln stärkt, sondern auch Einfluss auf die Genexpression haben kann - ein weiterer Grund, warum regelmäßige Bewegung so wichtig für unsere Gesundheit ist. Die Chromatinstruktur selbst ist dynamisch und kann sich je nach Bedarf umorganisieren [s56]. Dies ist besonders wichtig während der Zellteilung, wenn das Chromatin zu den charakteristischen X-förmigen Chromosomen kondensiert, die unter dem

Mikroskop sichtbar werden [s52]. Diese Flexibilität der DNA-Verpackung ist essentiell für verschiedene zelluläre Prozesse und zeigt die erstaunliche Anpassungsfähigkeit unserer Zellen.

45

Chromatin
Ein Komplex aus DNA und speziellen Proteinen, der verschiedene Verpackungszustände annehmen kann - von locker bis sehr dicht gepackt.

Eukaryotisch
Bezeichnet Lebewesen, deren Zellen einen echten Zellkern besitzen - im Gegensatz zu Bakterien. Dazu gehören Tiere, Pflanzen und Pilze.

Kernlamina
Ein dichtes Fasernetzwerk aus speziellen Proteinen, das die innere Kernmembran auskleidet und dem Zellkern Stabilität verleiht.

LINC-Komplex
Ein Proteinkomplex, der das Innere des Zellkerns mit dem äußeren Zytoskelett verbindet und mechanische Signale überträgt.

Nucleosom
Eine grundlegende Verpackungseinheit der DNA, die etwa 146 Basenpaare umfasst und wie eine Perlenkette aufgereiht ist.

1. 2. 4. Endoplasmatisches Retikulum

as <u>endoplasmatische Retikulum</u> (ER) ist ein faszinierendes Membransystem, das sich wie ein komplexes Netzwerk durch das Zytoplasma eukaryotischer Zellen zieht [s57]. Es lässt sich in zwei spezialisierte Bereiche unterteilen: das raue endoplasmatische Retikulum (RER) mit seiner charakteristischen ribosomenbesetzten Oberfläche und das glatte endoplasmatische Retikulum (SER) [s58].

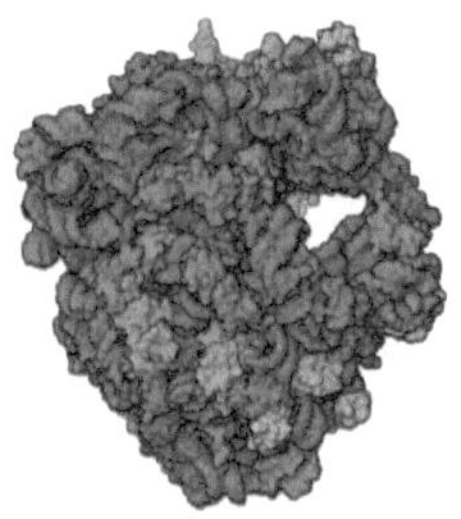

Ribosomen [i16]

Das RER ist ein wahres Produktionszentrum für Proteine. Seine Oberfläche ist mit Millionen von <u>Ribosomen</u> besetzt, die wie kleine Fabriken Proteine assemblieren [s58]. Ein besonders interessanter Aspekt ist die enge Verbindung zur Kernhülle - das RER ist direkt mit ihr verbunden und arbeitet eng mit dem Golgi-Apparat zusammen [s59]. Dies ermöglicht einen effizienten Transport der produzierten Proteine, vergleichbar mit einem gut organisierten Logistiksystem. Die Proteinsynthese am RER folgt einem präzisen Ablauf: Sie beginnt im Zytosol, wo ein spezielles Signal-Erkennungs-Teilchen das entstehende Protein erkennt und das Ribosom zur RER-Membran führt [s59]. Im Inneren des RER, dem sogenannten <u>Lumen</u>, werden die Proteine dann weiter modifiziert - beispielsweise durch <u>Glykosylierung</u>, wodurch Glykoproteine entstehen [s59]. Dies ist vergleichbar mit einer Qualitätskontrolle in der Produktion, bei der Produkte ihre finale Form erhalten.

Das SER hingegen ist auf die Produktion und den Metabolismus von Lipiden und Steroidhormonen spezialisiert [s58]. Seine röhrenförmige Struktur bildet ein komplexes Netzwerk und spielt eine wichtige Rolle bei der Entgiftung organischer Chemikalien [s58]. Dies macht das SER besonders wichtig für Organe wie die Leber, die kontinuierlich Giftstoffe abbauen müssen. Ein faszinierender Aspekt des ER ist seine Rolle als Calcium-Speicher und seine Beteiligung an der zellulären

Steroidhormone [i17]

Stressantwort [s60]. Bei Störungen der Proteinfaltung kann ein als ER-Stress bekannter Zustand entstehen [s61]. Die Zelle reagiert darauf mit der "Unfolded Protein Response" (UPR), einem komplexen Schutzmechanismus [s61]. Dies ist vergleichbar mit einem Qualitätssicherungssystem in einer Fabrik, das bei Produktionsfehlern Alarm schlägt. Besonders relevant ist die Rolle des ER bei verschiedenen Krankheiten. Fehlfunktionen können zu schwerwiegenden Problemen führen, etwa wenn sich fehlgefaltete Proteine ansammeln [s59]. Dies ist beispielsweise bei neurodegenerativen Erkrankungen der Fall. Um die ER-Funktion zu unterstützen, ist eine ausgewogene Ernährung wichtig, die alle notwendigen Bausteine für die Proteinsynthese liefert. Die dynamische Struktur des ER wird durch spezielle Proteine aufrechterhalten, die die Membranfusion und -krümmung regulieren [s62]. Störungen in diesem System können zu neurologischen Erkrankungen führen [s62]. Dies zeigt, wie wichtig die korrekte Funktion des ER für unsere Gesundheit ist.

Glossar

Endoplasmatisches Retikulum

Ein verzweigtes Kanalsystem in der Zelle, das etwa 10% des
Zellvolumens einnimmt und eine Gesamtfläche von bis zu 100.000
Quadratmikrometer erreichen kann

Glykosylierung

Ein chemischer Prozess, bei dem Zuckermoleküle an Proteine
angehängt werden, wobei bis zu 2000 verschiedene
Zuckerkombinationen möglich sind

Lumen

Der innere Hohlraum des endoplasmatischen Retikulums, der einen
speziellen pH-Wert von etwa 7,2 aufweist und sich damit vom
Zytosol unterscheidet

Ribosom

Winzige Proteinfabriken mit einem Durchmesser von etwa 20-30
Nanometern, die aus über 80 verschiedenen Proteinen und mehreren
RNA-Molekülen bestehen

1. 2. 5. Golgi-Apparat

er <u>Golgi-Apparat</u>, erstmals 1898 beschrieben [s63], ist ein faszinierendes Zellorganell, das wie eine hocheffiziente Verpackungs- und Versandstation in eukaryotischen Zellen funktioniert. Er besteht aus einer Reihe gestapelter Membranen und liegt strategisch günstig nahe dem Zellkern und dem endoplasmatischen Retikulum [s64]. Während die meisten Zellen einen oder mehrere Golgi-Apparate besitzen, können Pflanzenzellen erstaunlicherweise Hunderte davon aufweisen [s65]. Als zentrales Organell im sekretorischen Weg [s63] übernimmt der Golgi-Apparat die wichtige Aufgabe, Proteine und Lipidmoleküle zu verarbeiten und zu verpacken [s64]. Dabei arbeitet er eng mit dem endoplasmatischen Retikulum zusammen - so eng, dass einige Produkte sogar direkt zwischen beiden Organellen ausgetauscht werden können, ohne den üblichen <u>Vesikel</u>transport zu durchlaufen [s66]. Dies ist vergleichbar mit einem modernen Logistikzentrum, das verschiedene Abteilungen durch automatisierte Förderbänder verbindet.

Die Biomoleküle erreichen den Golgi-Apparat an seiner cis-Seite in Clustern verschmolzener Vesikel, die entlang von <u>Mikrotubuli</u> transportiert werden [s65]. Diese präzise Organisation erinnert an ein Fließband in einer Fabrik, wo jeder Schritt genau aufeinander abgestimmt ist. Eine der Hauptaufgaben besteht darin, neue Vesikel zu bilden und diese mit <u>Glykoproteinen</u> und anderen Substanzen zu befüllen [s64]. Besonders interessant ist die Rolle des Golgi-Apparats bei der Aufrechterhaltung der zellulären Homöostase [s67]. Als Teil des endolysosomalen Netzwerks [s68] trägt er wesentlich zum Gleichgewicht der

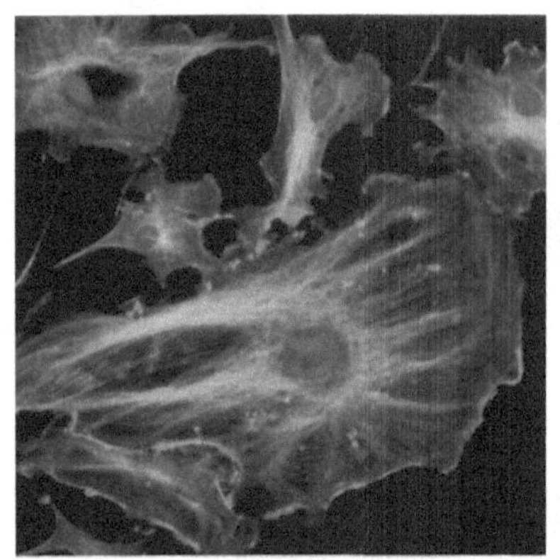

Mikrotubuli [i18]

Zellfunktionen bei. Dies wird besonders deutlich bei neurodegenerativen Erkrankungen, wo Störungen der Golgi-Funktion zur Krankheitsentstehung beitragen können [s67]. Die Forschung entwickelt aktuell funktionale Sonden für den Golgi-Apparat, die in Hochdurchsatzanwendungen eingesetzt werden [s68]. Dies eröffnet neue Möglichkeiten für die Diagnostik und Therapie von Erkrankungen, die mit Golgi-Dysfunktionen in

Verbindung stehen. Ein praktisches Beispiel hierfür ist die Entwicklung gezielter Medikamente, die die Proteinsortierung und -verarbeitung im Golgi-Apparat beeinflussen können. Interessanterweise besteht eine enge Beziehung zwischen Golgi-Stress und dem Stress des endoplasmatischen Retikulums [s67]. Diese Wechselwirkung zeigt, wie eng die verschiedenen Zellorganellen zusammenarbeiten und sich gegenseitig beeinflussen. Für die Gesunderhaltung der Zelle ist es daher wichtig, beide Systeme in Balance zu halten - vergleichbar mit einem gut eingespielten Team, bei dem jedes Mitglied seine spezifische Aufgabe hat. Die Struktur-Funktions-Beziehung des Golgi-Apparats birgt noch viele offene Fragen [s63], deren Beantwortung entscheidend für das Verständnis seiner Rolle als zelluläre Sortierstation ist. Diese Erkenntnisse könnten neue Therapieansätze für verschiedene Erkrankungen ermöglichen, bei denen der Proteintransport gestört ist.

Glossar

Glykoprotein

Moleküle, die aus einem Protein und einem oder mehreren
Zuckerketten bestehen. Sie spielen eine wichtige Rolle bei der Zell-
Zell-Erkennung und der Immunabwehr.

Golgi-Apparat

Ein membranumschlossenes Zellorganell, das aus mehreren flachen,
scheibenförmigen Zisternen besteht und besonders wichtig für die
Modifikation und Sortierung von Proteinen ist. Benannt wurde es
nach seinem Entdecker Camillo Golgi.

Mikrotubuli

Röhrenförmige Proteinstrukturen im Zellskelett, die wie
Transportschienen fungieren und aus dem Protein Tubulin aufgebaut
sind. Sie sind wichtig für die Stabilität und den gerichteten
Transport in der Zelle.

Vesikel

Kleine, von einer Membran umschlossene Bläschen in der Zelle, die
dem Transport verschiedener Stoffe dienen. Sie können sich von
Membranen abschnüren und mit anderen Membranen
verschmelzen.

1. 2. 6. Lysosomen

Lysosomen sind hochspezialisierte Zellorganellen, die als "Recyclingzentren" und "Verdauungsapparat" der Zelle fungieren [s69]. Diese membranumschlossenen Strukturen enthalten über 50 verschiedene Enzyme, die in der Lage sind, praktisch alle biologischen Moleküle abzubauen - von Proteinen und Nukleinsäuren bis hin zu Kohlenhydraten und Lipiden [s70].

Besonders bemerkenswert ist der stark saure pH-Wert von etwa 5 im Inneren der Lysosomen, der durch spezielle Protonenpumpen (V-ATPasen) aufrechterhalten wird [s71]. Diese Acidität ist essentiell für die Aktivierung der lysosomalen Enzyme und schützt gleichzeitig die restliche Zelle vor deren abbauender Wirkung. Ein praktisches Beispiel für die Bedeutung dieses sauren Milieus zeigt sich bei bestimmten Medikamenten: Substanzen, die den pH-Wert der Lysosomen beeinflussen, können deren Funktion stark beeinträchtigen.

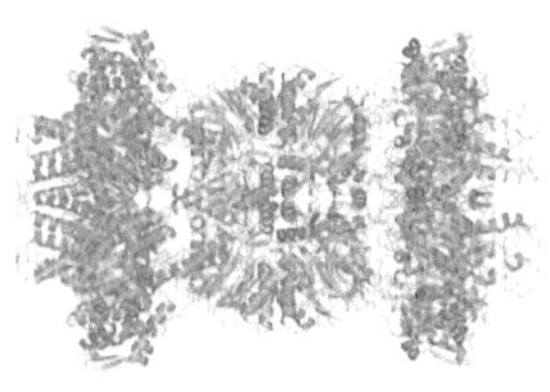

V-ATPasen [i19]

Die Lysosomen arbeiten eng mit anderen Zellorganellen zusammen und sind in verschiedene Abbauwege eingebunden [s72]:
- Endozytose: Aufnahme und Abbau von Material von außerhalb der Zelle
- Phagozytose: "Verschlingen" größerer Partikel wie Bakterien
- Autophagie: Recycling zelleigener Bestandteile

Ein faszinierender Aspekt ist die Rolle der Lysosomen bei der Autophagie, einem Prozess, der für das zelluläre "Housekeeping" essentiell ist [s73]. Dabei werden beschädigte oder überflüssige Zellbestandteile gezielt abgebaut - vergleichbar mit einem gut organisierten Müllentsorgungssystem. Dies ist besonders wichtig bei Hungerphasen oder Stress, wenn die Zelle Energie und Bausteine aus eigenen Beständen gewinnen muss. Die medizinische Bedeutung der Lysosomen wird bei den sogenannten lysosomalen Speicherkrankheiten deutlich [s70]. Diese entstehen, wenn bestimmte Abbauwege gestört sind und sich nicht-verdaute Substanzen in den Zellen ansammeln. Ein Beispiel ist die Gaucher-Krankheit, bei der ein bestimmtes Enzym fehlt und sich Lipide in verschiedenen Geweben anreichern.

Lysosomen spielen auch eine wichtige Rolle bei der Immunabwehr [s74]. Sie können eingedrungene Bakterien und Viren aufnehmen und unschädlich machen - vergleichbar mit einer zelleigenen Desinfektionsanlage. Diese Funktion ist besonders wichtig in Immunzellen wie <u>Makrophagen</u>, die kontinuierlich Krankheitserreger bekämpfen. Ein weiterer interessanter Aspekt ist die Beteiligung der Lysosomen am programmierten Zelltod (Apoptose) [s74]. Wenn eine Zelle

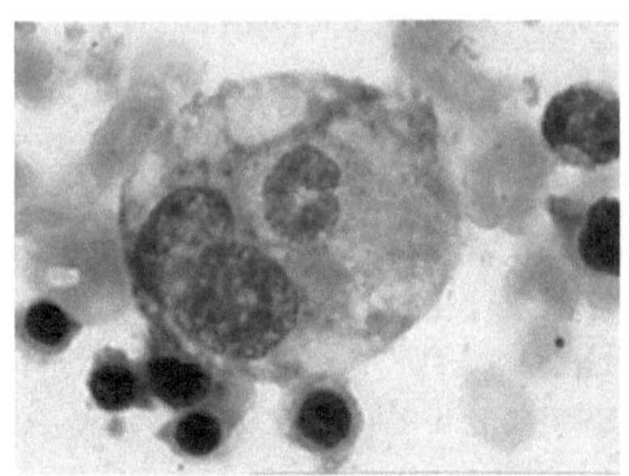

Makrophagen [i20]

irreparabel geschädigt ist, können Lysosomen durch Freisetzung ihrer Enzyme zur kontrollierten Selbstzerstörung der Zelle beitragen - ein wichtiger Mechanismus zur Entfernung potenziell gefährlicher Zellen. Die Forschung zeigt zunehmend Verbindungen zwischen lysosomaler Dysfunktion und neurodegenerativen Erkrankungen [s71]. Dies eröffnet neue therapeutische Ansätze, beispielsweise durch Medikamente, die die lysosomale Funktion unterstützen oder wiederherstellen können.

Gaucher-Krankheit

Erbliche Stoffwechselerkrankung, bei der das Enzym
Glucocerebrosidase fehlt, was zu Organvergrößerungen und
Knochenproblemen führen kann.

Lysosomen

Kleine, von einer Membran umgebene Bläschen mit einem
Durchmesser von 0,2-0,8 Mikrometern, die durch Abschnürung
vom Golgi-Apparat entstehen.

Makrophage

Große, bewegliche Fresszellen des Immunsystems, die sich aus
bestimmten weißen Blutkörperchen entwickeln und bis zu mehrere
Monate leben können.

V-ATPase

Membranproteine, die unter ATP-Verbrauch Protonen durch
biologische Membranen pumpen und aus mehreren Untereinheiten
bestehen.

1. 2. 7. Peroxisomen

Peroxisomen sind hochspezialisierte Zellorganellen, die eine zentrale Rolle bei der Entgiftung und dem Lipidstoffwechsel spielen [s75]. Mit einem Durchmesser von nur 0,2 bis 1 Mikrometer gehören sie zu den kleineren Zellorganellen, erfüllen aber lebenswichtige Funktionen für die Zelle [s76]. Eine ihrer Hauptaufgaben ist die Entgiftung schädlicher Substanzen. Dabei übertragen sie Wasserstoffatome von verschiedenen Molekülen auf Sauerstoff, wodurch Wasserstoffperoxid entsteht. Dieses wird durch spezielle Enzyme sofort in harmloses Wasser und Sauerstoff umgewandelt [s75]. Ein praktisches Beispiel hierfür ist die Entgiftung von Alkohol - besonders relevant in Leberzellen, die eine besonders hohe Anzahl von Peroxisomen aufweisen. Peroxisomen zeigen eine bemerkenswerte Anpassungsfähigkeit: Sie können ihre Anzahl, Form und Zusammensetzung je nach zellulärem Bedarf verändern [s77]. Diese Flexibilität wird durch ein komplexes System von Peroxin (PEX) Genen gesteuert. Interessanterweise können Mutationen in diesen Genen, besonders in PEX1 und PEX6, zu schweren Störungen der peroxisomalen Biogenese führen [s78]. Besonders faszinierend ist die Rolle der Peroxisomen im Immunsystem. Bei Virusinfektionen fungieren sie als wichtige Signalorganellen und unterstützen die antivirale Abwehr [s77]. Allerdings können einige Viren diese Funktion auch zu ihrem Vorteil nutzen, indem sie die peroxisomalen Strukturen für ihre eigene Vermehrung umgestalten. Im Darm spielen Peroxisomen eine entscheidende Rolle bei der Aufrechterhaltung der Gewebehomöostase [s79]. Sie koordinieren verschiedene Stress-, Stoffwechsel- und Immunsignalwege und sind essentiell für die Gesundheit des Darmepithels. Bei Störungen der peroxisomalen Funktion kann es zu erhöhtem Zelltod und epithelialer Instabilität kommen. Ein weiterer wichtiger Aspekt ist ihre Beteiligung am Cholesterinstoffwechsel [s80]. Dysfunktionale Peroxisomen können zu einer Cholesterinakkumulation führen, was weitreichende Folgen für die Zellgesundheit hat. Dies ist besonders relevant für die Entwicklung neuer therapeutischer Ansätze bei entzündlichen Darmerkrankungen. Die Qualitätskontrolle der Peroxisomen erfolgt durch einen Prozess namens Pexophagie, bei dem geschädigte oder überflüssige Peroxisomen gezielt abgebaut werden [s76]. Dies ist vergleichbar mit einem Qualitätssicherungssystem, das defekte Komponenten aussortiert. Für die praktische Gesundheitsvorsorge bedeutet dies: Eine gesunde Lebensweise mit ausgewogener Ernährung und regelmäßiger Bewegung unterstützt die optimale Funktion der Peroxisomen.

Besonders wichtig ist die Vermeidung übermäßigen Alkoholkonsums, da dies die Entgiftungskapazität der Peroxisomen überlasten kann.

Glossar

Peroxin

Eine Familie von Proteinen, die für die Bildung und Funktion von Peroxisomen unerlässlich sind. Es sind bisher über 30 verschiedene Peroxine bekannt.

Peroxisomen

Membranumschlossene Zellorganellen, die auch als Microbodies bezeichnet werden. Sie sind evolutionär vermutlich aus bakteriellen Endosymbionten entstanden und vermehren sich durch Teilung.

Pexophagie

Eine spezielle Form des Zellabbaus, bei der selektiv Peroxisomen durch Autophagosomen umschlossen und in Lysosomen abgebaut werden. Dieser Prozess wird durch spezifische Rezeptorproteine gesteuert.

1. 2. 8. Zytoskelett

Das Zytoskelett ist ein faszinierendes und komplexes Netzwerk aus Proteinfasern, das als dynamisches Gerüst der Zelle fungiert [s81]. Es besteht aus drei Hauptkomponenten: Mikrofilamente (Aktin), mikrotubuli und intermediäre Filamente, die zusammen ein hochorganisiertes System bilden [s82]. Die Mikrofilamente, bestehend aus Aktin-Proteinen, sind besonders wichtig für die Zellbewegung und Formveränderung. Sie steuern präzise die Bildung von Zellfortsätzen und die Kontraktion der Zelle [s83]. Ein praktisches Beispiel hierfür ist die Wundheilung, bei der Zellen aktiv in verletzte Bereiche einwandern müssen. Mikrotubuli übernehmen die Rolle einer "Transportautobahn" in der Zelle. Sie sind polar aufgebaut und ermöglichen den gezielten Transport von Vesikeln und Organellen [s82]. Dies ist vergleichbar mit einem Logistiksystem, bei dem Waren (zelluläre Komponenten) entlang festgelegter Routen transportiert werden. Besonders faszinierend sind die intermediären Filamente, von denen über 60 verschiedene Typen existieren [s84]. Sie verleihen der Zelle mechanische Stabilität und sind erstaunlich anpassungsfähig. Ein eindrucksvolles Beispiel findet sich bei Lymphozyten: Hier bilden intermediäre Filamente ein sphärisches Gehäuse, das sich bei Bedarf schnell umorganisieren kann, um den Zellen das Eindringen ins Gewebe zu ermöglichen [s85]. Eine wichtige Entdeckung betrifft die Rolle der intermediären Filamente bei der Kontrolle der Mitochondrien-Bewegung [s86]. Sie fungieren als "Anker", die diese Energiekraftwerke der Zelle an strategisch wichtigen Positionen fixieren können - vergleichbar mit einem Parkplatzsystem für zelluläre Kraftwerke. Das Zytoskelett spielt auch eine zentrale Rolle bei der Zellteilung und Entwicklung [s87]. Störungen können zu verschiedenen Krankheiten führen, von Muskelerkrankungen bis hin zu neurodegenerativen Störungen [s84]. Ein konkretes Beispiel sind die Laminopathien, bei denen Mutationen in Proteinen der Kernlamina zu schweren Erkrankungen führen. Besonders interessant ist die Rolle des Zytoskeletts bei der Krebsentwicklung. Das Protein Vimentin beispielsweise ist entscheidend bei der epithelial-mesenchymalen Transition, einem Prozess, der Tumorzellen beweglicher macht [s84]. Dies erklärt, warum Störungen des Zytoskeletts oft mit der Entstehung und Ausbreitung von Krebs in Verbindung stehen. Für die Forschung wurde ein spezielles Protokoll entwickelt, das die gleichzeitige Untersuchung aller drei Zytoskelett-Komponenten ermöglicht [s88]. Dies eröffnet neue

Möglichkeiten, die komplexen Wechselwirkungen zwischen den verschiedenen Elementen zu verstehen und könnte zu neuen therapeutischen Ansätzen führen.

Glossar

Zytoskelett

Ein zelluläres Stützsystem, das sich ständig auf- und abbaut und der Zelle ihre Form gibt, ähnlich wie ein Skelett beim Menschen.

Laminopathie

Erbliche Erkrankungen, die durch Veränderungen in den Strukturproteinen der Zellkernhülle entstehen und verschiedene Organe betreffen können.

Mikrofilament

Feine, flexible Proteinfäden mit einem Durchmesser von etwa 7 Nanometern, die sich wie ein Muskel zusammenziehen und wieder ausdehnen können.

Vimentin

Ein Protein der intermediären Filamente, das besonders häufig in Bindegewebszellen vorkommt und deren Beweglichkeit beeinflusst.

1. 2. 9. Chloroplasten

hloroplasten sind faszinierende Organellen in Pflanzenzellen, die durch ihre Fähigkeit zur Photosynthese das Leben auf der Erde erst ermöglichen [s89]. Als Nachfahren von Cyanobakterien [s90] haben sie sich zu hochspezialisierten Zellstrukturen entwickelt, die besonders zahlreich in den grünen Geweben von Pflanzen, vor allem in den Parenchymzellen des Blattmesophylls, zu finden sind [s91]. Die Komplexität dieser Organellen zeigt sich in ihrer ausgeklügelten Struktur: Sie besitzen ein eigenes zirkuläres Genom mit einer charakteristischen quadripartiten Struktur, bestehend aus zwei großen inversen Wiederholungen sowie einem großen und einem kleinen Einzelkopie-Bereich [s92]. Dieses Genom kodiert tRNA, rRNA und verschiedene Proteine, die hauptsächlich mit Photosynthese und Bioenergetik in Verbindung stehen [s89]. Besonders bemerkenswert ist die

Blattmesophyll [i21]

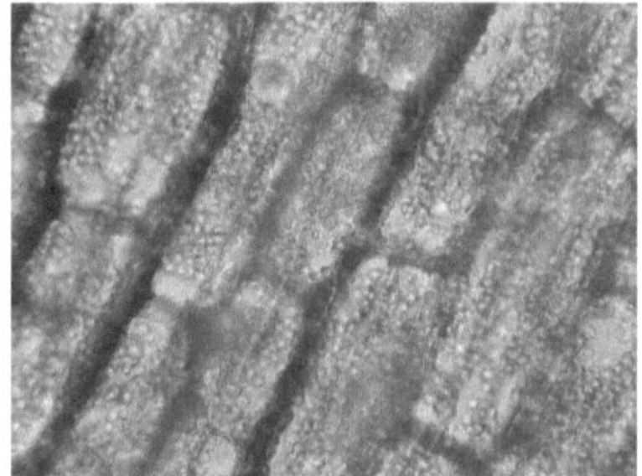

Chloroplasten [i22]

Entwicklung spezieller DNA-Reparaturmechanismen, einschließlich homologer Rekombination, die DNA-Schäden durch reaktive Sauerstoffspezies beheben können [s92]. Dies ist essentiell für das Überleben der Pflanze, da Genomschäden auch die nukleare Genexpression beeinflussen können. Ein faszinierender Aspekt ist das komplexe Zusammenspiel zwischen Kern- und Chloroplastengenom: Die meisten Proteine, die für funktionale Chloroplasten benötigt werden, sind tatsächlich im Zellkern kodiert und werden nach ihrer Produktion im Zytosol in die Chloroplasten importiert [s90]. Dies zeigt die enge evolutionäre Verflechtung zwischen diesen Organellen und ihrer Wirtszelle. Die Chloroplasten verfügen über ein ausgeklügeltes Hüllsystem, das als strategische Barriere den Austausch von Ionen, Metaboliten und Proteinen kontrolliert [s93]. Interessanterweise macht die Hülle nur etwa 1% der Chloroplastenproteine aus, was die Identifizierung vieler Hüllproteine zu einer wissenschaftlichen Herausforderung macht [s93]. Ein praktisch relevanter Aspekt ist die Reaktion der Chloroplasten auf Umweltstress, insbesondere Salzstress. <u>Salinität</u> kann ihre Größe, Anzahl, lamellare Organisation sowie Lipid- und Stärkeakkumulation beeinflussen [s94]. Verschiedene Pflanzenarten haben unterschiedliche Mechanismen entwickelt, um mit solchen Stresssituationen umzugehen - ein Wissen, das für die Entwicklung salztoleranter Nutzpflanzen von großer Bedeutung ist. Die Aufrechterhaltung der Lipid-Homöostase ist ein weiterer kritischer Aspekt der Chloroplastenfunktion. Spezielle Proteinkomplexe regulieren den Lipidaustausch zwischen verschiedenen Zellkompartimenten, wobei Störungen in diesem System die innere Membranorganisation der Chloroplasten beeinträchtigen können [s95]. Die grundlegende Funktion der Chloroplasten bleibt dabei ihre Fähigkeit, Lichtenergie zu nutzen, um aus Kohlendioxid und Wasser Zucker zu produzieren und dabei Sauerstoff freizusetzen [s96]. Diese produzierten Zucker können von der Pflanze entweder sofort verwendet oder für späteres Wachstum gespeichert werden [s96].

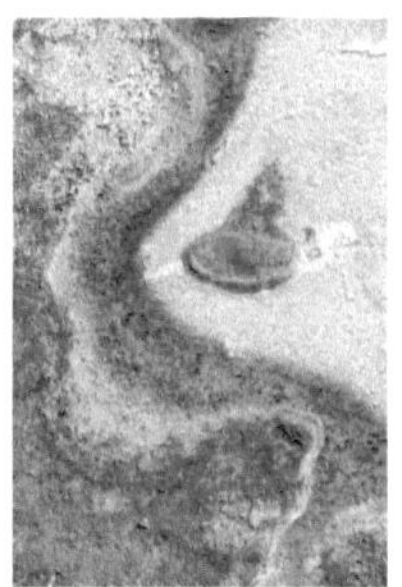

Cyanobakterien [i23]

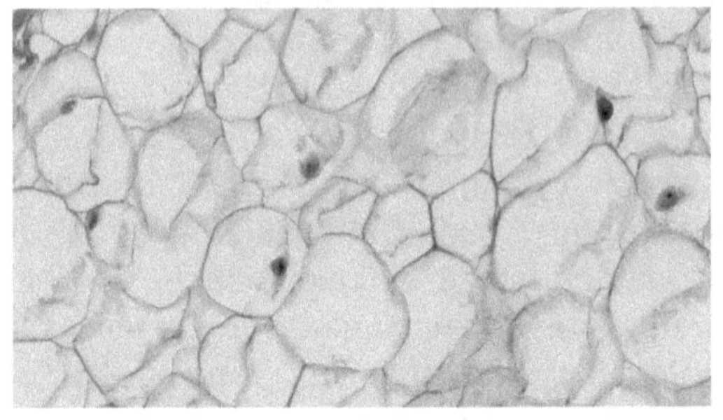

Parenchymzellen [i24]

Glossar

Bioenergetik

Wissenschaft der Energieumwandlungen in lebenden Systemen, einschließlich der Speicherung und Nutzung biologischer Energie.

Blattmesophyll

Das innere Blattgewebe zwischen der oberen und unteren Epidermis, bestehend aus Palisaden- und Schwammgewebe.

Cyanobakterien

Einzellige Mikroorganismen, die als erste Lebewesen Photosynthese betrieben und den Sauerstoff in der Erdatmosphäre anreicherten.

Parenchymzellen

Grundgewebezellen in Pflanzen, die für Stoffspeicherung und Stoffwechsel zuständig sind. Sie sind dünnwandig und haben große Vakuolen.

Salinität

Maß für den Salzgehalt in einer Lösung oder einem Medium, wichtiger Umweltfaktor für Pflanzenwachstum.

Zusammenfassung - 1. 2. Zellstrukturen

- Die Plasmamembran folgt dem Fluid-Mosaik-Modell und besteht aus amphipathischen Phospholipiden, die sich spontan zu einer Doppelschicht organisieren.

- Aquaporine ermöglichen den selektiven Wassertransport und wurden durch ihre Hemmbarkeit durch Quecksilberverbindungen entdeckt.

- Die Tonizität von Lösungen ist essentiell für die intravenöse Therapie, da falsch gewählte Infusionslösungen zu Zellschäden führen können.

- Mitochondrien machen 35-40% des Volumens in Herzmuskelzellen aus und enthalten eigene DNA, die nur maternal vererbt wird.

- Pro Glucosemolekül entstehen durch oxidative Phosphorylierung 30-32 ATP-Moleküle.

- PGC-1 steuert die mitochondriale Biogenese und wird bei Fastenperioden verstärkt aktiviert.

- Die DNA einer einzelnen menschlichen Zelle ist ausgestreckt etwa so lang wie ein Fußballfeld.

- Der LINC-Komplex ermöglicht die Übertragung äußerer Kräfte auf die Chromatinorganisation und beeinflusst damit die Genaktivität.

- Die Kernlamina ist ein Proteinnetzwerk unter der inneren Kernmembran, dessen Mutationen zu schweren Erbkrankheiten führen können.

- Das endoplasmatische Retikulum fungiert als Calcium-Speicher und aktiviert bei Proteinfaltungsstörungen die "Unfolded Protein Response".

- Der Golgi-Apparat arbeitet so eng mit dem ER zusammen, dass einige Produkte direkt zwischen beiden Organellen ausgetauscht werden können.

- Lysosomen enthalten über 50 verschiedene Enzyme und werden durch V-ATPasen auf einen pH-Wert von etwa 5 angesäuert.

- Peroxisomen können ihre Anzahl, Form und Zusammensetzung durch PEX-Gene an zelluläre Bedürfnisse anpassen.
- Vimentin spielt eine Schlüsselrolle bei der epithelial-mesenchymalen Transition von Tumorzellen.
- Das Chloroplastengenom hat eine quadripartite Struktur mit zwei großen inversen Wiederholungen.
- Die Chloroplastenhülle macht nur 1% der Chloroplastenproteine aus, was die Identifizierung von Hüllproteinen erschwert.

1. 3. Stoffwechselprozesse

ie funktioniert das komplexe Zusammenspiel der verschiedenen Stoffwechselprozesse in lebenden Organismen? Welche biochemischen Mechanismen ermöglichen es Zellen, Energie zu gewinnen, zu speichern und bei Bedarf wieder freizusetzen? Von der Glykolyse über den Citratzyklus bis hin zur Photosynthese - die Stoffwechselprozesse in lebenden Zellen sind erstaunlich vielfältig und präzise aufeinander abgestimmt. Die Aufklärung dieser fundamentalen biochemischen Vorgänge hat unser Verständnis von Leben und Krankheit revolutioniert. Heute wissen wir, dass viele Erkrankungen auf Störungen des Stoffwechsels zurückzuführen sind. Gleichzeitig eröffnet dieses Wissen neue therapeutische Möglichkeiten - von der gezielten Ernährungstherapie bis hin zu innovativen Medikamenten, die in spezifische Stoffwechselwege eingreifen. Die folgenden Abschnitte beleuchten die wichtigsten Stoffwechselprozesse im Detail und zeigen ihre Bedeutung für Gesundheit und Krankheit auf. Das Verständnis dieser grundlegenden Mechanismen ist nicht nur für Mediziner und Biochemiker relevant, sondern bildet die Basis für viele aktuelle Entwicklungen in Diagnostik und Therapie.

„Die Glykolyse ist ein fundamentaler Stoffwechselprozess, der in praktisch allen lebenden Zellen stattfindet und die erste Stufe der zellulären Energiegewinnung darstellt."

1. 3. 1. Glykolyse

ie <u>Glykolyse</u> ist ein fundamentaler Stoffwechselprozess, der in praktisch allen lebenden Zellen stattfindet und die erste Stufe der zellulären Energiegewinnung darstellt [s97]. Dieser biochemische Vorgang findet im Zytoplasma der Zelle statt, wo ein Glukosemolekül in zwei <u>Pyruvatmoleküle</u> umgewandelt wird [s98]. Der Prozess der Glykolyse ist besonders faszinierend, da er sowohl mit als auch ohne Sauerstoff ablaufen kann. Dies erklärt beispielsweise, warum unsere Muskelzellen auch dann noch Energie produzieren können, wenn wir uns intensiv belasten und der Sauerstoff knapp wird [s98]. Für Sportler ist dieses Wissen besonders relevant, da es erklärt, warum kurze, intensive Belastungen auch ohne optimale Sauerstoffversorgung möglich sind. Die Energieausbeute der Glykolyse unterscheidet sich deutlich je nachdem, ob Sauerstoff verfügbar ist oder nicht. Unter aeroben (sauerstoffreichen) Bedingungen können die entstehenden Pyruvatmoleküle in die Mitochondrien wandern und dort über den Zitronensäurezyklus weiterverarbeitet werden, was zu einer Gesamtausbeute von bis zu 32 ATP-Molekülen pro Glukosemolekül führt [s98]. Ohne Sauerstoff werden lediglich 2 ATP-Moleküle produziert [s97]. Ein besonders interessanter Aspekt ist die aerobe Glykolyse, die vor allem bei sich schnell teilenden Zellen beobachtet wird [s99]. Diese Zellen führen die Glykolyse auch dann durch, wenn ausreichend Sauerstoff vorhanden ist - ein Phänomen, das besonders bei Krebszellen ausgeprägt ist [s100]. Dieses Wissen hat wichtige medizinische Implikationen, da die gezielte Hemmung der Glykolyse einen vielversprechenden Ansatz in der Krebstherapie darstellt. Die Regulation der Glykolyse erfolgt über verschiedene Enzyme, wobei die Phosphofructokinase-1 (PFK-1) eine Schlüsselrolle spielt [s97]. Diese präzise Steuerung ermöglicht es den Zellen, ihre Energieproduktion an den aktuellen Bedarf anzupassen. Ein praktisches Beispiel hierfür sind rote Blutkörperchen, die keine Mitochondrien besitzen und daher vollständig auf die Glykolyse als Energiequelle angewiesen sind [s98]. Besonders bemerkenswert ist die Geschwindigkeit der Glykolyse, die etwa hundertmal schneller abläuft als die oxidative Phosphorylierung [s98]. Dies erklärt, warum beispielsweise Sprintermuskeln bei kurzzeitigen Höchstleistungen primär auf die Glykolyse zurückgreifen. Für Sportler bedeutet dies, dass sie durch gezieltes Training die glykolytische Kapazität ihrer Muskeln verbessern können. Die Glykolyse spielt auch eine wichtige Rolle bei der

Bildung neuer Blutgefäße und der Zelldifferenzierung [s101]. <u>Endothelzellen</u> zeigen dabei eine bemerkenswerte metabolische Flexibilität, indem sie je nach Umgebungsbedingungen zwischen Glykolyse und mitochondrialer Atmung wechseln können [s101]. Diese Anpassungsfähigkeit ist essentiell für die Gewebeentwicklung und -regeneration. Ein weiterer wichtiger Aspekt ist die Regeneration von NAD+, die durch die Glykolyse unterstützt wird [s102]. Dieser Prozess ist fundamental für viele zelluläre Vorgänge und besonders wichtig für sich teilende Zellen. In der praktischen Anwendung nutzt die moderne Medizin dieses Wissen, um neue Therapieansätze zu entwickeln, die auf der Modulation des Glukosestoffwechsels basieren [s100]. Die Bedeutung der Glykolyse geht weit über die reine Energiegewinnung hinaus. Sie liefert auch wichtige Zwischenprodukte für verschiedene Biosynthesewege [s99]. Dies erklärt, warum sich teilende Zellen oft eine erhöhte glykolytische Aktivität aufweisen, da sie diese Intermediate für ihr Wachstum benötigen. Für die medizinische Forschung eröffnet dies neue Perspektiven in der Entwicklung gezielter Therapien, die auf der Modulation des Glukosestoffwechsels basieren.

Glossar

Endothelzellen
Spezialisierte Zellen, die die Innenwand aller Blutgefäße auskleiden und eine wichtige Barriere zwischen Blut und Gewebe bilden.

Glykolyse
Ein mehrstufiger enzymatischer Prozess, bei dem aus einem 6-Kohlenstoff-Zucker zwei 3-Kohlenstoff-Verbindungen entstehen. Der Name stammt aus dem Griechischen und bedeutet 'Spaltung von Zucker'.

Pyruvat
Eine organische Säure mit drei Kohlenstoffatomen, die als Schlüsselmolekül zwischen verschiedenen Stoffwechselwegen fungiert und auch als Brenztraubensäure bekannt ist.

1. 3. 2. Citratzyklus

er <u>Citratzyklus</u>, auch als Krebs-Zyklus oder <u>Tricarbonsäurezyklus</u> bekannt, stellt einen zentralen Knotenpunkt im Stoffwechsel dar und findet in der Matrix der Mitochondrien statt [s103]. Als wichtigster Stoffwechselweg zur Energieversorgung des Körpers verbindet er praktisch alle individuellen Stoffwechselwege und dient als finale gemeinsame Oxidationsstrecke für Kohlenhydrate, Fette und Aminosäuren [s104]. Die Bedeutung des Citratzyklus wird besonders deutlich, wenn man seinen Ablauf betrachtet: In einer Serie von acht enzymatisch katalysierten Reaktionen wird eine Acetylgruppe vollständig zu zwei Molekülen Kohlendioxid oxidiert [s105]. Dabei entstehen wichtige Energieträger wie NADH und FADH2, die anschließend in der Atmungskette zur ATP-Produktion genutzt werden. Ein faszinierender Aspekt ist die Regeneration des Ausgangsmoleküls oxalacetat am Ende des Zyklus, wodurch der Prozess theoretisch endlos weiterlaufen kann [s105].

Die Regulation des Citratzyklus erfolgt präzise an drei Schlüsselstellen durch die Enzyme <u>Citratsynthase</u>, <u>Isocitratdehydrogenase</u> und <u>Alpha-Ketoglutaratdehydrogenase</u> [s103]. Diese Kontrolle ist essentiell für die Anpassung an verschiedene Stoffwechselsituationen. Beispielsweise wird bei intensiver körperlicher Aktivität die Aktivität des Zyklus hochreguliert, um den erhöhten Energiebedarf zu decken. Ein besonders interessanter Aspekt ist die Rolle des

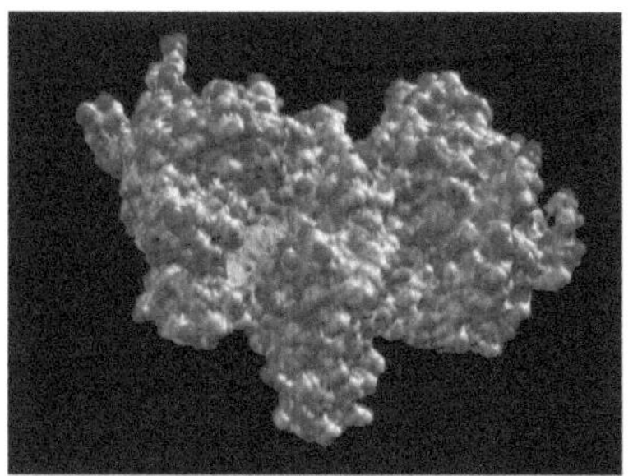

Isocitratdehydrogenase [i25]

Citratzyklus bei oxidativem Stress. Die Forschung hat gezeigt, dass α-Ketoglutarat als Antioxidans fungieren kann und damit zum Schutz der Zellen beiträgt [s106]. Dies erklärt, warum eine ausgewogene Ernährung mit ausreichend Antioxidantien wichtig für die optimale Funktion des Citratzyklus ist. Der Zyklus ist nicht nur für den Energiestoffwechsel wichtig, sondern auch für biosynthetische Prozesse. Als amphibolischer Stoffwechselweg liefert er Vorläufermoleküle für die Bildung verschiedener Biomoleküle [s107]. Dies ist besonders relevant für wachsende Gewebe und sich regenerierende Zellen. Interessanterweise spielt der Citratzyklus auch eine wichtige Rolle beim Fasten. Studien haben gezeigt, dass Fasten die

Aktivität bestimmter Stoffwechselwege beeinflusst, die mit dem Citratzyklus verbunden sind [s108]. Dies erklärt, warum intermittierendes Fasten positive Auswirkungen auf den Stoffwechsel haben kann. Die Komplexität des Citratzyklus wird durch seine Verbindung mit anderen Stoffwechselwegen deutlich. Bei Störungen, beispielsweise durch Mangel an bestimmten Enzymen, kann es zu schwerwiegenden metabolischen Problemen kommen [s109]. Dies unterstreicht die Bedeutung einer ausgewogenen Ernährung und ausreichender Vitaminversorgung, da viele Enzyme des Zyklus Vitamine als Cofaktoren benötigen [s107]. Evolutionär betrachtet ist der Citratzyklus besonders interessant, da Forschungen darauf hindeuten, dass einfachere Versionen dieses Stoffwechselwegs bereits unter präbiotischen Bedingungen entstanden sein könnten [s110]. Dies macht den Zyklus zu einem fundamentalen Baustein des Lebens, der sich über Milliarden von Jahren entwickelt und optimiert hat.

Citratzyklus

Ein zyklischer biochemischer Prozess, der auch als zweite Stufe der Zellatmung gilt und pro Durchlauf 6 NADH, 2 FADH2 und 2 ATP-Moleküle produziert.

Alpha-Ketoglutaratdehydrogenase

Ein Enzymkomplex, der die Umwandlung von α-Ketoglutarat zu Succinyl-CoA katalysiert und dabei NADH produziert.

Citratsynthase

Das erste Enzym des Citratzyklus, das die Kondensation von Acetyl-CoA mit Oxalacetat zu Citrat katalysiert.

Isocitratdehydrogenase

Ein Enzym, das die Umwandlung von Isocitrat zu α-Ketoglutarat katalysiert und dabei NADH erzeugt.

Tricarbonsäurezyklus

Bezeichnet den Citratzyklus aufgrund der Beteiligung von Molekülen mit drei Carboxylgruppen, wie zum Beispiel die Citronensäure.

1. 3. 3. Atmungskette

ie Atmungskette, auch als Elektronentransportkette bekannt, stellt den letzten und energetisch bedeutsamsten Abschnitt der zellulären Energiegewinnung dar. Sie befindet sich in der inneren Mitochondrienmembran und besteht aus fünf hochkomplexen Proteinkomplexen (I-V), die wie eine molekulare Maschinerie zusammenarbeiten [s111]. Diese biochemische Konstruktion ist so effizient, dass sie oft als das "Kraftwerk der Zelle" bezeichnet wird [s112].

Der Prozess beginnt, wenn Elektronen aus dem Stoffwechsel von Kohlenhydraten, Fetten und Proteinen in die Atmungskette eingeschleust werden. Dabei spielen zwei wichtige Moleküle eine Schlüsselrolle: NADH und FADH2, die als Elektronentransporter fungieren [s112]. Diese Elektronen werden dann in einer Art molekularer Staffellauf durch verschiedene Komponenten weitergegeben: Flavine, Eisen-Schwefel-Zentren, Chinone, Cytochrome und Kupfer-enthaltende Proteine [s112]. Ein faszinierender Aspekt der Atmungskette ist ihre Fähigkeit zur Energieumwandlung. Während die

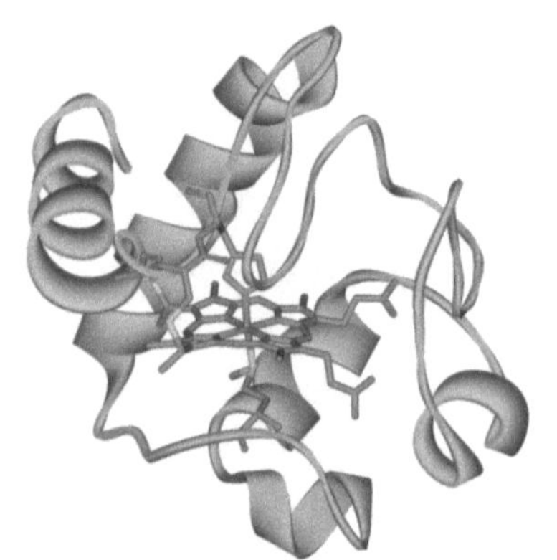

Cytochrome [i26]

Elektronen durch die Komplexe wandern, wird ihre Energie genutzt, um Protonen aus der mitochondrialen Matrix in den Intermembranraum zu pumpen. Dies erzeugt einen elektrochemischen Gradienten, vergleichbar mit einer biologischen Batterie [s113]. Dieser Gradient, auch als Protonenmotorkraft bezeichnet, treibt schließlich die ATP-Synthase an, die wie ein molekularer Motor ATP produziert [s112]. Die Effizienz der Atmungskette wird durch ihre Organisation in Superkomplexe optimiert. Diese Anordnung minimiert nicht nur den Elektronenverlust, sondern reduziert auch die Bildung schädlicher reaktiver Sauerstoffspezies (ROS) [s114]. Dies ist besonders wichtig, da eine übermäßige ROS-Produktion zu oxidativem Stress und Zellschäden führen kann. Für Menschen mit erhöhtem oxidativem Stress, beispielsweise durch intensive sportliche Aktivität oder bestimmte Erkrankungen, ist eine antioxidantienreiche Ernährung daher besonders wichtig. Interessanterweise spielt die

Atmungskette auch eine wichtige Rolle in der frühen Entwicklung des Menschen. Bereits im Fötus sind die Atmungskettenkomplexe in verschiedenen Organen wie Herz, Leber, Muskulatur, Gehirn und Nieren voll funktionsfähig [s115]. Dies unterstreicht die fundamentale Bedeutung dieses Prozesses für das Leben. Die Regulation der Atmungskette ist eng mit anderen Stoffwechselwegen verbunden. Ein wichtiger Regulator ist der mTORC1-Komplex, der die Expression von Genen steuert, die für Atmungskettenproteine kodieren [s111]. Störungen in diesem Regulationssystem können zu verschiedenen Erkrankungen führen, wie beispielsweise zu intrauteriner Wachstumsrestriktion bei Neugeborenen. Die Atmungskette kann durch verschiedene Faktoren beeinflusst oder gehemmt werden. Bestimmte Substanzen können die Aktivität einzelner Komplexe reduzieren, was zu einer verminderten Energieproduktion führt [s116]. Dies erklärt, warum bestimmte Giftstoffe oder Medikamente schwerwiegende Auswirkungen auf den Energiestoffwechsel haben können. Für die praktische Gesundheitsvorsorge bedeutet dies, dass eine ausgewogene Ernährung und regelmäßige körperliche Aktivität wichtig sind, um die Funktion der Atmungskette zu optimieren. Besonders relevant sind dabei Nährstoffe, die als Cofaktoren für die beteiligten Enzyme dienen, sowie Antioxidantien, die vor übermäßiger ROS-Bildung schützen. Die Forschung an der Atmungskette hat auch wichtige Implikationen für das Verständnis und die Behandlung von Krankheiten. Insbesondere bei Krebs zeigt sich, dass Veränderungen in der Atmungskette die Tumorentwicklung beeinflussen können [s114]. Dies eröffnet neue Perspektiven für therapeutische Ansätze in der Krebsbehandlung.

Glossar

Cytochrome

Eisenhaltige Proteine, die ihre Farbe durch Häm-Gruppen erhalten und in verschiedenen Varianten (a, b, c) vorkommen

NADH

Ein wichtiges Coenzym, das aus Vitamin B3 (Niacin) gebildet wird und als Wasserstoff- und Elektronenüberträger in der Zelle fungiert

Protonenmotorkraft

Die gespeicherte Energie des Protonengradienten, gemessen in Millivolt, typischerweise etwa 180 mV stark

1. 3. 4. Photosynthese

 ie Photosynthese ist ein fundamentaler biochemischer Prozess, der das Leben auf der Erde erst möglich macht. Als einzigartiger Stoffwechselweg wandelt sie Sonnenenergie in chemische Energie um und fixiert dabei atmosphärisches Kohlendioxid in organische Verbindungen [s117]. Dieser komplexe Prozess findet in speziellen Organellen, den Chloroplasten, statt und gliedert sich in zwei aufeinander abgestimmte Teilprozesse: die Lichtreaktionen und die Dunkelreaktionen [s118].

In den Lichtreaktionen wird die Energie des Sonnenlichts zunächst in chemische Energie in Form von ATP umgewandelt. Gleichzeitig wird Wasser gespalten, wobei Sauerstoff als "Abfallprodukt" freigesetzt wird - ein Prozess, der als <u>oxygene Photosynthese</u> bezeichnet wird [s119]. Die dabei gewonnenen Elektronen werden über eine komplexe Elektronentransportkette weitergeleitet und dienen der Bildung von NADPH, einem wichtigen

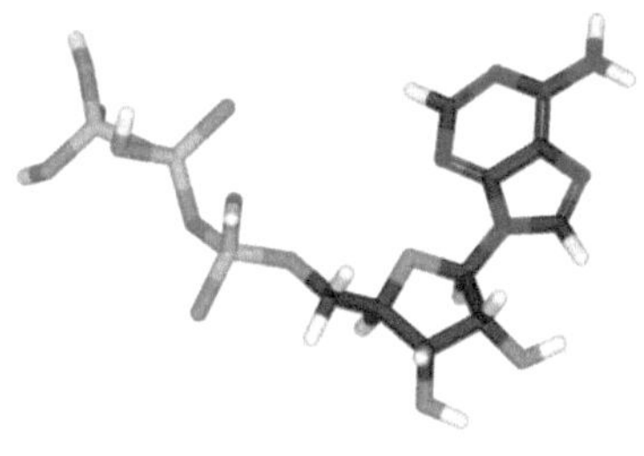

ATP [i27]

Reduktionsmittel [s120]. Besonders faszinierend ist die präzise Koordination zwischen den verschiedenen Zellkompartimenten. Die Chloroplasten müssen kontinuierlich mit dem Rest der Zelle kommunizieren, um ihre Aktivität an die aktuellen Bedürfnisse anzupassen [s121]. Dies ist besonders wichtig bei sich ändernden Umweltbedingungen, wie beispielsweise schwankender Lichtintensität. Für Hobbygärtner bedeutet dies praktisch, dass Zimmerpflanzen nicht plötzlich von schattigen an sehr helle Standorte versetzt werden sollten, da die Photosynthese-Maschinerie Zeit zur Anpassung benötigt.

Der Calvin-Zyklus, der die Dunkelreaktionen durchführt, ist ein beeindruckendes Beispiel für biochemische Effizienz. In drei Phasen - Fixierung, Reduktion und Regeneration - werden aus CO_2 Kohlenhydrate aufgebaut [s122]. Dabei wird das Enzym RuBisCO aktiv, das als häufigstes Protein der Erde gilt. Für die Bildung eines einzigen Zuckermoleküls benötigt der Zyklus erstaunliche 18 ATP und 12 NADPH [s119], was die hohe Energieintensität des Prozesses verdeutlicht. Ein wichtiger praktischer Aspekt ist die <u>Photorespiration</u>, die oft als energetisch

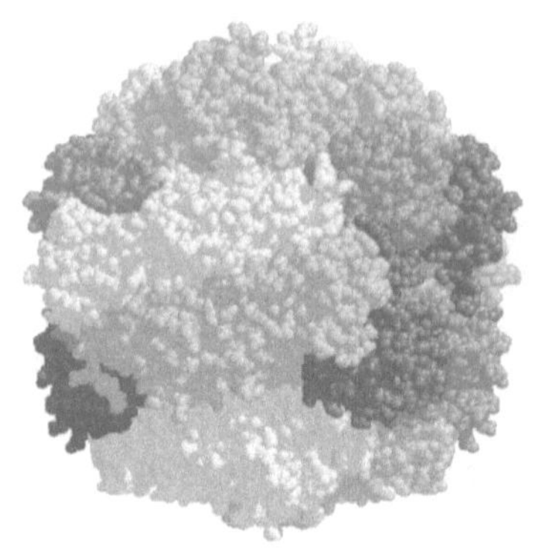

RuBisCO [i28]

ineffizienter Nebenweg beschrieben wird [s121]. Sie tritt auf, wenn <u>RuBisCO</u> fälschlicherweise Sauerstoff statt CO_2 fixiert - ein häufiges Problem bei hohen Temperaturen. Gärtner und Landwirte können diesem Problem entgegenwirken, indem sie ihre Gewächshäuser in den heißesten Tagesstunden schattieren und für ausreichende Belüftung sorgen.

Die Redoxregulation in Chloroplasten erfolgt über verschiedene Systeme, darunter das <u>Thioredoxin</u>- und das Glutathion-System [s120]. Diese Systeme sind entscheidend für die Anpassung der Pflanzen an wechselnde Umweltbedingungen. Für die Praxis bedeutet dies, dass Pflanzen besonders in Stresssituationen von einer ausgewogenen Nährstoffversorgung profitieren, die die Bildung dieser Schutzsysteme unterstützt. Die Effizienz der Photosynthese hängt von vielen Faktoren ab, wie der CO_2-Konzentration, der Temperatur und der Wasserverfügbarkeit [s123]. Für optimales Pflanzenwachstum sollten diese Faktoren im idealen Bereich liegen. In Gewächshäusern kann dies durch CO_2-Düngung, Temperaturregelung und bedarfsgerechte Bewässerung erreicht werden. Die evolutionäre Bedeutung der Photosynthese kann kaum überschätzt werden. Sie liefert nicht nur den Sauerstoff, den wir atmen, sondern auch die Grundlage unserer Nahrungskette [s124]. Angesichts des Klimawandels gewinnt das Verständnis der Photosynthese zusätzlich an Bedeutung, da sie eine Schlüsselrolle bei der CO_2-Fixierung spielt.

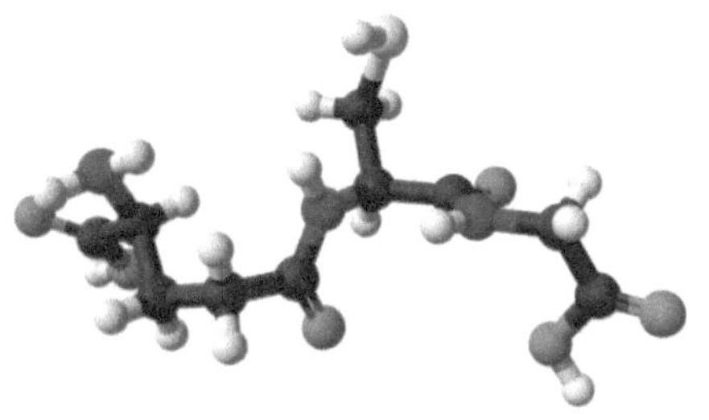

Glutathion [i29]

oxygene Photosynthese
Eine Form der Photosynthese, die sich vor etwa 2,4 Milliarden Jahren entwickelte und den Sauerstoffgehalt der Erdatmosphäre dramatisch veränderte. Kommt in Pflanzen, Algen und Cyanobakterien vor.

Photorespiration
Ein biochemischer Prozess in Pflanzen, bei dem Sauerstoff statt Kohlendioxid verarbeitet wird, was zu einem Energieverlust führt. Besonders aktiv in C3-Pflanzen wie Weizen und Reis.

RuBisCO
Ein Enzymkomplex aus acht großen und acht kleinen Untereinheiten, der die erste große Reaktion der CO2-Fixierung katalysiert. Der Name steht für Ribulose-1,5-bisphosphat-Carboxylase/Oxygenase.

Thioredoxin
Ein kleines Protein, das in fast allen bekannten Organismen vorkommt und wichtige Schutzfunktionen gegen oxidativen Stress übernimmt. Besteht aus etwa 105 Aminosäuren.

1. 3. 5. DNA-Replikation

ie DNA-Replikation ist ein hochpräziser biochemischer Prozess, bei dem die gesamte genetische Information einer Zelle vor ihrer Teilung verdoppelt wird [s125]. Dieser fundamentale Mechanismus erfolgt semikonservativ - das bedeutet, jeder der beiden ursprünglichen DNA-Stränge dient als Vorlage für einen neuen komplementären Strang [s126]. Der Prozess beginnt mit der Trennung der DNA-Doppelhelix durch ein spezielles Enzym, die DNA-Helikase. Diese arbeitet wie eine molekulare Maschine mit drei Hauptkomponenten: einem ringförmigen Hexamer, der die DNA umschließt, sowie zwei weiteren Proteinkomponenten [s127]. Interessanterweise funktioniert die Helikase ähnlich wie eine Ölbohranlage - ein Teil bildet eine stabile Plattform, während ein anderer Teil oszilliert, um die DNA-Stränge zu trennen [s127]. Für Mediziner und Biologen ist dieses mechanistische Verständnis besonders wichtig bei der Entwicklung neuer Therapieansätze gegen Krankheiten, die auf Replikationsfehlern basieren. An der entstehenden Replikationsgabel arbeiten die Enzyme hochkoordiniert zusammen. Die DNA-Polymerase kann neue DNA nur in 5'- zu 3'-Richtung synthetisieren, was zu einer asymmetrischen Replikation führt [s126]. Der führende Strang wird kontinuierlich aufgebaut, während der verzögerte Strang in kurzen Abschnitten, den sogenannten Okazaki-Fragmenten, synthetisiert wird [s125]. Für die Forschung an Erbkrankheiten ist besonders relevant, dass dieser komplexe Prozess verschiedene Kontrollmechanismen enthält, die Fehler minimieren. Die Genauigkeit der Replikation wird durch mehrere Korrekturmechanismen sichergestellt. DNA-Polymerasen besitzen eine Proofreading-Aktivität, die falsch eingebaute Basen erkennt und korrigiert [s126]. Zusätzlich existiert ein stranggerichtetes Mismatch-Reparatursystem, das übersehene Fehler beseitigt [s125]. Für die medizinische Praxis bedeutet dies, dass Störungen dieser Korrekturmechanismen zu erhöhten Mutationsraten und damit zu verschiedenen Erkrankungen führen können. Besonders faszinierend ist die enge Zusammenarbeit zwischen Helikase und DNA-Polymerase. Die höchste Effizienz wird erreicht, wenn die Helikase nur ein Nukleotid vor der Polymerase positioniert ist [s128]. Diese präzise Koordination erinnert an ein perfekt eingespieltes Team und erklärt, warum Störungen in diesem Zusammenspiel oft schwerwiegende Folgen haben. Die DNA-Replikation ist auch mit der Übertragung epigenetischer Information verbunden. Während der Replikation wird nicht nur die DNA-Sequenz kopiert, sondern auch Modifikationen wie DNA-Methylierungen werden durch spezielle Enzyme auf die Tochterstränge übertragen [s129]. Für die moderne Medizin eröffnet dieses Wissen neue Perspektiven in der Behandlung von Erkrankungen, die auf epigenetischen Veränderungen basieren. Die Komplexität des Replikationsapparats wird durch die Beteiligung zahlreicher Hilfsproteine deutlich. Einzelstrang-bindende Proteine stabilisieren die geöffnete DNA, während spezielle Gleitringe die DNA-Polymerase an ihrem Template halten [s125]. Für die Entwicklung neuer therapeutischer Ansätze sind diese Proteine interessante Zielstrukturen, da ihre Fehlfunktion oft mit Krankheiten assoziiert ist.

Glossar

DNA-Helikase

Ein Enzym, das ATP als Energiequelle nutzt, um die Wasserstoffbrücken zwischen den DNA-Strängen zu brechen. Es bewegt sich mit einer Geschwindigkeit von etwa 1000 Basenpaaren pro Sekunde.

Mismatch-Reparatursystem

Ein zelluläres Qualitätskontrollsystem, das nach der DNA-Replikation aktiv wird und die Fehlerrate nochmals um das Hundertfache reduziert.

Okazaki-Fragment

Kurze DNA-Abschnitte von etwa 100-200 Nukleotiden Länge, benannt nach den japanischen Molekularbiologen Reiji und Tsuneko Okazaki, die sie 1968 entdeckten.

Proofreading

Eine Korrekturlese-Funktion der DNA-Polymerase, die falsch eingebaute Basen mit einer Genauigkeit von 99,99% erkennt, was nur einen Fehler pro 1 Milliarde Basenpaare zulässt.

1. 3. 6. Fettsäureabbau

Der Fettsäureabbau ist ein komplexer biochemischer Prozess, der hauptsächlich in den Mitochondrien durch die β-Oxidation erfolgt und eine zentrale Rolle im Energiestoffwechsel spielt [s130]. Dieser Prozess ist besonders während des Fastens oder bei geringer körperlicher Aktivität von großer Bedeutung für die Energieversorgung des Körpers. Der Abbau beginnt mit dem Transport der Fettsäuren in die mitochondriale Matrix durch das Carnitin-Shuttle-System [s131]. Sobald die Fettsäuren in den Mitochondrien ankommen, durchlaufen sie die β-Oxidation, die aus vier sich wiederholenden Schritten besteht: Oxidation, Hydratation, eine zweite Oxidation und schließlich Thiolyse. Bei jedem Durchlauf werden zwei Kohlenstoffatome in Form von Acetyl-CoA abgespalten [s131]. Für Sportler und Ernährungsberater ist es wichtig zu wissen, dass dieser Prozess besonders effizient bei ausdauernden Aktivitäten mit niedriger Intensität arbeitet. Die Energieausbeute der Fettsäureoxidation ist beeindruckend: Ein einzelnes Palmitat-Molekül kann beispielsweise bis zu 129 ATP-Moleküle produzieren [s131]. Dies erklärt, warum gut trainierte Ausdauersportler einen Großteil ihrer Energie aus Fetten gewinnen können. Interessanterweise unterscheidet sich der Abbau von gesättigten und ungesättigten Fettsäuren. Während gesättigte Fettsäuren vier enzymatische Schritte durchlaufen, benötigen ungesättigte Fettsäuren mit cis-Konfiguration drei separate enzymatische Vorbereitungsschritte [s131]. Diese Unterscheidung ist besonders relevant für die Ernährungsberatung bei Stoffwechselerkrankungen. Ein faszinierender Aspekt ist die Rolle des Fettsäureabbaus bei Krebserkrankungen. Studien haben gezeigt, dass beispielsweise Prostatakrebs einen dominanten Fettsäurestoffwechsel aufweist [s132]. Dies könnte neue Perspektiven für die Diagnostik und Therapie eröffnen. Störungen im Fettsäureabbau können schwerwiegende Folgen haben. Genetisch bedingte Fettsäureoxidationsstörungen führen zu einer Ansammlung von Fettsäuren und einer Verringerung des Zellenergiestoffwechsels [s133]. Ein charakteristisches Merkmal ist die hypoketotische Hypoglykämie, die aus der erhöhten Abhängigkeit von der Glukoseoxidation resultiert [s134]. Die Regulation des Fettsäureabbaus muss präzise koordiniert werden, besonders in Geweben wie Herz und Skelettmuskulatur [s135]. Ein Ungleichgewicht zwischen Fettsäureaufnahme und -oxidation kann zur Insulinresistenz führen, was die Bedeutung eines ausgewogenen Stoffwechsels unterstreicht. Für die klinische Praxis ist die

Entwicklung verbesserter diagnostischer Methoden wichtig. Die Massenspektrometrie zur Analyse von Acylcarnitinen in Blut und Urin hat die Diagnose von Fettsäureoxidationsstörungen erheblich verbessert [s134]. Dies ermöglicht eine frühere Intervention und bessere Behandlungsergebnisse. Die Behandlung von Fettsäureoxidationsstörungen erfordert eine lebenslange Einhaltung diätetischer Vorgaben und schnelles medizinisches Eingreifen bei Anzeichen von Hypoglykämie [s133]. Für Betroffene und ihre Familien bedeutet dies eine sorgfältige Überwachung der Ernährung und des Stoffwechsels.

Glossar

Carnitin-Shuttle-System

Ein spezielles Transportsystem in den Zellen, das wie ein molekularer Fahrstuhl funktioniert und lange Fettsäuren durch die innere Mitochondrienmembran befördert, da diese die Membran nicht selbstständig durchqueren können.

hypoketotische Hypoglykämie

Ein medizinischer Zustand, bei dem sowohl der Ketonspiegel als auch der Blutzuckerspiegel im Körper ungewöhnlich niedrig sind. Dies ist besonders gefährlich, da dem Gehirn dann beide wichtigen Energiequellen fehlen.

Thiolyse

Eine chemische Spaltungsreaktion, bei der eine Verbindung durch ein Schwefel-haltiges Molekül (meist Coenzym A) aufgebrochen wird. Vergleichbar mit einem molekularen Schneidewerkzeug.

1. 3. 7. Entgiftungsprozesse

ie Entgiftung ist ein lebenswichtiger Stoffwechselprozess, bei dem der Körper schädliche Substanzen in weniger toxische oder besser ausscheidbare Formen umwandelt. Die Leber spielt dabei als zentrales Entgiftungsorgan eine Schlüsselrolle, unterstützt von Nieren und Darm [s136]. Der Prozess läuft in mehreren aufeinander abgestimmten Phasen ab. In der Phase I werden lipophile (fettlösliche) Substanzen durch verschiedene Enzyme, insbesondere das Cytochrom P450-System, in wasserlöslichere Formen umgewandelt [s137]. Dies geschieht durch Oxidation, Reduktion oder Hydrolyse. Ein anschauliches Beispiel ist der Alkoholabbau: Alkoholdehydrogenase wandelt Ethanol zunächst in das hochgiftige Acetaldehyd um, welches dann durch Aldehyddehydrogenase zu Acetat weiterverarbeitet wird [s138]. Die Phase II umfasst Konjugationsreaktionen, bei denen die modifizierten Substanzen mit polaren Molekülen verbunden werden [s139]. Dies macht sie noch wasserlöslicher und ermöglicht ihre Ausscheidung über Urin oder Galle. Phenolische Fremdstoffe durchlaufen beispielsweise einen schnellen Phase-II-Metabolismus zur Bildung wasserlöslicher Konjugate [s140].

Eine zentrale Rolle in der Regulation der Entgiftungsprozesse spielt der Aryl-Hydrocarbon-Rezeptor (AHR). Dieser Transkriptionsfaktor steuert die Expression von Enzymen und Transportern, die am Fremdstoffmetabolismus beteiligt sind [s141]. Seine Aktivität beeinflusst etwa 290 verschiedene Metaboliten und reguliert deren Hydrophobizität. Für eine optimale Entgiftung sind bestimmte Nährstoffe essentiell: Antioxidantien, B-Vitamine, Aminosäuren und Mineralien fungieren als Cofaktoren für die beteiligten Enzyme

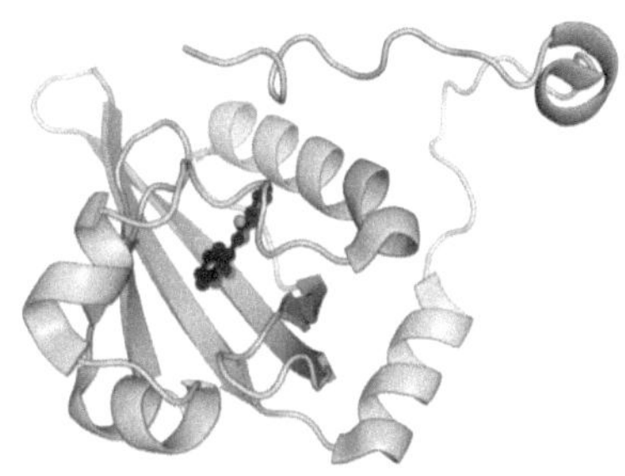

Aryl-Hydrocarbon-Rezeptor
[i30]

[s137]. Kreuzblütlergewächse können beispielsweise die Aktivität der P450-Enzyme fördern. Für die Praxis bedeutet dies: Eine ausgewogene, nährstoffreiche Ernährung unterstützt die körpereigenen Entgiftungsmechanismen. Interessanterweise können Entgiftungsprozesse manchmal auch toxischere Zwischenprodukte erzeugen als die Ausgangssubstanzen [s140]. Dies zeigt sich beim Alkoholabbau, wo das

karzinogene Acetaldehyd als Zwischenprodukt entsteht [s138]. Für Mediziner ist dieses Wissen besonders relevant bei der Behandlung von Vergiftungen. Die Effizienz der Entgiftung wird von verschiedenen Faktoren beeinflusst: Alter, Geschlecht, Ernährungszustand, genetische Faktoren und Umweltbelastungen spielen eine wichtige Rolle [s137]. Genetische Variationen in den Entgiftungsenzymen können zu erheblichen Unterschieden in der individuellen Reaktion auf Medikamente und Toxine führen [s139]. Die Biotransformationsprozesse müssen präzise reguliert werden, da ineffiziente Entgiftungswege zu Zellschäden führen können [s137]. Bei der Behandlung von Patienten mit Stoffwechselstörungen ist daher eine sorgfältige Überwachung der Entgiftungsfunktion wichtig. Ein faszinierender Aspekt ist die evolutionäre Anpassung von Pflanzenfressern an pflanzliche Giftstoffe. Die Detoxifikationslimitation-Hypothese erklärt, wie spezialisierte Herbivoren besser in der Lage sind, bestimmte pflanzliche Sekundärmetaboliten zu entgiften als Generalisten [s142]. Diese Erkenntnis liefert wichtige Einblicke in die Entwicklung von Entgiftungsmechanismen.

Glossar

Aryl-Hydrocarbon-Rezeptor
Ein Protein, das wie ein molekularer Sensor funktioniert und bei Kontakt mit Fremdstoffen die Produktion von Entgiftungsenzymen ankurbelt.

Detoxifikationslimitation-Hypothese
Eine wissenschaftliche Theorie, die erklärt, warum manche Tiere nur bestimmte Pflanzen fressen können, basierend auf ihrer Fähigkeit, spezifische Giftstoffe zu verarbeiten.

lipophil
Eigenschaft von Stoffen, sich bevorzugt in Fetten zu lösen, ähnlich wie Öl sich nicht mit Wasser vermischt.

- Die Glykolyse kann sowohl aerob als auch anaerob ablaufen und produziert unter aeroben Bedingungen bis zu 32 ATP-Moleküle pro Glukosemolekül

- Die aerobe Glykolyse läuft etwa hundertmal schneller ab als die oxidative Phosphorylierung

- Der Citratzyklus verbindet als zentraler Knotenpunkt praktisch alle individuellen Stoffwechselwege und dient als finale Oxidationsstrecke

- α-Ketoglutarat aus dem Citratzyklus fungiert als Antioxidans und trägt zum Zellschutz bei

- Die Atmungskette besteht aus fünf hochkomplexen Proteinkomplexen in der inneren Mitochondrienmembran und bildet Superkomplexe zur Optimierung

- Der mTORC1-Komplex reguliert die Expression von Genen für Atmungskettenproteine

- Die Photosynthese benötigt 18 ATP und 12 NADPH zur Bildung eines einzigen Zuckermoleküls

- RuBisCO ist das häufigste Protein der Erde und kann fälschlicherweise Sauerstoff statt CO_2 fixieren

- Die DNA-Helikase arbeitet wie eine molekulare Bohranlage mit einem oszillierenden Teil

- Die höchste Replikationseffizienz wird erreicht wenn die Helikase nur ein Nukleotid vor der Polymerase positioniert ist

- Ein einzelnes Palmitat-Molekül kann bis zu 129 ATP-Moleküle produzieren

- Ungesättigte Fettsäuren benötigen drei separate enzymatische Vorbereitungsschritte zum Abbau

- Der Aryl-Hydrocarbon-Rezeptor beeinflusst etwa 290 verschiedene Metaboliten bei der Entgiftung

- Die Detoxifikationslimitation-Hypothese erklärt die evolutionäre Anpassung von Pflanzenfressern an Giftstoffe

Rückblick - 1. Grundlagen der Biochemie

- Atome bilden durch verschiedene Bindungstypen die Grundbausteine aller Biomoleküle, wobei die Oktettregel und Van-der-Waals-Kräfte zentrale Prinzipien darstellen
- Die 20 proteinogenen Aminosäuren ermöglichen durch ihre spezifischen Eigenschaften die Bildung komplexer Proteinstrukturen mit vier Organisationsebenen
- Kohlenhydrate werden durch Dehydratisierungsreaktionen zu Polysacchariden verknüpft, die als Energiespeicher und Strukturelemente dienen
- Lipide bilden amphipathische Membranen und enthalten essentielle Fettsäuren wie Linolsäure und alpha-Linolensäure
- DNA und RNA nutzen komplementäre Basenpaarungen zur Informationsspeicherung, wobei RNA-DNA-Hybride wichtige regulatorische Funktionen haben
- Die Bioverfügbarkeit von Vitaminen und Mineralstoffen wird durch ihre chemischen Eigenschaften und Transportmechanismen bestimmt
- Enzyme senken die Aktivierungsenergie biochemischer Reaktionen durch ihr spezifisches aktives Zentrum
- Die Zellmembran ermöglicht selektive Permeabilität durch spezialisierte Transportproteine wie Aquaporine
- Mitochondrien produzieren durch oxidative Phosphorylierung ATP, gesteuert durch den PGC-1-Komplex
- Der Zellkern organisiert DNA in Chromosomenterritorien mit spezifischer räumlicher Anordnung
- Das endoplasmatische Retikulum synthetisiert Proteine und Lipide in getrennten Domänen
- Der Golgi-Apparat modifiziert und sortiert Proteine durch ein komplexes Vesikeltransportsystem
- Lysosomen enthalten über 50 verschiedene Enzyme für den kontrollierten Abbau zellulärer Komponenten

- Peroxisomen regulieren den Lipidstoffwechsel und die zelluläre Entgiftung durch spezialisierte Enzyme
- Das Zytoskelett ermöglicht durch Mikrofilamente, Mikrotubuli und intermediäre Filamente dynamische Zellbewegungen
- Chloroplasten nutzen Lichtenergie zur Synthese organischer Verbindungen durch komplexe Elektronentransportketten
- Die Glykolyse produziert Pyruvat als zentrales Stoffwechselintermediat mit unterschiedlicher ATP-Ausbeute unter aeroben und anaeroben Bedingungen
- Der Citratzyklus verbindet verschiedene Stoffwechselwege und wird durch drei Schlüsselenzyme präzise reguliert
- Die Atmungskette erzeugt durch die Protonenmotorkraft den Großteil des zellulären ATPs
- Die DNA-Replikation erfolgt semikonservativ mit komplexen Korrekturmechanismen wie Proofreading
- Der Fettsäureabbau liefert durch β-Oxidation große Mengen ATP, gesteuert durch das Carnitin-Shuttle-System
- Entgiftungsprozesse laufen in mehreren Phasen ab, koordiniert durch den Aryl-Hydrocarbon-Rezeptor
- Diese biochemischen Grundlagen bilden die Basis für das Verständnis komplexerer organisch-chemischer Prozesse im lebenden Organismus, die wir im nächsten Kapitel erkunden werden.

2. Organische Chemie im Organismus

ie organische Chemie im lebenden Organismus ist ein faszinierendes Zusammenspiel unzähliger biochemischer Reaktionen und Regulationsmechanismen. Von der Verdauung unserer Nahrung bis zur präzisen Steuerung zellulärer Signalwege - wie schaffen es die komplexen molekularen Systeme unseres Körpers, reibungslos zusammenzuarbeiten? Welche Rolle spielen dabei Proteine, Hormone und andere Biomoleküle? Und was passiert, wenn diese fein abgestimmten Prozesse aus dem Gleichgewicht geraten? Die Antworten auf diese Fragen sind nicht nur für unser grundlegendes Verständnis der "Chemie des Lebens" relevant, sondern haben auch direkte Auswirkungen auf Medizin und Therapie. Von der Entwicklung neuer Medikamente bis zur Behandlung von Stoffwechselerkrankungen - das Verständnis der organisch-chemischen Grundlagen biologischer Prozesse ist der Schlüssel zu innovativen therapeutischen Ansätzen. Die folgenden Kapitel beleuchten die verschiedenen Aspekte der organischen Chemie im Organismus - von grundlegenden Stoffwechselprozessen über molekulare Regulationsmechanismen bis hin zu komplexen Signalwegen. Dabei wird deutlich: Die Chemie des Lebens ist weit mehr als die Summe ihrer einzelnen Reaktionen.

2. 1. Metabolismus

er Metabolismus - das komplexe Netzwerk biochemischer Prozesse in lebenden Organismen - ist fundamental für das Verständnis der organischen Chemie im menschlichen Körper. Von der Verdauung der Nahrung über die Synthese lebenswichtiger Moleküle bis hin zum kontrollierten Abbau von Stoffwechselprodukten: Alle diese Vorgänge folgen präzisen chemischen Prinzipien. Doch wie gelingt es dem Organismus, diese vielfältigen Prozesse zu koordinieren? Welche Rolle spielen Hormone bei der Steuerung des Stoffwechsels? Und wie werden die benötigten Moleküle gezielt durch den Körper transportiert? Die Antworten auf diese Fragen liegen in der faszinierenden Biochemie des Metabolismus. Hier zeigt sich, wie eng Struktur und Funktion organischer Moleküle miteinander verwoben sind - eine Erkenntnis, die nicht nur für das theoretische Verständnis, sondern auch für die praktische Medizin von großer Bedeutung ist. Die folgenden Abschnitte beleuchten die verschiedenen Aspekte des Metabolismus und zeigen auf, wie chemische Grundprinzipien die Basis für die komplexen Lebensvorgänge in unserem Körper bilden.

„Die metabolische Rate skaliert mit der Körpermasse als $M^{3/4}$, was die Effizienz biologischer Transportnetzwerke widerspiegelt."

2. 1. 1. Verdauungsprozesse

er Verdauungsprozess ist ein faszinierendes Zusammenspiel verschiedener Organe und biochemischer Vorgänge, das es unserem Körper ermöglicht, lebensnotwendige Nährstoffe aus der Nahrung zu gewinnen [s143]. Dieser komplexe Vorgang beginnt bereits im Mund, wo nicht nur die mechanische Zerkleinerung durch das Kauen stattfindet, sondern auch die erste chemische Verdauung durch Speichelenzyme einsetzt [s144]. Die Verdauung unserer Hauptnährstoffe - Kohlenhydrate, Proteine und Fette - erfolgt dabei auf unterschiedliche Weise. Bei Kohlenhydraten beginnt der Abbau bereits im Mund, wo Speichelenzyme Stärke in kleinere Zuckermoleküle spalten [s145]. Besonders interessant ist dabei der Unterschied zwischen einfachen und komplexen Kohlenhydraten: Während beispielsweise Traubenzucker sehr schnell ins Blut gelangt, benötigen Vollkornprodukte deutlich länger zur Verdauung, was zu einem stabileren Blutzuckerspiegel führt. Ein praktischer Tipp hieraus: Wer Heißhungerattacken vermeiden möchte, sollte bevorzugt zu komplexen Kohlenhydraten greifen [s146]. Die Proteinverdauung nimmt ihren Anfang im Magen, wo die Magensäure und das Enzym _Pepsin_ die Eiweißmoleküle aufbrechen [s147]. Ein faszinierender Aspekt ist dabei die Denaturierung der Proteine durch die saure Umgebung - ein Prozess, den man sich beim Zubereiten von Ceviche zunutze macht, wo Fisch durch Zitronensäure "gegart" wird. Die Hauptverdauung der Proteine findet jedoch im Dünndarm statt, wo verschiedene Enzyme der Bauchspeicheldrüse die Proteine in ihre Grundbausteine, die Aminosäuren, zerlegen [s147]. Der Fettverdauungsprozess ist besonders komplex und findet hauptsächlich im Dünndarm statt [s148]. Hier werden Triglyceride durch _Pankreaslipasen_ in kleinere Fettsäuren und Monoglyceride gespalten. Ein praktischer Hinweis hierzu: Fettreiche Mahlzeiten sollten nicht zu spät am Abend eingenommen werden, da ihre Verdauung mehr Zeit in Anspruch nimmt.

Bemerkenswert ist die Rolle der Ballaststoffe im Verdauungsprozess [s145]. Obwohl sie nicht verdaut werden können, sind sie essentiell für eine gesunde Verdauung. Sie fördern das Wachstum nützlicher Darmbakterien und unterstützen die Darmperistaltik. Eine ballaststoffreiche Ernährung mit viel Gemüse, Obst und Vollkornprodukten kann daher Verdauungsproblemen vorbeugen [s146].

Ballaststoffe [i31]

Die Leber spielt eine zentrale Rolle im Stoffwechsel, indem sie nicht nur Verdauungsenzyme produziert, sondern auch als "Chemielabor" des Körpers fungiert [s149]. Sie verarbeitet die aufgenommenen Nährstoffe weiter und speichert überschüssige Energie in Form von Glykogen oder Fett. Bei übermäßigem Alkoholkonsum wird sie besonders belastet, da sie für dessen Abbau zuständig ist [s150]. Der gesamte Verdauungsprozess wird durch rhythmische Bewegungen des Verdauungstrakts, die sogenannte Peristaltik, unterstützt [s143]. Diese sorgt dafür, dass die Nahrung kontinuierlich weitertransportiert und mit Verdauungssäften durchmischt wird. Ein praktischer Rat hierzu: Regelmäßige Bewegung nach den Mahlzeiten kann diese natürlichen Bewegungen unterstützen. Am Ende des Verdauungsprozesses werden die nicht verwertbaren Bestandteile der Nahrung ausgeschieden [s151]. Der Dickdarm spielt dabei eine wichtige Rolle, indem er Wasser und Mineralstoffe zurückgewinnt [s149]. Eine ausreichende Flüssigkeitszufuhr ist daher essentiell für eine gesunde Verdauung.

Glossar

Pankreaslipasen

Spezielle Enzyme der Bauchspeicheldrüse, die bei Körpertemperatur und einem pH-Wert von 8-9 ihre optimale Wirkung entfalten. Sie benötigen Calciumionen für ihre volle Aktivität.

Pepsin

Ein eiweißspaltendes Enzym, das als inaktive Vorstufe (Pepsinogen) von den Hauptzellen der Magenschleimhaut gebildet wird. Es ist besonders effektiv bei einem pH-Wert von 1,5-2,5.

Peristaltik

Eine wellenförmige Muskelbewegung der Hohlorgane, die durch abwechselnde Kontraktion und Entspannung der Muskulatur entsteht. Diese Bewegungsform findet sich nicht nur im Verdauungstrakt, sondern auch in anderen Organen wie den Harnleitern.

2. 1. 2. Biosynthese

ie Biosynthese ist ein fundamentaler Prozess des Lebens, bei dem Organismen komplexe Moleküle aus einfacheren Bausteinen aufbauen [s152]. Dieser anabole Stoffwechselweg ermöglicht es Zellen, lebenswichtige Verbindungen wie Proteine, Fette, Kohlenhydrate und Nukleinsäuren zu produzieren. Ein besonders faszinierender Aspekt der Biosynthese ist die Produktion von Sekundärmetaboliten [s153]. Diese Moleküle sind nicht direkt überlebenswichtig, erfüllen aber wichtige ökologische und medizinische Funktionen. Ein bekanntes Beispiel ist die Penicillin-Biosynthese, die uns eines der wichtigsten Antibiotika beschert hat. Heute nutzen wir dieses Wissen, um durch biotechnologische Verfahren gezielt nützliche Substanzen herzustellen. Die zelluläre Biosynthese ist ein hochgradig regulierter Prozess, der eng mit dem Energiestoffwechsel verknüpft ist. Mitochondrien spielen dabei eine zentrale Rolle, indem sie nicht nur Energie bereitstellen, sondern auch wichtige Bausteine für die Synthese von Fettsäuren, Aminosäuren und Nukleotiden liefern [s154]. Ein praktisches Beispiel aus dem Alltag: Sportler sollten nach intensivem Training proteinreiche Nahrung zu sich nehmen, da der Körper dann verstärkt Aminosäuren für die Proteinsynthese benötigt. Besonders komplex ist die Cholesterinbiosynthese, die über 30 enzymatische Schritte umfasst [s155]. Interessanterweise nutzen verschiedene Gewebe unterschiedliche Synthesewege - während die Hoden und Nebennieren den sogenannten Bloch-Weg bevorzugen, verwenden Haut und Gehirn einen modifizierten Kandutsch-Russell-Weg. Diese Flexibilität ermöglicht es dem Körper, die Cholesterinproduktion optimal an die Bedürfnisse verschiedener Gewebe anzupassen.
Ein weiterer wichtiger Aspekt ist die Biosynthese von Terpenen, die über den Mevalonat-Weg erfolgt [s156]. Diese Verbindungen sind nicht nur als Duftstoffe bedeutsam, sondern auch als Grundbausteine für viele Medikamente. Die Industrie hat hier bereits beachtliche Fortschritte erzielt - moderne Verfahren erreichen Ausbeuten von über 95% und können kontinuierlich über mehrere Tage betrieben werden. Besondere Aufmerksamkeit verdient auch der Serin-Biosyntheseweg (SSP), der für die Produktion verschiedener wichtiger Moleküle verantwortlich ist [s157]. Er liefert Bausteine für Proteine, Nukleotide und Phospholipide. Ein praktischer Hinweis: Eine ausgewogene Ernährung mit ausreichend Proteinen unterstützt diese wichtigen Biosyntheseprozesse. Die moderne

Forschung entwickelt zunehmend zellfreie Systeme für die Biosynthese [s152]. Diese ermöglichen es, Hunderte verschiedener Enzymkombinationen zu testen und die effizientesten Synthesewege zu identifizieren. Ein faszinierendes Beispiel ist die Entwicklung eines synthetischen Stoffwechselwegs zur Produktion von Dihydroxybuttersäure (DHB) [s158], die als Baustein für verschiedene chemische Synthesen dient. Für die Gesundheit ist auch die Biosynthese von <u>Ubiquinon</u> wichtig, das für den mitochondrialen Elektronentransport essentiell ist [s159]. Ein ausreichender Ubiquinon-Spiegel ist besonders für die Herzgesundheit wichtig - ein Grund, warum eine gesunde, ausgewogene Ernährung so bedeutsam ist. Die Biosynthese ist auch ein Schlüssel zum Verständnis und zur Behandlung von Krankheiten. Bei Krebs beispielsweise verändern sich die Biosynthesewege oft dramatisch [s154]. Die Tumorzellen steigern ihre Syntheseleistung, um ihr schnelles Wachstum zu ermöglichen. Dieses Wissen nutzt die moderne Medizin, um neue Therapieansätze zu entwickeln.

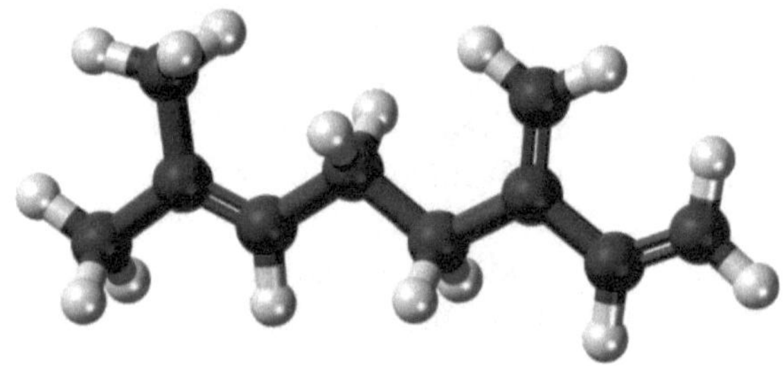

Terpene [i32]

Bloch-Weg

Ein biochemischer Syntheseweg, benannt nach Konrad Bloch, der die Bildung von Cholesterin über das Zwischenprodukt Desmosterol beschreibt

Kandutsch-Russell-Weg

Alternative Route der Cholesterinsynthese, bei der 7-Dehydrocholesterol als wichtiges Zwischenprodukt entsteht

Mevalonat-Weg

Biochemischer Weg zur Herstellung von Isoprenoid-Verbindungen, beginnend mit der Kondensation von Acetyl-CoA-Molekülen

Sekundärmetabolit

Chemische Verbindungen, die von Organismen produziert werden und nicht direkt am Wachstum beteiligt sind, wie zum Beispiel Duftstoffe, Giftstoffe oder Farbpigmente

Ubiquinon

Fettlösliches Molekül, auch als Coenzym Q10 bekannt, das als Elektronenüberträger in der Atmungskette fungiert

2. 1. 3. Stoffabbau

 er Stoffabbau, auch <u>Katabolismus</u> genannt, ist ein fundamentaler Teil des Metabolismus, bei dem komplexe Moleküle in einfachere Verbindungen zerlegt werden [s160]. Dieser Prozess ist essentiell für die Energiegewinnung und die Bereitstellung von Bausteinen für neue Moleküle.

Ein zentraler Stoffabbauweg ist die Glykolyse, bei der Glukose zu Pyruvat abgebaut wird [s161]. Unter normalen Bedingungen mit ausreichend Sauerstoff (aerob) diffundiert das Pyruvat in die Mitochondrien und wird dort im Zitronensäurezyklus weiterverarbeitet, was zur Produktion von 32 ATP-Molekülen pro Glukosemolekül führt. Bei Sauerstoffmangel (anaerob), beispielsweise während intensiver sportlicher Aktivität, wird Pyruvat zu Laktat umgewandelt. Dies erklärt, warum Sportler nach hochintensivem Training häufig einen "Muskelkater" verspüren - die

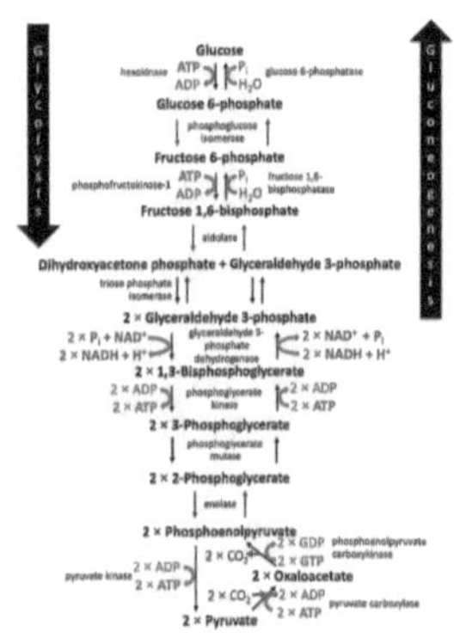

Glykolyse [i33]

Laktatanhäufung ist dafür mitverantwortlich. Die <u>Lipolyse</u> spielt eine wichtige Rolle beim Abbau von Fettreserven [s162]. Dabei werden Triacylglycerole in Glycerin und freie Fettsäuren gespalten. Ein praktischer Aspekt: Während längerer Fastenperioden oder bei kohlenhydratarmer Ernährung nutzt der Körper verstärkt diesen Prozess zur Energiegewinnung. Das freigesetzte Glycerin kann in der Leber zur Glukoseproduktion verwendet werden - ein wichtiger Mechanismus zur Aufrechterhaltung des Blutzuckerspiegels während des Fastens. Im Muskelgewebe findet ein kontinuierlicher Auf- und Abbau von Proteinen statt [s163]. Spezielle Enzyme, die E3-Ubiquitin-Ligasen Atrogin-1/MAFbx und MuRF1, regulieren den Proteinabbau. Für Sportler ist dies besonders relevant: Nach dem Training ist eine ausreichende Proteinzufuhr wichtig, um den verstärkten Muskelabbau auszugleichen und die Regeneration zu unterstützen. Der Alkoholabbau erfolgt hauptsächlich in der Leber [s164]. Dabei wird Alkohol zunächst zu Acetaldehyd und dann zu Acetat umgewandelt. Ein wichtiger Praxistipp: Da dieser Prozess nicht beschleunigt werden kann, hilft es nicht, nach übermäßigem Alkoholkonsum "auszunüchtern" - der Körper benötigt seine Zeit für den Abbau. Besonders interessant ist der Abbau von Polysacchariden [s165]. Marine Bakterien zeigen dabei ein faszinierendes Verhalten: Sie reagieren chemotaktisch auf polymere Polysaccharide, nicht jedoch auf deren Abbauprodukte. Diese Erkenntnis könnte für die Entwicklung neuer biotechnologischer Prozesse relevant sein. Bei Krebserkrankungen ist der Stoffabbau häufig verändert [s166]. Tumorzellen nutzen verstärkt den Abbau verzweigtkettiger Aminosäuren als Energiequelle. Diese Erkenntnis eröffnet neue therapeutische Möglichkeiten: Die gezielte Hemmung bestimmter Abbauwege könnte das Tumorwachstum eindämmen. Der lysosomale Abbau von Glykoproteinen ist ein weiterer wichtiger katabolischer Prozess [s167]. Dabei werden komplexe Zuckerproteine in ihre Bestandteile zerlegt. Dieser Prozess ist essentiell für die Qualitätskontrolle in Zellen und die Wiederverwertung von Bausteinen. In Pflanzen ist der Stärkeabbau eng mit dem Chloroplastenmetabolismus verbunden [s168]. Störungen in diesem Prozess können zu vermindertem Pflanzenwachstum und Chlorose führen. Diese Erkenntnisse sind wichtig für das Verständnis pflanzlicher Stoffwechselprozesse und können zur Optimierung der Pflanzenproduktion beitragen.

Glossar

Chemotaxis

Bewegungsreaktion von Organismen in Richtung oder weg von bestimmten chemischen Reizen. Vergleichbar mit einem Navigationssystem, das Bakterien zu Nahrungsquellen führt.

Chlorose

Krankhafte Bleichung grüner Pflanzenteile durch Mangel an Chlorophyll. Ähnlich wie eine Blutarmut bei Menschen führt sie zu verminderter Energieproduktion in der Pflanze.

Katabolismus

Biochemischer Prozess, bei dem große Moleküle in kleinere Bausteine zerlegt werden, um Energie zu gewinnen und Abfallprodukte zu entsorgen. Vergleichbar mit dem Abriss eines Hauses, bei dem die Materialien wiederverwendet werden können.

Lipolyse

Biochemischer Vorgang zum Abbau von Fettgewebe, der besonders während des Schlafes und bei längeren Hungerphasen aktiviert wird. Spielt eine zentrale Rolle bei der Gewichtsregulation.

2. 1. 4. Hormonelle Steuerung

ie hormonelle Steuerung ist ein hochkomplexes System, das zahlreiche Körperfunktionen reguliert und koordiniert. Als chemische Botenstoffe werden Hormone von endokrinen Drüsen direkt in den Blutkreislauf abgegeben und erreichen so ihre Zielorgane [s169]. Bemerkenswert ist dabei die Präzision: Hormone wirken nur dort, wo passende Rezeptoren vorhanden sind - vergleichbar mit einem Schlüssel-Schloss-Prinzip [s169]. Das endokrine System arbeitet eng mit dem Nervensystem und dem Immunsystem zusammen, um den Organismus bei der Bewältigung verschiedener Herausforderungen und Stresssituationen zu unterstützen [s169]. Bei Menschen und anderen Wirbeltieren wurden bisher über 50 verschiedene Hormone identifiziert [s170], die in einem fein abgestimmten Netzwerk interagieren.

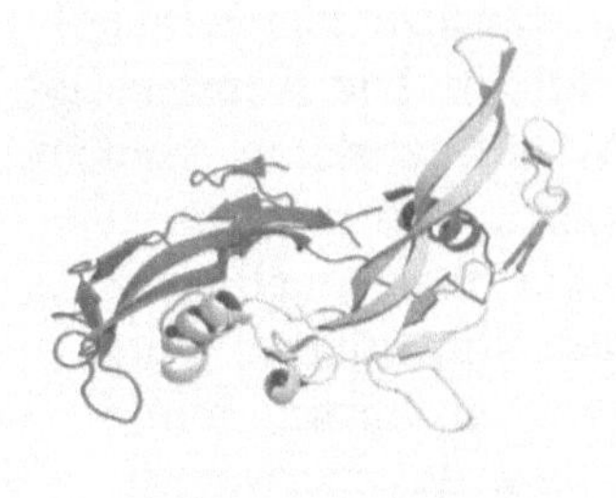

Hormone [i34]

Eine zentrale Rolle spielt das Gehirn als übergeordnete Kontrollinstanz. Es integriert Informationen aus verschiedenen metabolischen Organen und steuert darüber die Körperfunktionen [s171]. Interessanterweise gibt es dabei geschlechtsspezifische Unterschiede in der Regulation des Energiehaushalts, die sowohl durch Geschlechtschromosomen als auch durch Geschlechtshormone bedingt sind [s171]. Ein faszinierendes Beispiel für die Komplexität hormoneller Regelkreise ist

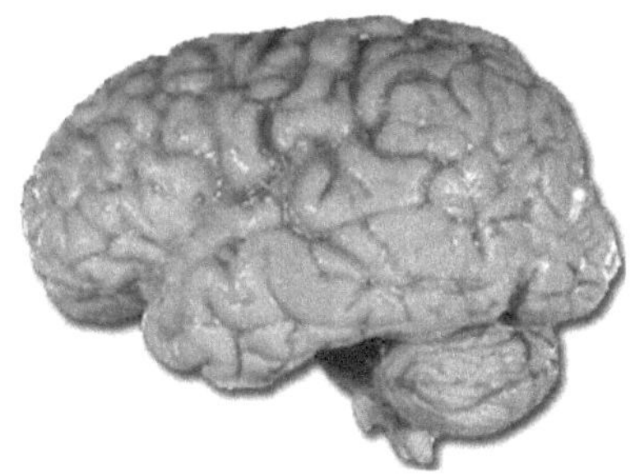

Gehirn [i35]

die Calcium- und Phosphat-Homöostase. Das <u>Parathormon</u> (PTH) wird von der Nebenschilddrüse als Reaktion auf niedrige Calcium-Spiegel ausgeschüttet und erhöht die Calcium-Reabsorption in der Niere [s172]. Ein weiterer wichtiger Akteur ist das Hormon FGF23, das von Knochenzellen produziert wird und den Phosphathaushalt sowie den Vitamin-D-Stoffwechsel reguliert [s172]. Die Bedeutung einer intakten hormonellen Steuerung wird besonders deutlich, wenn man die Auswirkungen von Störfaktoren betrachtet. Sogenannte <u>endokrine Disruptoren</u> (EDCs) können die Synthese, den Stoffwechsel und die Wirkung körpereigener Hormone beeinträchtigen [s173]. Ein praktischer Tipp hierzu: Um die Exposition gegenüber EDCs zu minimieren, sollte man beim Kauf von Plastikprodukten auf BPA-freie Alternativen achten und Lebensmittel möglichst nicht in Plastikbehältern erhitzen. Interessante neue Erkenntnisse gibt es zur Rolle der Darm-Hirn-Achse bei der Appetitregulation. Der Transmembranrezeptor GUCY2C und das Darmhormon <u>Uroguanylin</u> bilden dabei eine endokrine Achse, die den Appetit über hypothalamische Signalwege steuert [s174]. Diese Entdeckung könnte neue therapeutische Ansätze zur Behandlung von Übergewicht und metabolischem Syndrom eröffnen. Die Komplexität des hormonellen Systems zeigt sich auch in der Wechselwirkung verschiedener Medikamente mit endokrinen Prozessen. Arzneimittel können die Hormonproduktion direkt beeinflussen, die Regulation hormoneller Achsen verändern oder den Hormontransport und die Signalübertragung modifizieren [s175]. Ein praktischer Hinweis für Patienten: Informieren Sie Ihren Arzt immer über alle eingenommenen Medikamente, da unerwartete Wechselwirkungen auftreten können. Besonders spannend ist die Beobachtung, dass Cannabis die Blutkonzentrationen stoffwechselregulierender Hormone, insbesondere Insulin, modulieren kann [s176]. Diese Erkenntnis könnte für die medizinische Anwendung von Cannabis-basierten Therapeutika relevant sein. Die hormonelle Steuerung unterliegt einem ausgeklügelten Rückkopplungssystem, das die Hormonkonzentrationen in einem optimalen Bereich hält [s169]. Dieses Gleichgewicht kann durch verschiedene Faktoren wie Stress, Ernährung oder Umwelteinflüsse gestört werden. Ein ausgewogener Lebensstil mit regelmäßiger Bewegung, ausreichend Schlaf und gesunder Ernährung kann dazu beitragen, die hormonelle Balance zu unterstützen.

endokrine Disruptoren

Künstliche oder natürliche Substanzen, die als Störfaktoren auf das Hormonsystem einwirken können, beispielsweise bestimmte Pestizide oder Weichmacher.

Parathormon

Ein Peptidhormon, das aus 84 Aminosäuren besteht und hauptsächlich für die Aufrechterhaltung des Calcium-Spiegels im Blut verantwortlich ist.

Uroguanylin

Ein aus 16 Aminosäuren bestehendes Peptidhormon, das im Darm produziert wird und die Wasseraufnahme im Darm reguliert.

2. 1. 5. Stofftransport

er Stofftransport ist ein fundamentaler Prozess des Metabolismus, der auf verschiedenen Ebenen des Organismus stattfindet und durch komplexe Netzwerke gesteuert wird [s177]. Diese hierarchischen, fraktalartigen Transportnetzwerke bestimmen maßgeblich die Verteilung von Materialien in Organismen und beeinflussen direkt deren metabolische Kapazität. Besonders faszinierend ist die Beziehung zwischen Körpermasse und Stofftransport: Die metabolische Rate skaliert mit der Körpermasse als $M^{3/4}$, was die erstaunliche Effizienz dieser biologischen Transportnetzwerke widerspiegelt [s177]. Diese Effizienz hat weitreichende Auswirkungen, unter anderem auf die maximale aerobe Leistungsfähigkeit und sogar auf Alterungsprozesse. Auf zellulärer Ebene spielen spezialisierte Transportmechanismen eine zentrale Rolle. Ein Beispiel ist der ATP-abhängige Transport von Molekülkomplexen über die Plasmamembran [s178]. Dieser energieaufwendige Prozess wird durch spezifische Exportpumpen vermittelt und kann durch bestimmte Substanzen gezielt beeinflusst werden - eine Erkenntnis, die für die Entwicklung neuer Medikamente relevant ist. Die <u>Elektronentransportkette</u> (ETC) verdient besondere Aufmerksamkeit, da ihre Funktionsstörungen mit vielen Krankheiten in Verbindung gebracht werden [s179]. Ein praktischer Therapieansatz nutzt bakterielle <u>NADH-Oxidasen</u>, um das NAD(+)/NADH-Verhältnis in menschlichen Zellen zu optimieren. Dies könnte neue Behandlungsmöglichkeiten für mitochondriale Erkrankungen eröffnen. Im Kontext der Krebsforschung hat sich gezeigt, dass der gezielte Transport von Nährstoffen eine kritische Rolle spielt [s180]. Krebszellen sind auf spezifische Aminosäuretransporter angewiesen, deren Aktivität vom Mikroumfeld abhängt. Ein praktischer Therapieansatz könnte darin bestehen, diese Transporter gezielt zu blockieren, um das Tumorwachstum einzudämmen. Die Bedeutung des Stofftransports erstreckt sich auch auf medizintechnische Anwendungen [s181]. Von der Entwicklung medizinischer Geräte bis hin zur forensischen Bestimmung der Todeszeit - das Verständnis von Transport- und Diffusionsprozessen ist essentiell. Ein alltägliches Beispiel ist der Atemfluss in den Lungen: Bei Rauchern sind diese Transportprozesse oft beeinträchtigt, was zu einer verminderten Sauerstoffaufnahme führt.

Die metabolische Forschung nutzt zunehmend fortschrittliche Technologien wie <u>Massenspektrometrie</u> und Isotopenmarkierung [s182], um Stofftransportprozesse besser zu verstehen. Diese Methoden ermöglichen es, metabolische Programme in biologischen Systemen detailliert zu analysieren und beispielsweise Veränderungen während der Metastasierung von Tumoren zu untersuchen. Die gezielte Manipulation von Transportprozessen durch

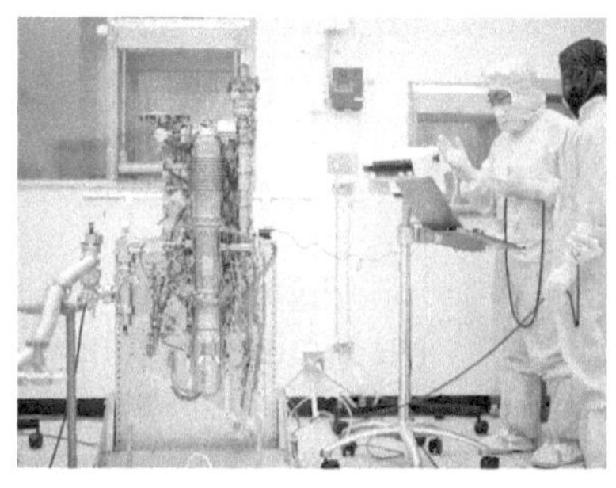

Massenspektrometrie [i36]

metabolisches Engineering eröffnet neue Möglichkeiten für therapeutische Interventionen [s183]. Dabei wird angestrebt, die Transport- und enzymatischen Funktionen von Zellen präzise zu steuern, um krankhafte Stoffwechselstörungen zu korrigieren.

Glossar

Elektronentransportkette

Eine Reihe von Proteinkomplexen in den Mitochondrien, die Elektronen stufenweise weitergeben und dabei Energie für die ATP-Produktion bereitstellen.

Massenspektrometrie

Eine Analysetechnik zur Bestimmung der Masse von Molekülen durch Ionisierung und anschließende Messung des Masse-zu-Ladung-Verhältnisses.

NADH-Oxidase

Ein Enzym, das die Oxidation von NADH zu NAD+ katalysiert und dabei Sauerstoff als Elektronenakzeptor verwendet.

2. 1. 6. Signaltransduktion

ie <u>Signaltransduktion</u> ist ein fundamentaler Prozess in lebenden Organismen, der die Übertragung von Signalen zwischen und innerhalb von Zellen ermöglicht [s184]. Dieser komplexe Mechanismus bildet die Grundlage für die Kommunikation und Koordination zellulärer Aktivitäten und ist damit essentiell für praktisch alle Lebensvorgänge. Ein faszinierender Aspekt der Signaltransduktion ist ihre molekulare Komplexität. Die Mehrheit der Signaltransduktionswege ist noch unentdeckt oder wartet auf eine detaillierte molekulare Charakterisierung [s184]. Dies verdeutlicht das enorme Potenzial für neue medizinische Therapieansätze. Ein praktisches Beispiel hierfür ist die Entwicklung zielgerichteter Krebstherapien, die spezifische Signalwege blockieren.

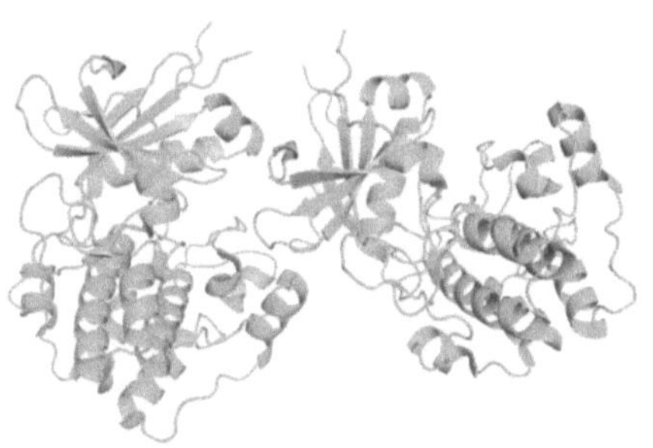

Signaltransduktion [i37]

Besonders interessant ist die Rolle von Vitamin E in der Signaltransduktion. Als Hauptantioxidans schützt es nicht nur andere Lipide vor reaktiven Sauerstoff- und Stickstoffspezies, sondern moduliert auch direkt verschiedene Signaltransduktionswege [s185]. Diese Erkenntnis hat praktische Bedeutung für die Ernährungsmedizin: Eine ausreichende Vitamin-E-Versorgung unterstützt wichtige zelluläre Prozesse wie Lipid-Homöostase und Entzündungsreaktionen. Die moderne Pharmakologie nutzt das Verständnis zellulärer Signalwege gezielt für die Entwicklung neuer Medikamente [s184]. Ein anschauliches Beispiel ist die Behandlung von Diabetes: <u>Insulin-Sensitizer</u> wirken über spezifische Signalwege, um die Glukoseaufnahme in Zellen zu verbessern. Für Patienten bedeutet dies: Je besser wir Signalwege verstehen, desto gezielter können Therapien entwickelt werden. Die Signaltransduktion spielt auch eine zentrale Rolle bei der zellulären Stressantwort und dem programmierten Zelltod [s186]. Diese Prozesse sind besonders relevant für das Verständnis von Alterung und degenerativen Erkrankungen. Ein praktischer Tipp hieraus: Regelmäßige körperliche Aktivität kann positive Stressreaktionen in Zellen auslösen und damit zur Gesunderhaltung beitragen. Die Forschung in diesem Bereich wird zunehmend interdisziplinär. Moderne Methoden wie computergestützte Biologie, <u>Bioinformatik</u> und fortgeschrittene Lichtmikroskopie [s186] ermöglichen neue Einblicke in die komplexen Signalnetzwerke der Zelle. Diese technologischen Fortschritte führen zu immer präziseren Therapieansätzen. Besonders spannend ist die Rolle der Signaltransduktion bei der Regulation der Genexpression [s185]. Vitamin E beispielsweise beeinflusst nicht nur direkt Signalwege, sondern moduliert auch die Expression von Genen, die für seine eigene Aufnahme und Verteilung wichtig sind. Diese Selbstregulation zeigt die erstaunliche Komplexität biologischer Systeme. Die Erforschung der Signaltransduktion hat auch praktische Bedeutung für die Entwicklung neuer diagnostischer Methoden [s186]. <u>Biomarker</u>, die auf gestörten Signalwegen basieren, können frühzeitig Krankheiten anzeigen und damit die Therapieaussichten verbessern. Die Integration verschiedener Signalwege zu einem funktionierenden Gesamtsystem ist eine der faszinierendsten Aspekte der Zellbiologie [s187]. Das Verständnis dieser Integration ist entscheidend für die Entwicklung ganzheitlicher Therapieansätze, die multiple Signalwege gleichzeitig berücksichtigen.

Vitamin E [i38]

Glossar

Bioinformatik
Wissenschaftsdisziplin, die biologische Daten mit Hilfe von Computermethoden analysiert und interpretiert, um biologische Zusammenhänge besser zu verstehen.

Biomarker
Biologische Merkmale, die objektiv gemessen werden können und als Indikatoren für normale biologische Prozesse, krankhaftee Veränderungen oder Reaktionen auf therapeutische Maßnahmen dienen.

Insulin-Sensitizer
Medikamente, die die Empfindlichkeit der Körperzellen gegenüber Insulin erhöhen und dadurch den Blutzuckerspiegel senken können.

Signaltransduktion
Ein biochemischer Vorgang, bei dem äußere Signale (wie Hormone oder Neurotransmitter) in zelluläre Antworten umgewandelt werden. Dabei werden oft mehrere Proteine kaskadenartig aktiviert.

2. 1. 7. Redoxreaktionen

Redoxreaktionen sind fundamentale chemische Prozesse, die eine zentrale Rolle im Stoffwechsel aller Lebewesen spielen. Diese Reaktionen, bei denen Elektronen zwischen Molekülen übertragen werden, sind essentiell für die Energiegewinnung und zahlreiche andere zelluläre Prozesse [s188]. Besonders interessant ist die Rolle von Redoxreaktionen in der Zellsignalübertragung, ein Forschungsgebiet das seit 1988 intensiv untersucht wird [s188]. Dabei hat sich gezeigt, dass reaktive Sauerstoff- (ROS) und Stickstoffspezies (RNS) nicht nur schädliche Nebenprodukte des Stoffwechsels sind, sondern wichtige Regulatoren physiologischer und pathologischer Funktionen darstellen. Ein praktisches Beispiel: Moderate sportliche Aktivität erzeugt kontrollierte Mengen an ROS, die positive Anpassungsreaktionen im Körper auslösen können.

Der zelluläre Redoxhaushalt wird durch das Verhältnis von Prooxidantien zu Antioxidantien bestimmt [s188]. Dies ist vergleichbar mit einer Waage, die ständig ausbalanciert werden muss. Ein praktischer Tipp: Eine ausgewogene Ernährung reich an Antioxidantien aus Obst und Gemüse kann dabei helfen, dieses Gleichgewicht zu unterstützen.

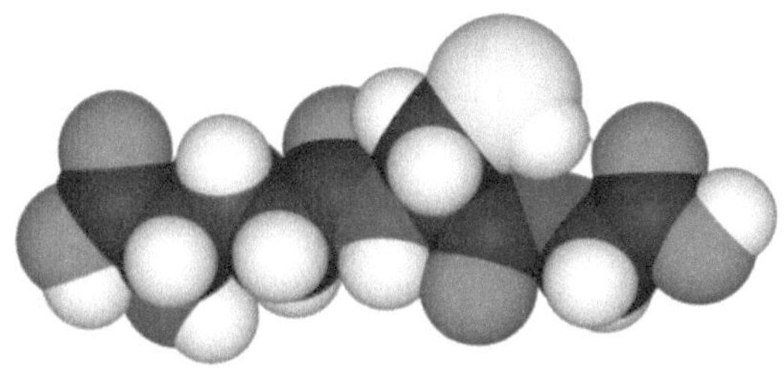

Antioxidantien [i39]

Besonders faszinierend ist die Rolle von Stickstoffmonoxid (NO), das aus L-Arginin durch NO-Synthasen gebildet wird [s188]. NO kann je nach Konzentration und Redoxmilieu das Zellsterben entweder fördern oder hemmen. Diese Erkenntnis ist besonders relevant für die Entwicklung neuer Therapieansätze bei Krankheiten, die mit gestörter Zelltodhomöostase einhergehen.

Stickstoffmonoxid [i40]

In Bakterien zeigt sich eine interessante Besonderheit: Redoxreaktionen finden hier nicht direkt in den Zellen statt, sondern sind in Membranen und dem umgebenden Raum lokalisiert [s189]. Die <u>Flavinylierung</u>, die in etwa 50% der Bakterienarten nachgewiesen wurde, spielt dabei eine wichtige Rolle bei der Eisenreduktion und in respiratorischen Elektronentransportketten. Ein wichtiges enzymatisches Prinzip ist die Namensgebung von Enzymen, die Redoxreaktionen katalysieren: Sie werden als Reaktantname + Dehydrogenase bezeichnet, wenn sie NADH/NADPH oder FADH2 bilden [s190]. Dies hilft bei der

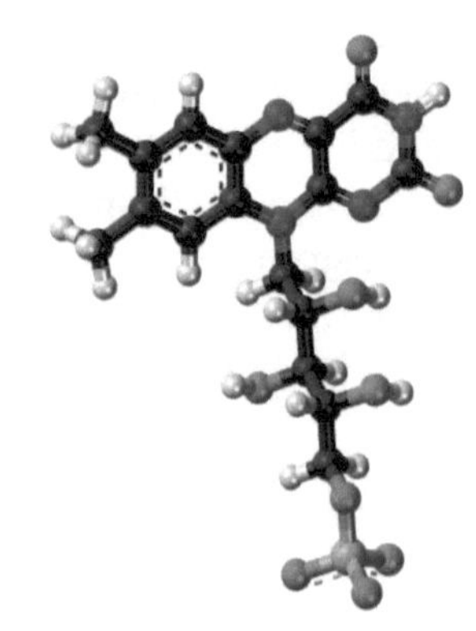

Flavinylierung [i41]

systematischen Einordnung dieser wichtigen Stoffwechselenzyme. Besonders spannend für zukünftige Anwendungen ist die Entdeckung von 'multi-flavinylierten Proteinen', die Elektronen über längere Strecken übertragen können [s189]. Diese Eigenschaft könnte für bioelektronische Anwendungen genutzt werden - ein vielversprechendes Feld an der Schnittstelle von Biologie und Technik. Die Wechselwirkungen zwischen NO und Superoxid (O2–) beeinflussen komplexe biologische Kontrollmechanismen, einschließlich der Regulation des Gefäßtonus und der Zellsterblichkeit [s188]. Ein praktisches Beispiel hierfür ist die Regulation der Blutgefäßweite, die für die Blutdruckkontrolle wichtig ist. Redoxreaktionen spielen auch eine wichtige Rolle bei der Anpassung an Sauerstoffmangel (<u>Hypoxie</u>) und der Bildung neuer Blutgefäße (<u>Angiogenese</u>) [s188]. Diese Prozesse sind besonders relevant für das Verständnis und die Behandlung von Krankheiten wie Krebs, bei denen die Gefäßneubildung eine wichtige Rolle spielt.

Glossar

Angiogenese
Biologischer Prozess der Neubildung von Blutgefäßen aus bereits bestehenden Gefäßen, wichtig für Wachstum und Heilung.

Flavinylierung
Biochemischer Prozess, bei dem Flavin-Moleküle kovalent an Proteine gebunden werden, wodurch diese die Fähigkeit zum Elektronentransport erhalten.

Hypoxie
Medizinischer Zustand mit verminderter Sauerstoffversorgung im Gewebe, der zu Anpassungsreaktionen der Zellen führt.

Prooxidans
Substanzen, die andere Moleküle oxidieren können und dabei selbst reduziert werden. Sie können in zu hoher Konzentration Zellschäden verursachen.

Redoxreaktion
Chemische Reaktionen, bei denen ein Reaktionspartner Elektronen abgibt (Oxidation) und der andere diese aufnimmt (Reduktion). Der Name setzt sich aus den Begriffen Reduktion und Oxidation zusammen.

- Die Verdauung von Proteinen beginnt im Magen durch Pepsin und Magensäure, während die Hauptverdauung im Dünndarm durch Enzyme der Bauchspeicheldrüse erfolgt
- Pankreaslipasen spalten Triglyceride im Dünndarm in Fettsäuren und Monoglyceride
- Die Peristaltik sorgt für kontinuierlichen Nahrungstransport und Durchmischung mit Verdauungssäften
- Sekundärmetaboliten sind nicht überlebenswichtig, erfüllen aber wichtige ökologische und medizinische Funktionen wie Penicillin
- Die Cholesterinbiosynthese umfasst über 30 enzymatische Schritte, wobei verschiedene Gewebe unterschiedliche Synthesewege nutzen
- Der Mevalonat-Weg ist zentral für die Biosynthese von Terpenen mit Ausbeuten über 95%
- Der Serin-Biosyntheseweg (SSP) liefert Bausteine für Proteine, Nukleotide und Phospholipide
- Ubiquinon ist essentiell für den mitochondrialen Elektronentransport
- E3-Ubiquitin-Ligasen Atrogin-1/MAFbx und MuRF1 regulieren den Proteinabbau in Muskelgewebe
- Marine Bakterien reagieren chemotaktisch auf polymere Polysaccharide
- Tumorzellen nutzen verstärkt den Abbau verzweigtkettiger Aminosäuren als Energiequelle
- Parathormon erhöht die Calcium-Reabsorption in der Niere bei niedrigen Calcium-Spiegeln
- FGF23 reguliert den Phosphathaushalt und Vitamin-D-Stoffwechsel
- GUCY2C und Uroguanylin bilden eine endokrine Achse zur Appetitregulation
- Die metabolische Rate skaliert mit der Körpermasse als $M^{3/4}$

- NADH-Oxidasen optimieren das NAD(+)/NADH-Verhältnis in menschlichen Zellen
- Vitamin E moduliert Signaltransduktionswege und die Expression von Genen für seine eigene Aufnahme
- Die Flavinylierung wurde in etwa 50% der Bakterienarten nachgewiesen und ist wichtig für Eisenreduktion
- Multi-flavinylierte Proteine können Elektronen über längere Strecken übertragen
- NO und Superoxid beeinflussen die Regulation des Gefäßtonus und der Zellsterblichkeit

2. 2. Biomolekulare Interaktionen

ie molekularen Wechselwirkungen zwischen Biomolekülen sind die Grundlage aller Lebensprozesse. Von der präzisen Erkennung zwischen Antikörpern und Antigenen bis zur komplexen Regulation von Stoffwechselwegen – überall spielen spezifische Interaktionen zwischen Proteinen, Nukleinsäuren und anderen Biomolekülen eine zentrale Rolle. Doch wie erreichen Biomoleküle diese erstaunliche Spezifität? Welche Kräfte und Mechanismen ermöglichen die gezielte Erkennung zwischen Molekülen? Und wie können kleinste Veränderungen in diesen Wechselwirkungen zu Krankheiten führen? Die Erforschung biomolekularer Interaktionen hat in den letzten Jahren durch neue Analysemethoden und computergestützte Verfahren bedeutende Fortschritte gemacht. Das vertiefte Verständnis dieser fundamentalen Prozesse eröffnet nicht nur neue Perspektiven für die Entwicklung von Medikamenten, sondern ermöglicht auch Einblicke in die molekularen Grundlagen des Lebens selbst.

„Die Rezeptor-Ligand-Bindung funktioniert wie ein molekulares Schlüssel-Schloss-Prinzip und ist essentiell für nahezu alle biologischen Prozesse, von der Signalübertragung bis zur Immunantwort.“

2. 2. 1. Rezeptor-Ligand-Bindung

ie <u>Rezeptor-Ligand-Bindung</u> ist ein fundamentaler Prozess in lebenden Organismen, der wie ein molekulares Schlüssel-Schloss-Prinzip funktioniert. Diese Interaktionen sind essentiell für nahezu alle biologischen Prozesse, von der Signalübertragung bis zur Immunantwort [s191]. Ein besonders aktuelles und relevantes Beispiel ist die Interaktion zwischen dem Spike-Protein von Viren und dem ACE2-Rezeptor auf menschlichen Zellen, die den ersten Schritt einer Virusinfektion darstellt [s192].

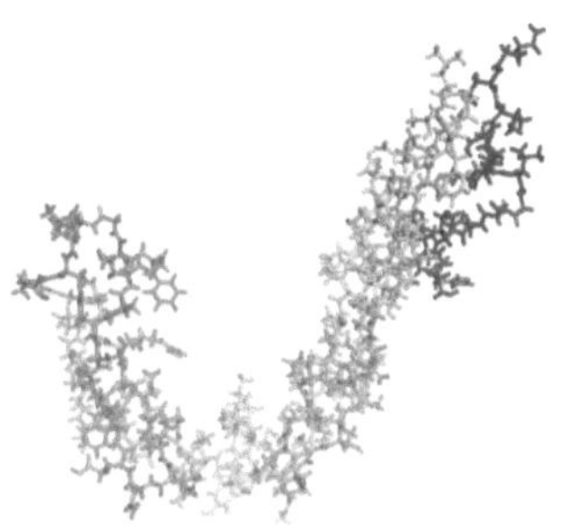

Ligand [i42]

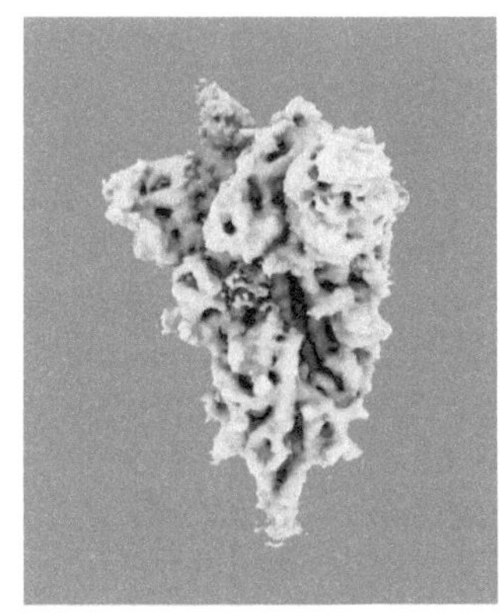

Spike-Protein [i43]

Die Bindung zwischen Rezeptoren und ihren spezifischen Liganden erfolgt durch verschiedene molekulare Kräfte und wird durch mehrere Faktoren beeinflusst. Die Bindungsaffinität, also die Stärke der Bindung, kann durch Mutationen erheblich verändert werden. So wurde beispielsweise bei der N501Y-Mutation im viralen Spike-Protein eine zehnfach höhere Bindungsaffinität zum ACE2-Rezeptor beobachtet [s192]. Diese Erkenntnis hat direkte Auswirkungen auf unser Verständnis der Virusübertragung und die Entwicklung von Therapieansätzen. Ein weiteres

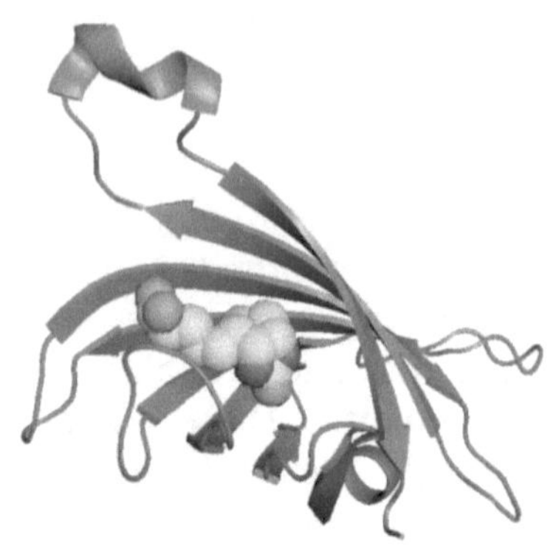

Bindungsaffinität [i44]

faszinierendes Beispiel ist die Insulin-Rezeptor-Interaktion, die eine bemerkenswerte Komplexität aufweist. Der Insulinrezeptor besitzt sowohl hoch- als auch niedrig-affine Bindungsstellen, wobei die hochaffinen Interaktionen von der dimeren Struktur des Rezeptors abhängen [s193]. Diese Erkenntnis ist besonders relevant für die Entwicklung von Diabetesmedikamenten und das Verständnis von Insulinresistenzen. Neue Messmethoden ermöglichen es uns, die kinetischen Aspekte der Rezeptor-Ligand-Bindung präziser zu untersuchen. Eine innovative Technik analysiert die Adhäsion zwischen einzelnen Zellpaaren und ermöglicht die Quantifizierung der Bindungswahrscheinlichkeit in Abhängigkeit von der Kontaktdauer und den Dichten der beteiligten Moleküle [s194]. Die gemessenen kinetischen Ratenkonstanten liefern wichtige Einblicke in die Dynamik dieser Interaktionen.

Im Kontext von Immunreaktionen spielen Zytokin-Rezeptor-Interaktionen eine zentrale Rolle. Der IL-36-Signalweg beispielsweise wird durch die Bildung eines komplexen Bindungssystems aktiviert, bei dem verschiedene Agonisten unterschiedliche Bindungsaffinitäten aufweisen [s195]. IL-36α bindet mit einer Affinität von 480 nm an seinen Rezeptor, während der Antagonist IL-36Ra eine deutlich stärkere Bindung von 5,8 nm zeigt. Diese Unterschiede in den

Zytokin [i45]

Bindungsaffinitäten sind entscheidend für die Regulation von Immunantworten. Die praktische Bedeutung dieser Erkenntnisse erstreckt sich auf verschiedene medizinische Anwendungen. Bei der Entwicklung von Medikamenten ist das Verständnis der Rezeptor-Ligand-Bindung fundamental. Beispielsweise können durch gezielte Modifikationen von Wirkstoffen die Bindungsaffinitäten optimiert werden, was zu effektiveren Therapien führt. Auch in der Diagnostik spielen diese Interaktionen eine wichtige Rolle, etwa bei der Entwicklung von Schnelltests oder der Identifizierung von Krankheitsmarkern. Die Forschung an Rezeptor-Ligand-Bindungen hat auch praktische Implikationen für die Entwicklung von Impfstoffen und antiviralen Strategien. Das Verständnis der molekularen Mechanismen ermöglicht es, gezielt Wirkstoffe zu entwickeln, die die Virus-Rezeptor-Bindung blockieren oder modifizieren können [s191]. Diese Erkenntnisse waren besonders wertvoll bei der schnellen Entwicklung von Impfstoffen und Therapeutika während der globalen Gesundheitskrise.

Bindungsaffinität

Ein Maß für die Stärke der Anziehung zwischen zwei Molekülen. Je höher die Affinität, desto stabiler ist die Bindung zwischen den Molekülen.

Rezeptor-Ligand-Bindung

Ein biochemischer Vorgang, bei dem ein Molekül (Ligand) spezifisch an eine Bindungsstelle eines anderen Moleküls (Rezeptor) andockt. Dies ist vergleichbar mit einem Schlüssel, der nur in ein bestimmtes Schloss passt.

Spike-Protein

Ein Oberflächenprotein auf der Virushülle, das wie kleine Stacheln aussieht und dem Virus das Eindringen in Wirtszellen ermöglicht.

Zytokin

Botenstoffe des Immunsystems, die die Kommunikation zwischen Immunzellen ermöglichen und Entzündungsreaktionen steuern.

2. 2. 2. Allosterische Regulation

ie <u>allosterische Regulation</u> stellt einen fundamentalen Mechanismus der Stoffwechselkontrolle in lebenden Organismen dar. Bei diesem Prozess wird die Aktivität eines Proteins durch die Bindung eines Moleküls an einer anderen Stelle als dem aktiven Zentrum beeinflusst [s196]. Diese raffinierte Form der molekularen Kontrolle ermöglicht es Zellen, ihre biochemischen Prozesse präzise an sich ändernde Bedingungen anzupassen. Ein faszinierendes Beispiel für allosterische Regulation findet sich in der Rolle des Cholesterins bei der Kontrolle von Membranproteinen. Forschungen haben gezeigt, dass Cholesterin als allosterischer Regulator des menschlichen β2-adrenergen Rezeptors (β2AR) fungiert, indem es dessen Beweglichkeit einschränkt und an spezifischen Hochaffinitätsstellen bindet [s197]. Diese Erkenntnis hat direkte Auswirkungen auf unser Verständnis von Herz-Kreislauf-Erkrankungen und die Entwicklung entsprechender Medikamente.

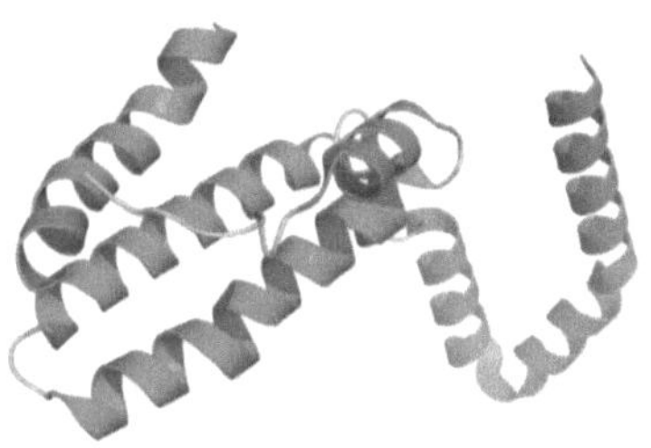

konformationellen
Übergängen [i46]

Die molekularen Mechanismen der allosterischen Regulation sind komplex und basieren auf konformationellen Übergängen zwischen verschiedenen Proteinzuständen [s198]. Diese Zustandsänderungen werden durch die Bindung von Effektor-Molekülen ausgelöst und können sowohl aktivierend als auch hemmend wirken. Ein anschauliches Beispiel hierfür ist die NAD-abhängige Isocitratdehydrogenase, bei der ATP konzentrationsabhängig beide Effekte zeigen kann [s199]. Bei niedrigen Konzentrationen wirkt ATP aktivierend, während hohe Konzentrationen das Enzym hemmen. Besonders interessant ist die Rolle der allosterischen Regulation im Zytoskelett. Aktinfilamente unterliegen einer komplexen Regulation durch Cofilin und Myosin II, wobei deren Bindung sich gegenseitig ausschließt [s200]. Diese Regulation erfolgt nicht durch direkte Konkurrenz um Bindungsstellen, sondern durch allosterische Veränderungen in der Struktur der Aktinfilamente. Diese Erkenntnis ist besonders relevant für das Verständnis der Zellbewegung und könnte neue Therapieansätze bei Krankheiten mit gestörter Zellmotilität ermöglichen.

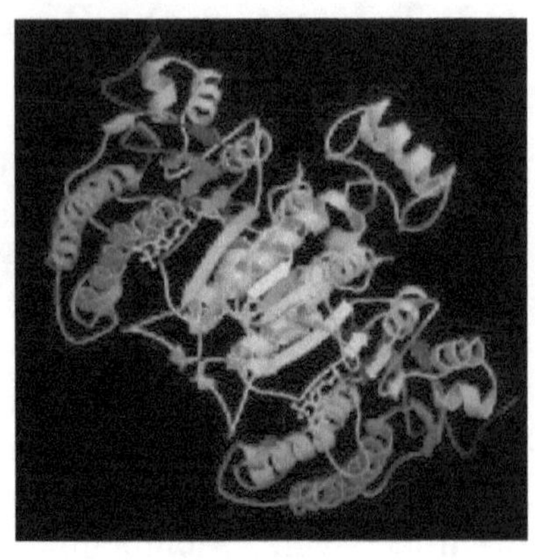

NAD-abhängige Isocitratdehydrogenase [i47]

Die Hexokinase I, ein Schlüsselenzym der Glykolyse im Gehirn, zeigt einen besonders eleganten Mechanismus der allosterischen Regulation [s201]. Das Enzym besitzt zwei strukturell ähnliche Hälften, die durch eine Alpha-Helix verbunden sind. Die Bindung von ADP führt zu konformationellen Änderungen, die sich über eine Distanz von 15 Å fortpflanzen und die katalytische Aktivität beeinflussen. Diese Erkenntnisse sind besonders wichtig für das Verständnis des Energiestoffwechsels im Gehirn und könnten neue Ansätze für die Behandlung neurodegenerativer Erkrankungen liefern. Moderne Untersuchungsmethoden wie Einzelmolekül-FRET und Molekulardynamik-Simulationen haben gezeigt, dass Proteine wie das Actin-

Hexokinase I [i48]

Capping-Protein (CP) zwischen verschiedenen Konformationen wechseln können [s202]. Diese Flexibilität ermöglicht eine präzise Regulation durch verschiedene Liganden, was für die Kontrolle der Aktinfilament-Dynamik entscheidend ist. Die praktische Bedeutung dieser Erkenntnisse erstreckt sich auf verschiedene medizinische Anwendungen. Das Verständnis allosterischer Mechanismen ermöglicht die Entwicklung neuer Medikamente, die spezifischer und mit weniger Nebenwirkungen wirken können. Ein Beispiel ist die Entwicklung allosterischer Modulatoren für G-Protein-gekoppelte Rezeptoren, die eine wichtige Rolle bei vielen physiologischen Prozessen spielen. Die kinetischen Aspekte der allosterischen Regulation sind ebenfalls von großer Bedeutung [s203]. Die Bindung von Substraten erfolgt oft in mehreren Schritten, wobei konformationelle Änderungen eine zentrale Rolle spielen. Diese Erkenntnisse sind wichtig für das Design von Medikamenten, die gezielt in diese Prozesse eingreifen sollen.

Glossar

Allosterische Regulation

Ein biochemischer Kontrollmechanismus, bei dem die Aktivität eines Proteins durch Bindung eines Moleküls an einer anderen Stelle als dem aktiven Zentrum gesteuert wird. Dies ermöglicht eine feine Abstimmung der Enzymaktivität ohne direkte Blockade des aktiven Zentrums.

Einzelmolekül-FRET

Eine hochempfindliche Messmethode zur Untersuchung von Molekülabständen und -bewegungen, die auf dem Förster-Resonanzenergietransfer basiert. Ermöglicht die Beobachtung einzelner Moleküle in Echtzeit.

Konformationelle Übergänge

Räumliche Strukturveränderungen in Proteinen, die deren Form und Funktion beeinflussen. Diese Veränderungen sind wie ein molekularer Schalter, der die Proteinaktivität an- oder ausschalten kann.

2. 2. 3. Protein-Protein-Wechselwirkungen

Protein-Protein-Wechselwirkungen (PPIs) sind fundamentale Prozesse in lebenden Zellen, die eine Vielzahl biologischer Funktionen ermöglichen und regulieren [s204]. In jeder Zelle existieren zehntausende von Proteinen, die durch ihre Interaktionen biochemische und physiologische Prozesse steuern [s205]. Diese Wechselwirkungen können sowohl schwach und vorübergehend als auch stark und dauerhaft sein, wobei die Interaktionsflächen zwischen den Proteinen sowohl geometrisch als auch chemisch komplementär sein müssen. Ein faszinierendes Beispiel für die Komplexität von PPIs findet sich in den Fokaladhäsionen (FAs), großen makromolekularen Komplexen, die mechanische Kräfte zwischen der extrazellulären Matrix und dem Zellinneren übertragen. Die Schlüsselproteine Talin und Vinculin arbeiten hier in einem präzise regulierten Zusammenspiel: Erst wenn beide Proteine ihre Autoinhibition überwinden, können sie stabil miteinander interagieren und ihre Funktion in der mechanischen Kraftübertragung erfüllen [s206]. Besonders interessant ist die Rolle der intrinsisch ungeordneten Proteine (IDPs) bei PPIs. Moderne molekulare Simulationen, gekoppelt mit NMR-Spektroskopie, haben gezeigt, dass diese Proteine trotz - oder gerade wegen - ihrer strukturellen Flexibilität spezifische und regulierte Interaktionen eingehen können [s207]. Diese Erkenntnisse sind besonders relevant für die Entwicklung neuer therapeutischer Ansätze, da viele krankheitsrelevante Proteine intrinsisch ungeordnete Regionen aufweisen. Ein weiteres bemerkenswertes Beispiel ist das Thioredoxin-System (Trx), das zelluläre Redox-Prozesse kontrolliert. Die Spezifität seiner Protein-Protein-Interaktionen wird überraschenderweise hauptsächlich durch entropische Faktoren gesteuert [s208]. Diese Erkenntnis hat wichtige Implikationen für das Design von Medikamenten, die auf redox-abhängige Prozesse abzielen. Die medizinische Relevanz von PPIs wird besonders deutlich bei der Betrachtung verschiedener Krankheiten. PPIs sind mit der Entstehung von Krebs und neurodegenerativen Erkrankungen assoziiert, was sie zu wichtigen therapeutischen Zielen macht [s209]. Die Entwicklung von PPI-Modulatoren stellt jedoch eine besondere Herausforderung dar, da die Interaktionsflächen oft groß und hydrophob sind. Ein praktisches Beispiel für die therapeutische Nutzung von PPI-Kenntnissen findet sich in der mechanisch induzierten Aktivierung der c-Src-Protein-Tyrosinkinase. Diese wird durch ein aktinfilamentassoziiertes Protein vermittelt, wobei spezifische

Mutationen an den Bindungsstellen die Aktivierung blockieren können [s210]. Solche Erkenntnisse sind essentiell für die Entwicklung gezielter Therapien bei Krankheiten, die mit gestörter Mechanotransduktion zusammenhängen. Die Charakterisierung von PPIs erfolgt durch verschiedene komplementäre Methoden: Atomare Auflösungsmethoden wie Röntgenkristallographie liefern strukturelle Details, während massenspektrometrische und biophysikalische Methoden Einblicke in Sequenzen und thermodynamische Eigenschaften geben [s204]. Computergestützte Methoden ergänzen diese experimentellen Ansätze und helfen bei der Vorhersage potentieller Interaktionen. Für die praktische Anwendung in der Medikamentenentwicklung sind drei Hauptklassen von PPI-Modulatoren relevant: kleine Moleküle, Antikörper und Peptide [s209]. Jede Klasse hat ihre spezifischen Vor- und Nachteile: Während Antikörper sehr spezifisch sind, können sie aufgrund ihrer Größe nur extrazelluläre Ziele erreichen. Peptide bieten hohe Zielgenauigkeit, sind aber anfällig für enzymatischen Abbau. Die Forschung an PPIs hat auch wichtige Erkenntnisse über zelluläre Organisationsprinzipien geliefert. Metabolone, spezifische Proteinkomplexe, die den effizienten Austausch von Metaboliten ermöglichen, sind ein eindrucksvolles Beispiel für die funktionelle Organisation durch PPIs [s205]. Diese Erkenntnisse finden praktische Anwendung in der Biotechnologie, etwa bei der Optimierung von Stoffwechselwegen für die Produktion wichtiger Biomoleküle.

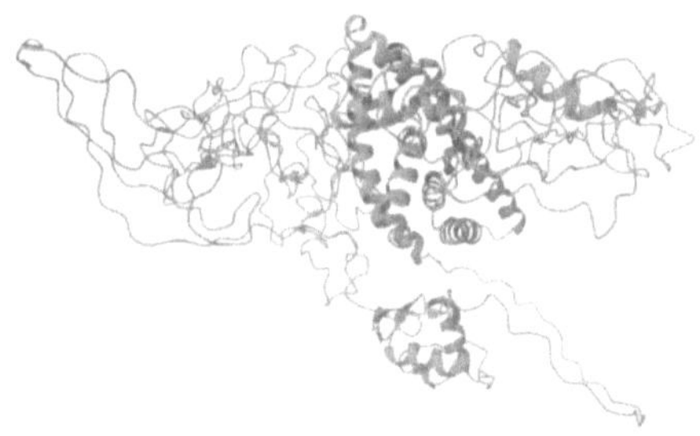

intrinsisch ungeordnete Proteine [i49]

Glossar

Fokaladhäsion

Spezielle Verbindungsstrukturen zwischen Zellen und ihrer Umgebung, die wie Anker wirken und aus über 100 verschiedenen Proteinen bestehen können.

Intrinsisch ungeordnete Proteine

Proteine ohne feste dreidimensionale Struktur, die ihre Form je nach Bedarf ändern können und dadurch besonders anpassungsfähig sind.

Metabolon

Temporäre Zusammenschlüsse von Enzymen, die wie eine Fließbandproduktion arbeiten und dadurch biochemische Reaktionen besonders effizient durchführen können.

Thioredoxin-System

Ein universelles Protein-System, das in fast allen Organismen vorkommt und als molekularer Schalter für Oxidations- und Reduktionsprozesse fungiert.

2. 2. 4. DNA-Protein-Komplexe

NA-Protein-Komplexe sind fundamentale Strukturen in lebenden Zellen, die eine Vielzahl essentieller biologischer Prozesse steuern. Diese hochspezifischen Interaktionen zwischen Proteinen und DNA-Molekülen sind entscheidend für die Genregulation, DNA-Replikation und -Reparatur sowie die Chromosomensegregation [s211]. Ein faszinierendes Beispiel für die strukturelle Komplexität dieser Interaktionen zeigt sich in der Architektur der DNA-bindenden Domänen. Diese bestehen typischerweise aus einem drei-strängigen antiparallelen Beta-Faltblatt und einer Alpha-Helix, die parallel zum Faltblatt angeordnet ist. Dabei spielen spezifische Aminosäuren wie Arginin und Tryptophan eine Schlüsselrolle, indem sie direkte Kontakte mit den Basenpaaren in der DNA-Hauptfurche herstellen und gleichzeitig an das Zucker-Phosphat-Rückgrat binden [s212]. Besonders interessant ist die nonamer-bindende Domäne (NBD), die als Dimer zwei DNA-Elemente gleichzeitig binden und verankern kann. Das GGRPR-Motiv dieser Domäne interagiert spezifisch mit bestimmten Basenpositionen, wodurch eine präzise Kontrolle der DNA-Bindung ermöglicht wird. Die positive Ladungsverteilung des Dimers unterstützt dabei die Stabilität des Komplexes [s213]. Diese Erkenntnisse sind besonders relevant für die Entwicklung gezielter therapeutischer Ansätze bei DNA-Reparaturdefekten. Ein praktisches Beispiel für die funktionelle Bedeutung von DNA-Protein-Komplexen findet sich im bakteriellen ParB-System. Dieses Protein bildet DNA-Brückeninteraktionen um spezifische DNA-Sequenzen (parS) und ist essentiell für die Chromosomensegregation. Interessanterweise hat die C-terminale Domäne von ParB eine duale Funktion: Sie bindet nicht nur DNA, sondern vermittelt auch Protein-Protein-Interaktionen [s214]. Diese Erkenntnis könnte neue Ansätze für antibakterielle Therapien eröffnen. Moderne Forschungen haben auch überraschende Einblicke in die Wechselwirkungen zwischen Proteinen und modifizierten Nukleinsäuren geliefert. Bei Annexin A2 wurden einzigartige hydrophobe Interaktionen zwischen Phosphorothioatgruppen und bestimmten Aminosäureresten nachgewiesen [s215]. Diese Erkenntnisse sind besonders wichtig für die Entwicklung von Antisense-Therapeutika.

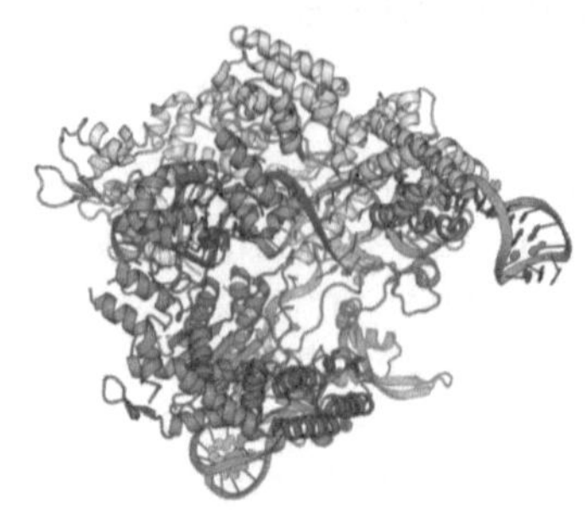

DNA-Protein-Komplexe [i50]

Die Regulation von Zellzyklusgenen durch Transkriptionsfaktoren wie das c-Myc-interagierende Zinkfinger-Protein-1 (Miz-1) demonstriert die Komplexität der DNA-Protein-Erkennung. Mit seinen 13 <u>Zinkfingern</u> bildet Miz-1 hochspezifische Komplexe, wobei besonders die Zinkfinger 3 und 4 eine wichtige strukturelle Einheit bilden [s216]. Diese Erkenntnisse sind fundamental für das Verständnis der Genregulation und könnten neue Wege in der Krebstherapie eröffnen. Die DNA-

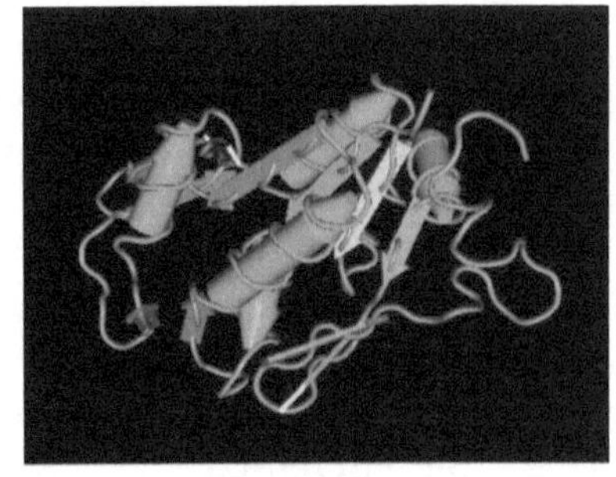

Zinkfinger [i51]

Reparatur ist ein weiterer kritischer Prozess, der auf präzisen DNA-Protein-Interaktionen basiert. DNA-Polymerasen und -Ligasen arbeiten hier in einem komplexen Zusammenspiel, unterstützt von speziellen Strukturen wie den <u>gleitenden Klammern</u>, die für die effiziente DNA-Replikation unerlässlich sind [s211]. Diese Mechanismen sind besonders relevant für das Verständnis von DNA-Reparaturdefekten und die Entwicklung gezielter Therapien bei Krebserkrankungen.

gleitende Klammern [i52]

Gleitende Klammer

Ringförmige Proteine, die wie ein Klammergriff die DNA umschließen und anderen Proteinen als bewegliche Plattform dienen.

Nonamer-bindende Domäne

Ein spezieller Proteinabschnitt, der aus genau neun Aminosäuren besteht und eine wichtige Rolle bei der Erkennung bestimmter DNA-Sequenzen spielt.

Phosphorothioatgruppe

Eine chemische Gruppe, bei der ein Sauerstoffatom der Phosphatgruppe durch ein Schwefelatom ersetzt wurde, was die Stabilität der DNA gegen enzymatischen Abbau erhöht.

Zinkfinger

Kleine Proteinstrukturen, die ein Zinkion enthalten und sich wie Finger um die DNA wickeln können. Sie sind wichtig für die gezielte Bindung an bestimmte DNA-Abschnitte.

2. 2. 5. Zelladhäsion

ie <u>Zelladhäsion</u> ist ein fundamentaler biologischer Prozess, der für die Entwicklung und Aufrechterhaltung von Geweben sowie für zahlreiche physiologische Funktionen essentiell ist [s217]. Dieser komplexe Mechanismus ermöglicht es Zellen, sich sowohl an andere Zellen als auch an die extrazelluläre Matrix zu binden und dabei mechano-chemische Signale über ihre Membranen zu übertragen. Ein besonders faszinierendes Beispiel für die Bedeutung der Zelladhäsion findet sich in der Entwicklung des Nervensystems. Während der neuronalen Entwicklung sind präzise Zell-Zell-Interaktionen unerlässlich für die Migration von Nervenzellen und die Etablierung funktioneller Verbindungen zwischen wachsenden Axonen und ihren Zielzellen [s218]. Diese Prozesse werden unter anderem durch spezielle neuronale Zelladhäsionsmoleküle vermittelt, die durch homophile Bindungsmechanismen - also die Bindung gleicher Moleküle aneinander - funktionieren.

Die molekularen Mechanismen der Zelladhäsion sind äußerst komplex und werden durch verschiedene Proteine gesteuert. Eine zentrale Rolle spielen dabei die <u>Integrine</u>, die als Transmembranrezeptoren fungieren. Sie sind besonders wichtig für hämatopoetische Stammzellen, wo sie die Adhäsion an Osteoblasten und andere Nischenzellen vermitteln und dadurch Proliferation und Differenzierung regulieren [s219]. Diese Erkenntnisse sind besonders relevant für die Entwicklung

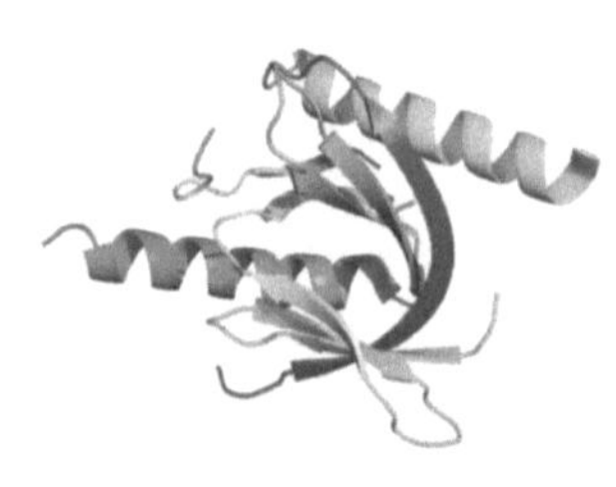

Integrine [i53]

von Therapien bei Blutkrankheiten und für das Tissue Engineering. Ein weiteres bemerkenswertes Beispiel für Zelladhäsionsmechanismen ist das CEACAM1-System. Dieses Protein, das auf verschiedenen Zelltypen wie Leukozyten, Endothelzellen und Epithelzellen exprimiert wird, ist nicht nur an der homophilen Adhäsion beteiligt, sondern fungiert auch als Tumorsuppressor und Rezeptor für verschiedene bakterielle Pathogene [s220]. Die Struktur von CEACAM1 mit seiner charakteristischen N-terminalen IgV-Domäne und den variablen IgC2-Domänen ermöglicht diese vielfältigen Funktionen. Moderne Forschungsansätze zur Manipulation der

Zelladhäsion eröffnen neue therapeutische Möglichkeiten. Die Gruppe von Russell Composto entwickelt beispielsweise Methoden zur gezielten Modifikation von Polymeroberflächen, um die Proteinadsorption und Zelladhäsion zu steuern [s221]. Diese Technologie könnte in der Zukunft für die Entwicklung verbesserter Implantate oder Tissue-Engineering-Konstrukte genutzt werden. Ein faszinierender Aspekt der Zelladhäsion ist die Rolle von Calcium-Ionen bei der Vermittlung von Zell-Zell-Kontakten. Dies wird besonders deutlich am Beispiel der Flokkulierung, wo Ca2+ sowohl für Protein-Glykan- als auch für Glykan-Glykan-Interaktionen essentiell ist [s222]. Diese Erkenntnisse haben praktische Bedeutung für biotechnologische Prozesse und das Verständnis pathologischer Zellaggregation. Die aktuelle Forschung verwendet zunehmend multiskalare Ansätze, um zu verstehen, wie Protein-Nanomaschinen die Organisation und mechanischen Eigenschaften von Zellen in Geweben steuern [s217]. Dabei werden sowohl mechanische als auch biochemische Methoden eingesetzt, um zu untersuchen, wie Adhäsionsproteine Signale über Zellmembranen übertragen und dadurch Zellfunktionen, Migration und Gewebeelastizität regulieren. Ein wichtiger praktischer Aspekt der Zelladhäsionsforschung ist die Entwicklung von Simulationsmethoden zur Untersuchung der Adhäsion von Nanopartikeln an Oberflächen [s221]. Diese Methoden sind besonders wertvoll für die Entwicklung zielgerichteter Therapeutika und die Optimierung von Drug-Delivery-Systemen.

Flokkulierung

Prozess der Zusammenlagerung von Partikeln oder Zellen zu größeren Aggregaten, wichtig in der Biotechnologie und Wasseraufbereitung.

Integrin

Familie von Oberflächenproteinen, die als Verbindungselemente zwischen dem Zellinneren und der Umgebung dienen. Sie ermöglichen der Zelle das 'Fühlen' ihrer Umgebung.

Zelladhäsion

Biologischer Vorgang, bei dem Zellen durch spezielle Proteine aneinander haften. Dies ist grundlegend für die Bildung von Organen und die Wundheilung.

2. 2. 6. Immunologische Erkennung

ie immunologische Erkennung ist ein hochkomplexer Prozess, der sowohl das angeborene als auch das adaptive Immunsystem umfasst. Dieser fundamentale Mechanismus ermöglicht es dem Körper, zwischen "selbst" und "fremd" zu unterscheiden und angemessen auf Pathogene zu reagieren [s223]. Ein faszinierendes Beispiel für die Komplexität der immunologischen Erkennung findet sich im mukosalen Immunsystem. Hier spielt das sekretorische Immunglobulin A (SIgA) eine Schlüsselrolle als häufigster Antikörperisotyp. SIgA liegt hauptsächlich als Dimer vor, verbunden durch eine J-Kette, und unterscheidet sich damit strukturell vom monomeren IgA im Serum. Die Produktion und Sekretion von SIgA erfolgt in einem bemerkenswerten Zusammenspiel zwischen Plasmazellen und Epithelzellen, wobei der polymere Ig-Rezeptor (pIgR) eine zentrale Rolle spielt [s224]. Die molekulare Erkennung durch das adaptive Immunsystem basiert auf hochspezifischen Antikörperrezeptoren. Diese werden aus einer begrenzten Anzahl von Ausgangssequenzen durch homologe Rekombination und somatische Mutation generiert [s225]. Ein praktisches Beispiel hierfür ist die Entwicklung von steroidbindenden und katalytischen Antikörpern aus denselben Keimbahnsequenzen, die trotz ihrer gemeinsamen Herkunft völlig unterschiedliche Spezifitäten und Funktionen aufweisen. Besonders interessant ist das Konzept der Polyreaktivität von Antikörpern. Ein einzelnes Antikörpermolekül oder ein B-Zell-Rezeptor (BCR) kann mehrere strukturell nicht verwandte Antigene binden. Diese Eigenschaft ist unter physiologischen Bedingungen wichtig für die Immunabwehr und die Aufrechterhaltung der Immunhomöostase [s226]. Die Antigen-Antikörper-Erkennung basiert auf zahlreichen nicht-kovalenten Wechselwirkungen. Die Stabilität des Komplexes wird durch spezifische Aminosäurereste sowohl auf der Antigenbindungsstelle (Epitop) als auch auf der Antikörperbindungsstelle (Paratop) bestimmt [s227]. Diese Erkenntnisse sind besonders wichtig für die Entwicklung von Immuntherapien und Impfstoffen. Ein weiterer wichtiger Aspekt der immunologischen Erkennung sind die Siglecs (sialinsäure-bindende immunoglobulinähnliche Lektine), die hauptsächlich von Immunzellen exprimiert werden. Sie verfügen über tyrosinbasierte Signalmotive, insbesondere immunrezeptor-tyrosinbasierte inhibitorische Motive (ITIMs), die an der Zellsignalübertragung beteiligt sind [s228]. In der Krebsimmuntherapie hat das Verständnis der immunologischen Erkennung zu innovativen Behandlungsansätzen geführt. Intrazellulär abgeleitete Peptide-MHC-Moleküle auf malignen Zelloberflächen können mit spezifischen T-Zell-Rezeptoren oder T-Zell-Rezeptor-mimierenden Antikörpern gezielt angegriffen werden [s229]. Diese Erkenntnisse haben zur Entwicklung von adoptiven Zelltherapien und CAR-T-Zellen geführt. Die Mustererkennungsrezeptoren (PRRs) bilden eine wichtige Brücke zwischen unspezifischer und spezifischer Immunität. Sie erkennen spezifische molekulare Strukturen auf Krankheitserregern, apoptotischen Wirtszellen und beschädigten seneszenten Zellen [s223]. Diese Erkenntnis hat praktische Bedeutung für die Entwicklung neuer therapeutischer Strategien bei Infektionskrankheiten und Krebs.

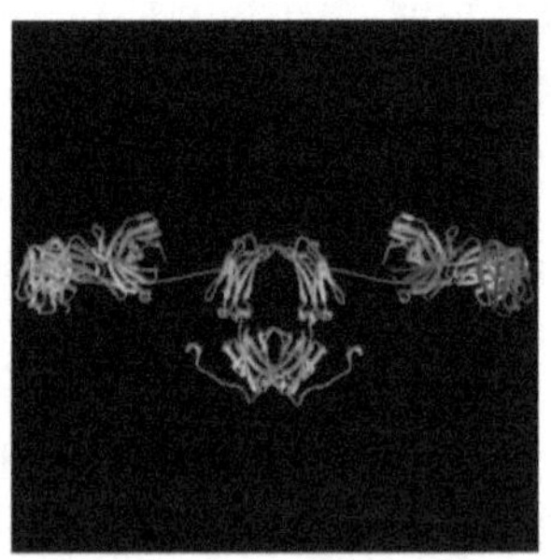

sekretorisches Immunglobulin A [i54]

Glossar

Epitop
Der Teil eines Antigens, der von einem Antikörper erkannt wird - vergleichbar mit einem molekularen Erkennungsmerkmal.

Immunhomöostase
Das ausgewogene Gleichgewicht des Immunsystems zwischen Aktivierung und Hemmung zur Aufrechterhaltung der Gesundheit.

ITIM
Spezielle Proteinsequenzen, die hemmende Signale in Immunzellen auslösen und dadurch überschießende Immunreaktionen verhindern.

Paratop
Die spezifische Bindungsstelle eines Antikörpers, die wie ein Schlüssel-Schloss-Prinzip genau zu einem bestimmten Antigen passt.

Siglec
Eine Familie von Oberflächenproteinen, die auf verschiedenen Immunzellen vorkommen und die Immunantwort durch Erkennung von Sialinsäuren regulieren können.

2. 2. 7. Neurotransmitter

<u>Neurotransmitter</u> sind die chemischen Botenstoffe des Nervensystems, die eine zentrale Rolle bei der Signalübertragung zwischen Nervenzellen spielen. Die Komplexität ihrer Wirkungsweise und Regulation hat weitreichende Auswirkungen auf unsere psychische und physische Gesundheit. Ein faszinierendes Beispiel für das Zusammenspiel verschiedener Neurotransmittersysteme zeigt sich bei der Major Depression Disorder (MDD). Hier sind nicht nur die klassischen Monoamine wie Serotonin, Noradrenalin und Dopamin beteiligt, sondern auch die Botenstoffe <u>GABA</u> und <u>Glutamat</u> spielen eine entscheidende Rolle [s230]. Diese Erkenntnis hat direkte therapeutische Konsequenzen: Moderne Antidepressiva zielen gezielt auf die Behebung von Glutamat- und GABA-Defiziten ab. Die molekularen Mechanismen der Neurotransmission sind hochkomplex und werden durch verschiedene Faktoren beeinflusst. Besonders interessant ist die Rolle von Entzündungsmediatoren: IL-1β kann beispielsweise die NR2B-Untereinheit des <u>NMDA-Rezeptors</u> phosphorylieren, was zu einer erhöhten neuronalen Erregbarkeit führt [s231]. Diese Erkenntnis ist besonders relevant für das Verständnis neuroinflammatorischer Erkrankungen und könnte neue therapeutische Ansätze ermöglichen. Ein weiterer faszinierender Aspekt ist die Organisation der synaptischen Übertragung durch membranlose Organellen, die durch Flüssig-Flüssig-Phasentrennung entstehen [s232]. Diese zelluläre Kompartimentierung erhöht die Effizienz der biochemischen Reaktionen in Neuronen und trägt zur präzisen Regulation der Signalübertragung bei. Die Rolle von Neurotrophinen, insbesondere des <u>Brain-Derived Neurotrophic Factor</u> (BDNF), verdient besondere Aufmerksamkeit. Über TrkB-Signalwege fördert BDNF die Glutamatfreisetzung und ist essentiell für die synaptische Plastizität [s230]. Diese Erkenntnisse sind besonders wichtig für das Verständnis von Lernprozessen und die Entwicklung neuer therapeutischer Strategien bei neurologischen Erkrankungen. Der Transport von Neurotransmittern über die Zellmembran erfolgt durch hochspezialisierte Natrium-Symporter. Diese verfügen über zwei Substratstellen und komplexe Konformationsänderungen, die den effizienten Transport ermöglichen [s233]. Das Verständnis dieser Transportmechanismen ist fundamental für die Entwicklung von Medikamenten, die auf Neurotransmittersysteme abzielen. Besonders relevant für die klinische Praxis ist die Erkenntnis, dass chronischer Stress und erhöhte Glukokortikoid-Spiegel die synaptische Struktur und Funktion nachhaltig beeinflussen können [s230]. Diese

Veränderungen in der Neurotransmission können zu langfristigen psychischen Erkrankungen beitragen, was die Bedeutung von Stressmanagement und präventiven Maßnahmen unterstreicht. Die Interaktion zwischen Immunsystem und Neurotransmission zeigt sich eindrucksvoll am Beispiel von TNF-α, das die Glutaminase-Produktion an <u>Gap Junctions</u> steigert und damit die neuronale Erregbarkeit erhöht [s231]. Diese Erkenntnisse sind besonders relevant für das Verständnis neuroinflammatorischer Prozesse und die Entwicklung gezielter Therapien.

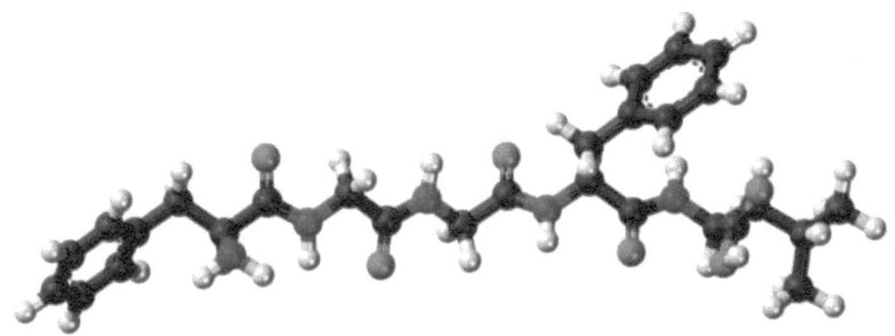

Neurotransmitter [i55]

Brain-Derived Neurotrophic Factor
Ein Wachstumsfaktor, der das Überleben bestehender Nervenzellen
sichert und das Wachstum neuer Nervenzellen und Synapsen
unterstützt.

GABA
Gamma-Aminobuttersäure ist der wichtigste hemmende
Neurotransmitter im Gehirn und wirkt beruhigend auf das
Nervensystem.

Gap Junction
Spezialisierte Zellverbindungen zwischen Nervenzellen, die einen
direkten Austausch von Molekülen und elektrischen Signalen
ermöglichen.

Glutamat
Der häufigste erregende Neurotransmitter im Gehirn, der eine
Schlüsselrolle bei Lernprozessen und Gedächtnisbildung spielt.

Neurotransmitter
Chemische Substanzen, die in Vesikeln der Nervenzellen
gespeichert und bei Bedarf in den synaptischen Spalt freigesetzt
werden. Sie können erregend oder hemmend wirken.

NMDA-Rezeptor
Ein spezieller Glutamat-Rezeptor, der für die Gedächtnisbildung
und synaptische Plastizität wichtig ist und durch Magnesium
blockiert werden kann.

Zusammenfassung - 2. 2. Biomolekulare Interaktionen

- Die Rezeptor-Ligand-Bindung folgt dem molekularen Schlüssel-Schloss-Prinzip und ist fundamental für biologische Prozesse.
- Die N501Y-Mutation im Spike-Protein führt zu zehnfach höherer Bindungsaffinität zum ACE2-Rezeptor.
- Der Insulinrezeptor besitzt hoch- und niedrig-affine Bindungsstellen, wobei die hochaffinen von der dimeren Struktur abhängen.
- IL-36α bindet mit 480 nm Affinität an seinen Rezeptor, während der Antagonist IL-36Ra eine stärkere Bindung von 5,8 nm zeigt.
- Cholesterin fungiert als allosterischer Regulator des β2-adrenergen Rezeptors durch Einschränkung seiner Beweglichkeit.
- Die NAD-abhängige Isocitratdehydrogenase zeigt bei ATP konzentrationsabhängig sowohl aktivierende als auch hemmende Effekte.
- Cofilin und Myosin II regulieren Aktinfilamente durch gegenseitig ausschließende allosterische Bindung.
- Die Hexokinase I zeigt konformationelle Änderungen über 15 Å Distanz durch ADP-Bindung.
- Talin und Vinculin müssen ihre Autoinhibition überwinden für stabile Interaktion in Fokaladhäsionen.
- Das Thioredoxin-System wird hauptsächlich durch entropische Faktoren gesteuert.
- Die nonamer-bindende Domäne kann als Dimer zwei DNA-Elemente gleichzeitig binden durch das GGRPR-Motiv.
- ParB bildet DNA-Brückeninteraktionen um parS-Sequenzen für die Chromosomensegregation.
- Annexin A2 zeigt hydrophobe Interaktionen zwischen Phosphorothioatgruppen und Aminosäureresten.
- CEACAM1 fungiert als Tumorsuppressor und bakterieller Pathogenrezeptor durch seine IgV- und IgC2-Domänen.
- Calcium-Ionen sind essentiell für Protein-Glykan- und Glykan-Glykan-Interaktionen bei der Flokkulierung.

- SIgA liegt als Dimer vor, verbunden durch eine J-Kette, anders als monomeres Serum-IgA.

- IL-1β phosphoryliert die NR2B-Untereinheit des NMDA-Rezeptors und erhöht neuronale Erregbarkeit.

- TNF-α steigert die Glutaminase-Produktion an Gap Junctions.

- Membranlose Organellen durch Flüssig-Flüssig-Phasentrennung organisieren die synaptische Übertragung.

2. 3. Regulationsmechanismen

ie reguliert unser Körper die komplexen biochemischen Prozesse, die unser Leben ermöglichen? Wie schaffen es Zellen, auf Veränderungen ihrer Umgebung angemessen zu reagieren? Und wie wird sichergestellt, dass die richtigen Gene zum richtigen Zeitpunkt aktiviert werden? Die Regulationsmechanismen in lebenden Organismen sind erstaunlich präzise und vielfältig. Von der molekularen Ebene der Genexpression bis hin zur Koordination ganzer Organsysteme arbeiten verschiedene Kontrollsysteme nahtlos zusammen. Sie ermöglichen es Zellen und Geweben, sich kontinuierlich an wechselnde Bedingungen anzupassen und dabei die lebenswichtigen Funktionen aufrechtzuerhalten. Die Erforschung dieser Regulationsmechanismen hat nicht nur unser Verständnis grundlegender Lebensprozesse erweitert, sondern auch zu wichtigen medizinischen Fortschritten geführt. Störungen in diesen Systemen können zu verschiedenen Krankheiten führen - von Stoffwechselstörungen bis hin zu Krebs. Ein tieferes Verständnis der zugrundeliegenden Mechanismen eröffnet neue Perspektiven für gezieltere Therapieansätze. Die folgenden Abschnitte beleuchten die wichtigsten Regulationssysteme im menschlichen Körper und zeigen ihre Bedeutung für Gesundheit und Krankheit auf.

„Etwa 20% unserer Gene folgen einem 24-Stunden-Zyklus und steuern wichtige Körperfunktionen wie den Schlaf-Wach-Rhythmus.“

2. 3. 1. Genexpression

ie Genexpression ist ein fundamentaler biologischer Prozess, bei dem die in den Genen gespeicherte Information in funktionelle Produkte wie Proteine umgesetzt wird [s234]. Dieser hochkomplexe Vorgang wird präzise gesteuert, damit die richtigen Gene zum optimalen Zeitpunkt und in der benötigten Menge aktiviert werden. Ein faszinierendes Beispiel dafür ist unser circadianer Rhythmus - etwa 20% unserer Gene folgen einem 24-Stunden-Zyklus und steuern so wichtige Körperfunktionen wie den Schlaf-Wach-Rhythmus [s235].

Die Regulation erfolgt auf verschiedenen Ebenen, beginnend bei der DNA-Struktur über die Transkription bis hin zur Translation [s236]. Dabei spielen spezialisierte Proteine, die Transkriptionsfaktoren, eine Schlüsselrolle. Sie erkennen und binden an bestimmte DNA-Sequenzen und kontrollieren so, welche Gene abgelesen werden [s237]. Ein praktisches Beispiel: Mehrfach ungesättigte Fettsäuren (PUFA) können über Transkriptionsfaktoren die Expression von Genen beeinflussen, die am Fettstoffwechsel beteiligt sind [s238].

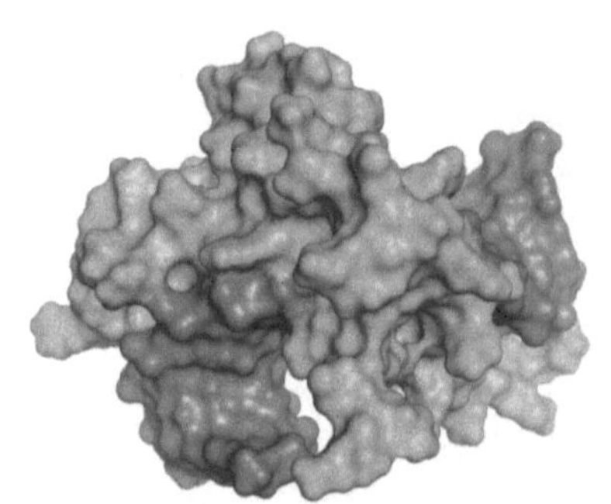

Transkriptionsfaktoren [i56]

Dies erklärt teilweise die gesundheitsfördernde Wirkung von Omega-3-Fettsäuren in der Ernährung. Ein besonders wichtiger Kontrollmechanismus ist die epigenetische Regulation. Hier werden Gene durch chemische Modifikationen der DNA oder der sie umgebenden Proteine an- oder abgeschaltet, ohne die DNA-Sequenz selbst zu verändern [s237]. Diese Veränderungen können durch Umwelteinflüsse wie Ernährung oder Stress ausgelöst werden und sogar an nachfolgende Generationen weitergegeben werden. Die Translation, also die Proteinsynthese, wird ebenfalls streng reguliert [s239]. Dies geschieht zum Beispiel durch kleine RNA-Moleküle (miRNAs) oder spezielle Proteine, die die Verfügbarkeit von Translationsfaktoren kontrollieren. Ein praktisches Beispiel ist die Stressantwort: Wenn Zellen geschädigt werden, aktivieren sie komplexe Signalwege, die zur Expression von Reparaturgenen führen [s236]. Störungen der Genexpression können schwerwiegende Folgen haben und zu verschiedenen Krankheiten führen [s234]. Die moderne Forschung nutzt daher fortschrittliche Technologien wie CRISPR-Cas9, um die Regulationsmechanismen besser zu verstehen [s236]. Diese Erkenntnisse könnten zu neuen therapeutischen Ansätzen führen. Besonders interessant ist die circadiane Regulation der Genexpression [s235]. Etwa 80% aller protein-codierenden Gene zeigen tägliche Expressionszyklen. Dies betrifft auch die Zellteilung und DNA-Reparatur, was wichtige Implikationen für die Therapieplanung hat - bestimmte Medikamente könnten zu bestimmten Tageszeiten besser wirken. Die Komplexität der Genregulation wird auch am Beispiel der Immunantwort deutlich. Die Expression des <u>FasL-Gens</u>, das eine wichtige Rolle bei der Immunregulation spielt, wird von mindestens sechs verschiedenen Transkriptionsfaktoren kontrolliert [s240]. Diese vielfältigen Kontrollmechanismen ermöglichen eine präzise Feinabstimmung der Immunantwort. Praktische Bedeutung hat das Verständnis der Genexpression auch für die Entwicklung neuer Therapieansätze. So könnte die gezielte Beeinflussung der Genexpression durch Ernährung oder Medikamente neue Behandlungsmöglichkeiten für verschiedene Erkrankungen eröffnen [s238]. Die Forschung an Transkriptionsfaktoren und epigenetischen Regulatoren [s237] könnte zudem zu personalisierten Therapieansätzen führen, die auf das individuelle genetische Profil eines Patienten abgestimmt sind.

FasL-Gen

Ein Gen, das für ein Protein codiert, welches den programmierten
Zelltod auslösen kann. Es spielt eine zentrale Rolle bei der
Kontrolle der Immunzellpopulation.

miRNA

Kurze RNA-Moleküle von etwa 22 Nukleotiden Länge, die als
natürliche Regulatoren der Genaktivität dienen. Sie können die
Produktion von Proteinen verhindern, indem sie sich an Boten-RNA
heften.

Transkriptionsfaktoren

Proteine, die wie molekulare Schalter funktionieren und durch ihre
dreidimensionale Struktur spezifische DNA-Sequenzen erkennen
können. Sie können aktivierend oder hemmend wirken und arbeiten
oft in Komplexen zusammen.

2. 3. 2. Zellzykluskontrolle

ie Zellzykluskontrolle ist ein hochkomplexes System von Überwachungsmechanismen, das die präzise Teilung und Vermehrung unserer Körperzellen steuert [s241]. Ähnlich wie ein Qualitätskontrollsystem in der Produktion überwacht es jeden Schritt der Zellteilung und stellt sicher, dass alle Voraussetzungen für eine erfolgreiche Teilung erfüllt sind. An drei strategisch wichtigen Kontrollpunkten wird der Prozess besonders gründlich überprüft [s242]. Der erste Checkpoint am Ende der G1-Phase funktioniert wie ein Startkommando: Hier wird kontrolliert, ob die Zelle die richtige Größe erreicht hat und ob die DNA unbeschädigt ist [s241]. Dies ist vergleichbar mit einer Checkliste vor dem Start eines Flugzeugs - nur wenn alle Parameter stimmen, wird die "Starterlaubnis" erteilt. Der zweite wichtige Kontrollpunkt liegt am Übergang von G2 zur M-Phase. Hier wird sichergestellt, dass die DNA-Verdopplung fehlerfrei abgeschlossen wurde [s241]. Ein dritter Checkpoint während der Metaphase überprüft die korrekte Anheftung der Chromosomen an die Spindelfasern [s241] - ähnlich wie ein Sicherheitsgurt-Check vor einer Achterbahnfahrt. Auf molekularer Ebene wird dieser Prozess von cyclinabhängigen Kinasen (CDKs) gesteuert [s243]. Diese Enzyme arbeiten wie molekulare Schalter, die den Zellzyklus vorantreiben oder stoppen können. Interessanterweise spielen auch lange nicht-kodierende RNAs (lncRNAs) eine wichtige Rolle bei der Regulation [s243]. Störungen in diesem System können schwerwiegende Folgen haben und zur Entstehung von Krebs beitragen [s244].

Besonders faszinierend ist die Reaktion der Zelle auf DNA-Schäden. Wenn die DNA beschädigt wird, beispielsweise durch UV-Strahlung, aktiviert die Zelle sofort ihre molekularen Sensoren - den Ku-Heterodimer und den MRN-Komplex [s245]. Diese lösen eine Signalkaskade aus, die den Zellzyklus anhält und Reparaturmechanismen aktiviert. Je nach Zellzyklusphase werden unterschiedliche Reparaturstrategien gewählt [s245]. Eine zentrale Rolle bei der Zellzykluskontrolle

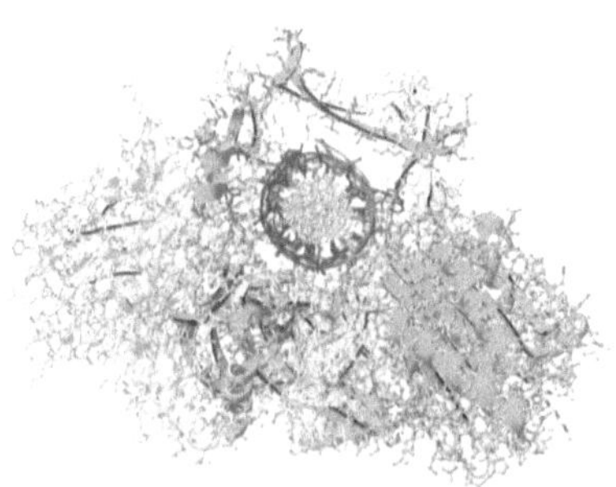

Ku-Heterodimer [i57]

spielen die Tumorsuppressoren RB und p53 [s246]. Sie funktionieren wie molekulare Bremsen und verhindern eine unkontrollierte Zellteilung. Das p53-Protein wird oft als "Wächter des Genoms" bezeichnet, da es bei DNA-Schäden den Zellzyklus stoppt und wenn nötig den programmierten Zelltod (Apoptose) einleitet [s246]. Praktische Bedeutung hat dieses Wissen besonders in der Krebstherapie. Viele Chemotherapeutika zielen gezielt auf sich teilende Zellen und nutzen die Kontrollmechanismen des Zellzyklus aus [s244]. Ein besseres Verständnis dieser Prozesse könnte zu effektiveren und nebenwirkungsärmeren Therapien führen. Die Forschung konzentriert sich aktuell darauf, die komplexen molekularen Mechanismen während der Entwicklung besser zu verstehen [s247]. Dabei zeigt sich, dass es verschiedene Variationen des klassischen Zellzyklus gibt, die noch nicht vollständig erforscht sind [s244]. Diese Erkenntnisse könnten neue Wege in der Behandlung von Entwicklungsstörungen und Krebs eröffnen. Für unsere Gesundheit bedeutet dies: Faktoren, die die DNA schädigen können, sollten möglichst vermieden werden. Dazu gehört übermäßige UV-Exposition, bestimmte Chemikalien und ionisierende Strahlung. Eine gesunde Lebensweise mit ausreichend Schlaf, ausgewogener Ernährung und regelmäßiger Bewegung unterstützt dagegen die normalen Zellteilungsprozesse und damit die Gesunderhaltung unseres Körpers.

Glossar

cyclinabhängige Kinasen

Enzyme, die durch Bindung mit Cyclinen aktiviert werden und durch Phosphorylierung anderer Proteine den zeitlichen Ablauf des Zellzyklus koordinieren

Ku-Heterodimer

Ein Proteinkomplex aus zwei verschiedenen Untereinheiten, der sich an die Enden beschädigter DNA-Doppelstränge heftet und Reparaturproteine rekrutiert

lncRNA

RNA-Moleküle mit mehr als 200 Nukleotiden, die nicht für Proteine codieren, aber wichtige regulatorische Funktionen in der Zelle übernehmen

MRN-Komplex

Ein aus drei Proteinen (Mre11, Rad50, Nbs1) bestehender Proteinkomplex, der DNA-Brüche erkennt und die ersten Schritte der Reparatur einleitet

2. 3. 3. Signalwege

Signalwege sind hochkomplexe molekulare Kommunikationssysteme, die es Zellen ermöglichen, auf äußere und innere Reize zu reagieren und ihre Aktivitäten präzise zu koordinieren [s248]. Diese biochemischen Kaskaden funktionieren wie molekulare Staffelläufe, bei denen Signale von der Zelloberfläche bis in den Zellkern weitergegeben werden. Eine zentrale Rolle spielen dabei die G-Protein-gekoppelten Rezeptoren (GPCRs), die als molekulare Antennen auf der Zelloberfläche fungieren [s248]. Sie erkennen spezifische Signalmoleküle und leiten deren Information ins Zellinnere weiter. Ein alltägliches Beispiel dafür ist unsere Geruchswahrnehmung - wenn wir frisch gebackenes Brot riechen, binden die Duftstoffe an GPCRs in unseren Riechzellen und lösen eine Signalkaskade aus, die das Geruchssignal an unser Gehirn weiterleitet. Die Ras-Familie der GTPasen spielt eine Schlüsselrolle bei der Regulation von Wachstum und Entwicklung [s249]. Diese molekularen Schalter können durch Mutationen dauerhaft aktiviert werden, was zur Entstehung von Krebs beitragen kann. Ein praktisches Beispiel aus der Krebstherapie: Moderne zielgerichtete Medikamente blockieren gezielt bestimmte Komponenten dieser Signalwege, um das Tumorwachstum zu hemmen. Besonders interessant ist die Rolle von Wasserstoffperoxid (H2O2) als Signalmolekül [s250]. Während H2O2 in höheren Konzentrationen schädlich sein kann, fungiert es in geringen Mengen als wichtiger Botenstoff im sogenannten "Redox-Signaling". Dies erklärt zum Teil, warum moderate körperliche Aktivität gesund ist - der dabei entstehende milde oxidative Stress aktiviert schützende Signalwege. Die Zelladhäsion wird durch ein komplexes Netzwerk von Signalwegen reguliert [s251]. Adhäsionsrezeptoren senden nicht nur Signale aus, sondern reagieren auch auf Wachstumsfaktoren. Diese Kommunikation ist essentiell für die Gewebeentwicklung und -reparatur. Bei der Wundheilung beispielsweise müssen Zellen koordiniert wandern und sich neu anordnen - ein Prozess, der durch präzise abgestimmte Signalwege gesteuert wird. Im Herzen spielen Protein-Kinasen eine zentrale Rolle bei der Signalübertragung [s252]. Diese Enzyme reagieren auf Hormone und Stresssignale und passen die Herzfunktion entsprechend an. Interessanterweise kann die gleiche Signalkaskade je nach Kontext sowohl positive als auch negative Effekte haben - ähnlich wie körperliches Training, das kurzfristig Stress erzeugt, langfristig aber das Herz stärkt. Die

Bedeutung von Cholesterin geht weit über seine Rolle als Membranbestandteil hinaus [s253]. Es beeinflusst die Aktivität verschiedener Signalwege, die für Entzündungsprozesse, Zellüberleben und Alterung wichtig sind. Dies erklärt teilweise die komplexen Auswirkungen von Cholesterinsenkern auf den Organismus. Störungen in Signalwegen können schwerwiegende Folgen haben. Die Forschung nutzt moderne Technologien wie Massenspektrometrie, um neue Komponenten dieser komplexen Netzwerke zu identifizieren [s249]. Diese Erkenntnisse könnten zu gezielteren Therapien führen, die spezifisch gestörte Signalwege korrigieren. Für unsere Gesundheit bedeutet dies: Eine ausgewogene Lebensweise unterstützt die normale Funktion zellulärer Signalwege. Regelmäßige Bewegung, gesunde Ernährung und ausreichend Schlaf helfen dabei, diese lebenswichtigen Kommunikationssysteme in Balance zu halten. Gleichzeitig sollten übermäßiger oxidativer Stress und andere schädliche Einflüsse vermieden werden, die Signalwege stören können.

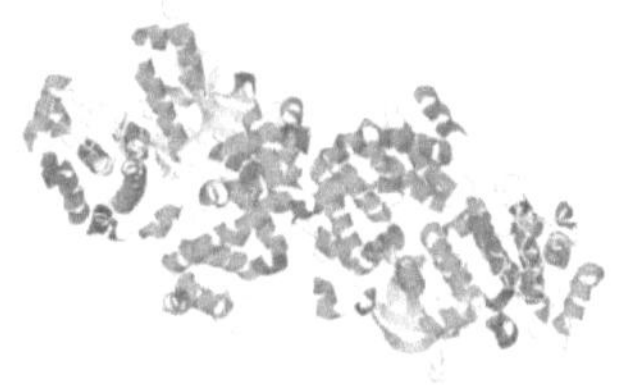

G-Protein-gekoppelte Rezeptoren [i58]

G-Protein-gekoppelte Rezeptoren

Eine große Familie von Membranproteinen mit sieben Transmembrandomänen, die Signale durch Aktivierung von G-Proteinen ins Zellinnere übertragen. Sie sind Zielstrukturen für etwa 40% aller modernen Medikamente.

GTPasen

Enzyme, die GTP (Guanosintriphosphat) zu GDP (Guanosindiphosphat) spalten und dabei als molekulare Zeitschalter in der Zelle fungieren. Sie kontrollieren unter anderem den Vesikeltransport und die Proteinsynthese.

Protein-Kinasen

Enzyme, die Phosphatgruppen auf andere Proteine übertragen und dadurch deren Aktivität regulieren. Es gibt über 500 verschiedene Protein-Kinasen im menschlichen Körper, die unterschiedliche zelluläre Prozesse steuern.

2. 3. 4. Feedback-Mechanismen

eedback-Mechanismen sind fundamentale Kontrollsysteme in lebenden Organismen, die für die Aufrechterhaltung der Homöostase - also des inneren Gleichgewichts - essentiell sind [s254]. Diese Mechanismen funktionieren wie ein hochentwickeltes Thermostatsystem, das kontinuierlich Ist- und Sollwerte vergleicht und bei Abweichungen entsprechende Anpassungen einleitet. Grundsätzlich unterscheidet man zwischen negativen und positiven Feedback-Schleifen [s255]. Negative Feedback-Mechanismen wirken einer Veränderung entgegen und sind damit stabilisierend. Ein klassisches Beispiel ist die Körpertemperaturregulation: Steigt die Körpertemperatur über den Sollwert, registrieren Temperatursensoren dies und leiten die Information an das Gehirn weiter. Daraufhin werden verschiedene Kühlmechanismen wie Schwitzen aktiviert, bis die Temperatur wieder im Normalbereich liegt [s256].

Besonders faszinierend ist die Rolle von Feedback-Mechanismen im Immunsystem. Selbst-aktivierte T-Zellen produzieren beispielsweise Interleukin-2, das die Aktivität regulatorischer T-Zellen erhöht. Diese bilden dann spezielle Mikrodomänen, die überschießende Immunreaktionen eindämmen - ein eleganter negativer Feedback-Mechanismus, der Autoimmunerkrankungen verhindert [s257]. Positive Feedback-Schleifen hingegen verstärken eine einmal eingeleitete Reaktion [s255]. Dies ist besonders wichtig bei Prozessen, die

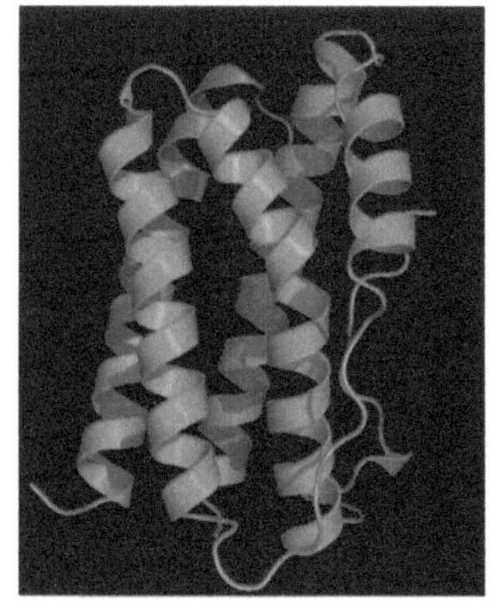

Interleukin-2 [i59]

schnell und vollständig ablaufen müssen. Ein eindrucksvolles Beispiel ist die Blutgerinnung: Sobald sie eingeleitet wird, aktivieren die beteiligten Faktoren sich gegenseitig immer stärker, bis ein stabiler Blutpfropf entstanden ist. Ähnliche Mechanismen finden sich bei den Wehen während der Geburt [s255]. Im endokrinen System spielen Feedback-Mechanismen eine zentrale Rolle bei der Hormonregulation [s258]. Die Hypophyse, oft als "Dirigent" des Hormonsystems bezeichnet, steuert über komplexe

Feedback-Schleifen die Ausschüttung verschiedener Hormone. Wird beispielsweise zu viel Schilddrüsenhormon produziert, registriert dies die Hypophyse und drosselt die Ausschüttung des stimulierenden Hormons TSH. Interessanterweise können positive Feedback-Mechanismen auch zur Entstehung von <u>Bistabilität</u> führen - Systeme können dann zwischen zwei stabilen Zuständen "umschalten" [s259]. Dies ist beispielsweise bei der Reifung von Eizellen wichtig, wo ein "Alles-oder-nichts"-Prinzip gilt. Für unsere Gesundheit haben diese Erkenntnisse wichtige praktische Konsequenzen: Störungen in Feedback-Systemen können zu verschiedenen Erkrankungen führen [s260]. Ein gesunder Lebensstil unterstützt die natürlichen Regulationsmechanismen. Regelmäßige körperliche Aktivität trainiert beispielsweise die Temperaturregulation und verbessert die hormonelle Balance. Ausreichend Schlaf ist wichtig für die Funktion des Immunsystems und seiner Feedback-Mechanismen. Die Komplexität dieser Systeme erklärt auch, warum manche Medikamente unerwartete Nebenwirkungen haben können - sie greifen in fein abgestimmte Feedback-Schleifen ein. Ein besseres Verständnis dieser Mechanismen könnte zu gezielteren Therapien führen, die die körpereigenen Regulationssysteme unterstützen statt sie zu stören.

Glossar

Bistabilität

Ein Systemzustand in der Biologie, bei dem ein System zwischen
zwei stabilen Zuständen wechseln kann, ohne Zwischenstufen
einzunehmen, ähnlich einem Ein-Aus-Schalter.

Homöostase

Ein biologisches Gleichgewichtssystem, das durch verschiedene
Regelkreise den Organismus in einem stabilen Zustand hält, wie
zum Beispiel bei der Regulation des Säure-Base-Haushalts oder des
Wasserhaushalts.

Hypophyse

Eine etwa erbsengroße Hormondrüse an der Gehirnbasis, die als
übergeordnetes Steuerungszentrum für andere Hormondrüsen
fungiert und auch als Hirnanhangdrüse bezeichnet wird.

Mikrodomäne

Spezialisierte Bereiche in biologischen Membranen, die bestimmte
Proteine und Lipide konzentrieren und als Plattformen für zelluläre
Signalübertragung dienen.

2. 3. 5. Homöostase

ie homoeostase ist ein fundamentales Prinzip des Lebens und beschreibt die Fähigkeit eines Organismus, sein inneres Milieu in einem dynamischen Gleichgewicht zu halten [s261]. Ähnlich einem hochentwickelten Thermostatsystem arbeiten dabei verschiedene Regulationsmechanismen zusammen, um lebenswichtige Parameter wie Temperatur, pH-Wert oder Stoffkonzentrationen in engen Grenzen zu halten. Ein besonders eindrucksvolles Beispiel ist die Temperaturregulation beim Menschen. Der Hypothalamus fungiert dabei als zentraler Kontrolleur, der kontinuierlich Feedback über die Körpertemperatur erhält und bei Abweichungen vom Sollwert von etwa 37°C entsprechende Gegenmaßnahmen einleitet [s262]. Bei Überhitzung werden beispielsweise die Schweißproduktion aktiviert und die Blutgefäße der Haut erweitert, während bei Kälte durch Muskelzittern und verengte Hautgefäße die Wärmeproduktion gesteigert wird. Auf zellulärer Ebene spielt die Homöostase eine zentrale Rolle bei der Aufrechterhaltung der Telomerlänge [s263]. Diese schützenden DNA-Sequenzen an den Chromosomenenden müssen in einem präzisen Gleichgewicht zwischen Verlängerung und Verkürzung gehalten werden. Zu kurze Telomere können zu genomischer Instabilität und vorzeitiger Zellalterung führen, während übermäßig lange Telomere das Krebsrisiko erhöhen können. Besonders komplex ist die Regulation der Eisenhomöostase [s264]. Als essentieller Nährstoff wird Eisen für zahlreiche Zellfunktionen benötigt, kann aber in zu hohen Konzentrationen toxisch wirken. Ein ausgeklügeltes System aus eisenbindenden Proteinen und hormonellen Regelkreisen sorgt dafür, dass die Eisenaufnahme, -speicherung und -verwertung optimal koordiniert werden [s265]. Störungen dieser Balance können zu Erkrankungen wie Anämie oder Eisenüberladung (Hämochromatose) führen. Die mitochondriale Homöostase verdient besondere Beachtung [s266]. Diese zellulären "Kraftwerke" müssen ihre Funktion präzise regulieren, um die Energieversorgung der Zelle sicherzustellen. Dazu gehören Qualitätskontrollsysteme, die beschädigte Mitochondrien erkennen und beseitigen, sowie die Koordination von Neubildung (Biogenese) und kontrolliertem Abbau (Mitophagie).

Im Knorpelgewebe sind spezialisierte Zellen, die Chondrozyten, für die Aufrechterhaltung der Gewebehomöostase verantwortlich [s267]. Sie regulieren den Auf- und Abbau der Knorpelmatrix in einem fein abgestimmten Gleichgewicht. Bei Gelenkerkrankungen wie Arthrose wird diese Balance gestört, was zu fortschreitendem Knorpelabbau führt. Für unsere Gesundheit bedeutet dies: Die Unterstützung der körpereigenen Homöostase durch einen gesunden Lebensstil ist essentiell. Regelmäßige körperliche Aktivität trainiert beispielsweise die Temperaturregulation

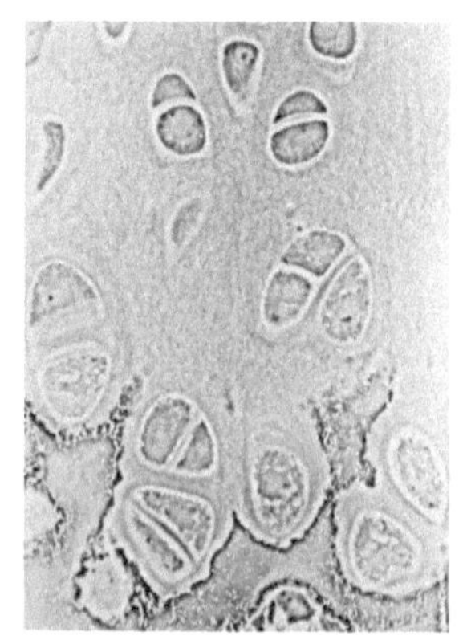

Chondrozyten [i60]

und verbessert die mitochondriale Funktion. Eine ausgewogene Ernährung hilft bei der Aufrechterhaltung der Eisenhomöostase. Ausreichend Schlaf und Stressreduktion unterstützen die zelluläre Regeneration und Reparatur. Bei extremen Temperaturen sollte man dem Körper Zeit zur Anpassung geben und übermäßige Belastungen vermeiden.

Glossar

Chondrozyt

Hochspezialisierte Zellen, die in kleinen Hohlräumen des Knorpels leben und diesen durch Produktion von Kollagen und Proteoglykanen aufbauen. Sie können sich im erwachsenen Knorpel kaum noch teilen.

Hypothalamus

Ein Bereich im Zwischenhirn, der neben der Temperaturregulation auch den Schlaf-Wach-Rhythmus, Hunger, Durst und viele Hormonausschüttungen steuert. Er ist etwa so groß wie eine Mandel und wiegt nur etwa 4 Gramm.

Mitophagie

Ein selektiver Abbauprozess geschädigter Mitochondrien durch zelleigene Recycling-Systeme. Dieser Vorgang ist wichtig für die Qualitätskontrolle und verhindert die Anhäufung defekter Zellkraftwerke.

Telomer

Spezielle Strukturen aus sich wiederholenden DNA-Sequenzen, die wie Schutzkappen an den Chromosomenenden sitzen. Bei jeder Zellteilung werden sie etwas kürzer, weshalb sie auch als biologische Uhr bezeichnet werden.

2. 3. 6. Stressantwort

ie zelluläre Stressantwort ist ein hochkomplexes System von Anpassungsmechanismen, das es Zellen ermöglicht, auf verschiedene Stressfaktoren zu reagieren und das Überleben zu sichern [s268]. Ähnlich einem ausgeklügelten Notfallsystem verfügt die Zelle über verschiedene Sensoren und Signalwege, die Stress erkennen und entsprechende Schutzmaßnahmen einleiten können. Eine zentrale Rolle spielt dabei die integrierte Stressantwort (ISR), die das Schicksal der Zelle unter Stressbedingungen reguliert [s268]. Normale Zellen können ihre genetischen Programme flexibel umprogrammieren, um eine adaptive Stressreaktion einzuleiten und die zelluläre Homöostase wiederherzustellen. Dies ist vergleichbar mit einem gut funktionierenden Immunsystem, das sich an neue Bedrohungen anpassen kann.

Auf molekularer Ebene werden bei Stress verschiedene Schlüsselproteine aktiviert. Hitzeschockproteine wie HSP90 spielen eine wichtige Rolle bei der Abwehr von Stress und der Aufrechterhaltung der zellulären Homöostase [s269]. Calmodulin (CaM) ist ebenfalls zentral für die Anpassung an verschiedene Stressfaktoren. Ein praktisches Beispiel: Bei Hitzebelastung werden diese Proteine verstärkt gebildet und helfen dabei, andere Proteine vor Schäden zu schützen - ähnlich wie molekulare "Bodyguards". Besonders interessant ist die Rolle des Energiesensors AMPK, der unter metabolischem Stress aktiviert wird [s270]. AMPK programmiert den Stoffwechsel um und reguliert die Produktion reaktiver Sauerstoffspezies (ROS). Dies ist vergleichbar mit einem Energiesparmodus, den die Zelle aktiviert, um mit knappen Ressourcen besser haushalten zu können. Die Stressantwort umfasst auch die Aktivierung verschiedener Signalwege, die sowohl das Überleben fördern als auch den

Calmodulin [i61]

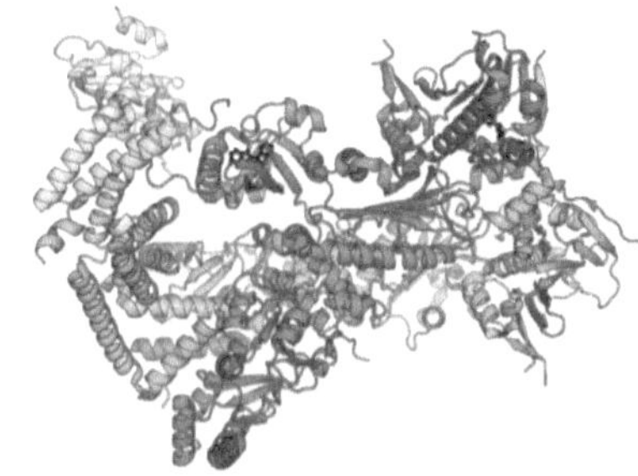

Hitzeschockproteine [i62]

programmierten Zelltod einleiten können [s271]. Dabei spielen die Mitochondrien eine wichtige Rolle - sie fungieren als zelluläre "Kraftwerke" und können bei schwerer Schädigung Signale aussenden, die zum Zelltod führen. Dies ist ein wichtiger Schutzmechanismus, der verhindert, dass geschädigte Zellen sich weiter teilen und möglicherweise zu Krebs führen. Für unsere Gesundheit bedeutet dies: Moderater Stress, wie er beispielsweise durch Sport entsteht, kann die zellulären Schutzmechanismen trainieren und stärken. Chronischer oder übermäßiger Stress hingegen kann diese Systeme überfordern. Eine ausgewogene Lebensweise mit ausreichend Erholung, gesunder Ernährung und regelmäßiger Bewegung unterstützt die natürlichen Stressabwehrmechanismen unserer Zellen. Interessanterweise zeigen Krebszellen eine eingeschränkte Fähigkeit zur adaptiven Stressantwort [s268]. Dies macht sie anfälliger für bestimmte Therapien, die gezielt Stress in den Tumorzellen auslösen. Ein besseres Verständnis dieser Unterschiede könnte zu effektiveren und nebenwirkungsärmeren Krebstherapien führen. Die Forschung an Hefen hat wichtige Einblicke in grundlegende Mechanismen der Stressantwort geliefert [s271]. Diese einzelligen Organismen haben ausgeklügelte Systeme entwickelt, um mit verschiedenen Stressoren umzugehen. Viele dieser Mechanismen sind evolutionär konserviert und finden sich in ähnlicher Form auch in menschlichen Zellen.

Glossar

AMPK

AMP-aktivierte Proteinkinase, ein Enzymkomplex der als zellulärer Energiesensor dient und bei niedrigem Energieniveau ATP-verbrauchende Prozesse hemmt

Calmodulin

Ein Calcium-bindendes Protein, das als universeller intrazellulärer Calcium-Rezeptor fungiert und an der Regulation zahlreicher zellulärer Prozesse beteiligt ist

Integrierte Stressantwort

Ein zelluläres Notfallprogramm, das verschiedene Stresssignalwege koordiniert und die Proteinsynthese an Stressbedingungen anpasst

Reaktive Sauerstoffspezies

Chemisch reaktive Verbindungen mit Sauerstoff, wie Superoxid oder Wasserstoffperoxid, die oxidativen Stress verursachen können

Zusammenfassung - 2. 3. Regulationsmechanismen

- Etwa 20% unserer Gene folgen einem 24-Stunden-Zyklus und steuern wichtige Körperfunktionen
- Transkriptionsfaktoren erkennen spezifische DNA-Sequenzen und kontrollieren die Genexpression
- Mehrfach ungesättigte Fettsäuren beeinflussen über Transkriptionsfaktoren die Expression von Genen des Fettstoffwechsels
- miRNAs und spezielle Proteine kontrollieren die Verfügbarkeit von Translationsfaktoren
- Das FasL-Gen wird von mindestens sechs verschiedenen Transkriptionsfaktoren kontrolliert
- Cyclinabhängige Kinasen (CDKs) steuern den Zellzyklus wie molekulare Schalter
- Der Ku-Heterodimer und MRN-Komplex fungieren als molekulare DNA-Schadenssensoren
- Die Tumorsuppressoren RB und p53 verhindern unkontrollierte Zellteilung
- GPCRs fungieren als molekulare Antennen auf der Zelloberfläche
- Wasserstoffperoxid wirkt in geringen Mengen als Signalmolekül im Redox-Signaling
- Protein-Kinasen passen die Herzfunktion an Hormone und Stresssignale an
- Cholesterin beeinflusst Signalwege für Entzündungsprozesse und Zellüberleben
- Selbst-aktivierte T-Zellen produzieren Interleukin-2 zur Regulation der Immunantwort
- Die Hypophyse steuert über komplexe Feedback-Schleifen die Hormonausschüttung
- Bistabilität ermöglicht Systemen das Umschalten zwischen zwei stabilen Zuständen

- Der Hypothalamus fungiert als zentraler Kontrolleur der Körpertemperatur
- Die Telomerlänge wird durch präzise Homöostase-Mechanismen reguliert
- Chondrozyten regulieren den Auf- und Abbau der Knorpelmatrix
- AMPK programmiert unter metabolischem Stress den Stoffwechsel um
- Krebszellen zeigen eine eingeschränkte Fähigkeit zur adaptiven Stressantwort

Rückblick - 2. Organische Chemie im Organismus

- Die Verdauung beginnt bereits im Mund mit der Spaltung von Stärke durch Speichelenzyme
- Pepsin im Magen denaturiert Proteine ähnlich wie Zitronensäure beim Ceviche
- Pankreaslipasen spalten Triglyceride im Dünndarm und benötigen dafür Calciumionen
- Die Leber fungiert als "Chemielabor" des Körpers und speichert überschüssige Energie als Glykogen
- Sekundärmetaboliten wie Penicillin erfüllen wichtige ökologische und medizinische Funktionen
- Der Serin-Biosyntheseweg liefert Bausteine für Proteine, Nukleotide und Phospholipide
- Ubiquinon ist essentiell für den mitochondrialen Elektronentransport und die Herzgesundheit
- Die Bindungsaffinität zwischen Spike-Protein und ACE2-Rezeptor erhöht sich durch die N501Y-Mutation um das Zehnfache
- Cholesterin fungiert als allosterischer Regulator des β2-adrenergen Rezeptors
- Intrinsisch ungeordnete Proteine können trotz ihrer strukturellen Flexibilität spezifische Interaktionen eingehen
- Die nonamer-bindende Domäne kann als Dimer zwei DNA-Elemente gleichzeitig binden
- CEACAM1 fungiert nicht nur als Adhäsionsmolekül, sondern auch als Tumorsuppressor
- Glutamat und GABA spielen eine zentrale Rolle bei der Major Depression Disorder
- Die integrierte Stressantwort ermöglicht Zellen die flexible Umprogrammierung ihrer genetischen Programme
- AMPK fungiert als zellulärer Energiesensor und reguliert die ROS-Produktion

- Mit diesem grundlegenden Verständnis der organischen Chemie im Organismus sind wir bestens vorbereitet, um im nächsten Kapitel die faszinierenden biochemischen Prozesse im Detail zu erkunden.

3. Biochemische Prozesse

iochemische Prozesse bilden das Fundament des Lebens - von der einfachsten Bakterienzelle bis zum komplexen menschlichen Organismus. Wie aber funktioniert dieses erstaunlich präzise Zusammenspiel molekularer Abläufe? Welche Mechanismen ermöglichen es Zellen, Energie zu gewinnen, Proteine aufzubauen oder Signale weiterzuleiten? Die Aufklärung dieser Prozesse hat unser Verständnis von Gesundheit und Krankheit revolutioniert. Während einige biochemische Abläufe bereits im Detail verstanden sind, werfen neue Forschungsergebnisse kontinuierlich weitere Fragen auf: Wie koordinieren Zellen ihren Energiehaushalt unter verschiedenen Bedingungen? Welche Rolle spielen einzelne Moleküle in komplexen Signalkaskaden? Wie werden diese Prozesse reguliert und was passiert, wenn sie gestört sind? Die Antworten auf diese Fragen sind nicht nur von wissenschaftlichem Interesse. Sie bilden die Grundlage für die Entwicklung neuer therapeutischer Ansätze - von der gezielten Krebstherapie bis zur Behandlung seltener Stoffwechselerkrankungen. In diesem Kapitel betrachten wir die wichtigsten biochemischen Prozesse auf molekularer Ebene. Dabei wird deutlich, dass selbst scheinbar einfache Reaktionen Teil eines faszinierenden Netzwerks sind, dessen Komplexität wir gerade erst zu verstehen beginnen.

3. 1. Energiestoffwechsel

er Energiestoffwechsel ist das zentrale Element allen Lebens und bestimmt maßgeblich die Funktionsfähigkeit unserer Zellen. Wie gelingt es dem Organismus, aus der aufgenommenen Nahrung die benötigte Energie für lebenswichtige Prozesse zu gewinnen? Welche biochemischen Mechanismen ermöglichen die effiziente Umwandlung und Speicherung von Energie? Und warum benötigen wir überhaupt Sauerstoff für die Energiegewinnung? Die Antworten auf diese Fragen liegen in einem faszinierenden Zusammenspiel verschiedener Stoffwechselwege: Von der oxidativen Phosphorylierung über den Elektronentransport bis hin zur ATP-Synthese arbeiten molekulare Maschinerien mit erstaunlicher Präzision. Störungen in diesen Prozessen können weitreichende gesundheitliche Folgen haben - von Müdigkeit bis hin zu schweren Erkrankungen. Die Erforschung des Energiestoffwechsels hat nicht nur unser Verständnis grundlegender Lebensprozesse erweitert, sondern eröffnet auch neue therapeutische Möglichkeiten. Ein tieferes Verständnis dieser biochemischen Vorgänge ist daher sowohl für die medizinische Forschung als auch für die klinische Praxis von entscheidender Bedeutung.

„Aus einem einzigen Glukosemolekül können durch oxidative Phosphorylierung 32-34 ATP-Moleküle gewonnen werden."

3. 1. 1. Oxidative Phosphorylierung

ie oxidative Phosphorylierung ist der effizienteste Prozess der Energiegewinnung in unseren Zellen und findet in speziellen Zellorganellen, den Mitochondrien, statt [s272]. Dieser komplexe biochemische Vorgang erklärt, warum wir Menschen und viele andere Lebewesen Sauerstoff zum Überleben benötigen [s273]. Stellen Sie sich die Mitochondrien als winzige Kraftwerke vor, die in jeder unserer Körperzellen arbeiten - besonders viele davon finden sich in energiehungrigen Organen wie Herz und Gehirn. Der Prozess läuft in der inneren Membran der Mitochondrien ab, wo sich eine erstaunlich effiziente molekulare Maschinerie befindet [s274]. Diese besteht aus fünf großen Proteinkomplexen (I-V), die wie eine Fertigungsstraße zusammenarbeiten [s273]. Die ersten vier Komplexe bilden die sogenannte Elektronentransportkette, während Komplex V die eigentliche ATP-Synthese durchführt [s275]. Wenn wir Kohlenhydrate oder Fette mit der Nahrung aufnehmen, werden diese zunächst in kleinere Einheiten zerlegt. Dabei entstehen die Elektronenträger nadh und fadh, die ihre energiereichen Elektronen an die Elektronentransportkette weitergeben [s272]. Ein faszinierender Aspekt ist die Effizienz dieses Systems: Aus einem einzigen Glukosemolekül können durch oxidative Phosphorylierung 32-34 ATP-Moleküle gewonnen werden [s272] - eine beeindruckende Energieausbeute, die erklärt, warum dieser Prozess so wichtig für uns ist. Die Elektronentransportkette funktioniert dabei wie eine molekulare Pumpe: Während die Elektronen von einem Komplex zum nächsten weitergereicht werden, werden Protonen (H+ Ionen) in den Zwischenraum zwischen den Mitochondrienmembranen gepumpt [s273]. Dies erzeugt einen Konzentrationsgradienten, vergleichbar mit Wasser, das sich hinter einem Staudamm sammelt. Die gespeicherte Energie wird dann genutzt, wenn die Protonen durch den ATP-Synthase-Komplex zurückfließen - ähnlich wie Wasser, das eine Turbine antreibt [s275]. Störungen in diesem komplexen System können schwerwiegende Folgen haben. Bei Herzinsuffizienz beispielsweise wurde eine verminderte Funktion der oxidativen Phosphorylierung nachgewiesen [s276]. Interessanterweise liegt das Problem dabei oft nicht in den einzelnen Komponenten, sondern in deren Zusammenspiel - vergleichbar mit einer Maschine, bei der alle Einzelteile intakt sind, aber die Montage nicht optimal ist. Die Bedeutung der oxidativen Phosphorylierung zeigt sich auch in der Schwangerschaft: Die

Plazenta benötigt diesen Prozess für den aktiven Transport von Nährstoffen zum heranwachsenden Kind [s277]. Ein wichtiger Regulator dabei ist das Protein mtorc, das die Bildung der benötigten Komponenten der Elektronentransportkette steuert. Um die Effizienz der oxidativen Phosphorylierung zu unterstützen, können wir einige praktische Maßnahmen ergreifen: Regelmäßige körperliche Aktivität fördert die Bildung neuer Mitochondrien und verbessert deren Funktion. Eine ausgewogene Ernährung mit ausreichend Vitaminen und Mineralstoffen ist ebenfalls wichtig, da viele dieser Substanzen als Cofaktoren für die beteiligten Enzyme dienen [s275]. Die oxidative Phosphorylierung demonstriert eindrucksvoll die evolutionäre Entwicklung effizienter biologischer Systeme. Sie ist ein Paradebeispiel dafür, wie die Natur Energie in kleinen Schritten umwandelt und speichert, um sie dann gezielt für lebenswichtige Prozesse verfügbar zu machen [s273].

3. 1. 2. Elektronentransport

er Elektronentransport stellt einen faszinierenden und lebenswichtigen Prozess in unseren Zellen dar, der als letzter Schritt der aeroben Atmung den eingeatmeten Sauerstoff nutzt [s278]. Dieser hocheffiziente Mechanismus läuft wie eine präzise koordinierte Staffel ab, bei der Elektronen von einem Träger zum nächsten weitergereicht werden [s279]. In der Elektronentransportkette (ETC) werden die Elektronen durch eine Reihe von Redoxreaktionen transportiert, wobei am Ende Sauerstoff zu Wasser reduziert wird [s278]. Besonders interessant ist dabei Komplex I, der wie eine molekulare Pumpe funktioniert und vier Wasserstoffionen über die Membran befördert [s278]. Dies trägt zur Entstehung des Protonengradienten bei, der später für die ATP-Produktion genutzt wird. Ein wichtiger Aspekt des Elektronentransports, der besondere Aufmerksamkeit verdient, ist die Bildung reaktiver Sauerstoffspezies (ros). Diese entstehen, wenn Elektronen vorzeitig aus der Transportkette "ausbrechen" und mit Sauerstoff reagieren [s280]. Hauptsächlich geschieht dies an den Komplexen I und III [s280]. Diese ROS können wie ein zweischneidiges Schwert wirken: Einerseits können sie Zellschäden verursachen, andererseits spielen sie auch eine wichtige Rolle in der Zellkommunikation. Um die ROS-Produktion zu minimieren, ist es ratsam, regelmäßig Sport zu treiben und eine antioxidantienreiche Ernährung zu pflegen. Interessanterweise hat die Evolution eine elegante Lösung entwickelt, um die Effizienz des Elektronentransports zu optimieren: die Organisation der ETC-Komponenten in Superkomplexen. Diese Anordnung verbessert nicht nur den Elektronentransfer, sondern reduziert auch die ROS-Bildung [s280]. Unter bestimmten Bedingungen, etwa bei Sauerstoffmangel, schaltet unser Körper auf einen alternativen Stoffwechselweg um. Dabei wird Pyruvat durch das Enzym Laktatdehydrogenase in Laktat umgewandelt, was die Regeneration von NAD+ ermöglicht [s281]. Dies erklärt beispielsweise die Muskelermüdung bei intensivem Training und zeigt, wie wichtig ausreichende Pausen zwischen den Trainingseinheiten sind. Störungen im Elektronentransport können weitreichende Folgen haben. Bei der uteroplazentaren Insuffizienz beispielsweise ist die oxidative Phosphorylierung in der Leber beeinträchtigt [s282]. Dies führt zu einer erhöhten Glukoseproduktion durch Unterdrückung der Pyruvatoxidation und Steigerung der Gluconeogenese [s282]. Für Schwangere ist daher eine regelmäßige Vorsorgeuntersuchung besonders wichtig. Neue Forschungen zeigen auch eine Verbindung zwischen Elektronentransport und Krebsentwicklung. Die Überexpression bestimmter Untereinheiten von Komplex III kann die Tumorprogression fördern [s280]. Zudem beeinflusst die ETC-Aktivität die Anpassung von Krebszellen an sauerstoffarme Bedingungen [s280]. Diese Erkenntnisse eröffnen neue Perspektiven für die Entwicklung gezielter Therapien. Ein weiterer spannender Regulationsmechanismus wurde in den Nieren entdeckt, wo die Phosphorylierung eines spezifischen Proteins durch eine bestimmte Kinase die Atmungsaktivität teilweise hemmt [s283]. Dies zeigt die komplexe Feinabstimmung des Elektronentransports in verschiedenen Geweben.

3. 1. 3. ATP-Synthese

ie ATP-Synthese ist ein faszinierender Prozess, der das Herzstück des zellulären Energiestoffwechsels bildet und in drei eng miteinander verzahnten Hauptprozessen stattfindet: der Glykolyse, dem Tricarbonsäurezyklus und der oxidativen Phosphorylierung [s284]. Dieser komplexe Mechanismus ermöglicht es unseren Zellen, aus Nährstoffen die universelle Energiewährung ATP zu gewinnen. Die ATP-Synthase, oft als molekularer Motor bezeichnet, besteht aus zwei Hauptkomponenten: F0 und F1. Dabei bildet F0 einen Protonenkanal durch die Membran, während F1 die eigentliche ATP-Synthese katalysiert [s285]. Vergleichbar ist dies mit einer Wasserturbine, bei der der Protonenstrom durch F0 die ATP-produzierende Maschinerie in F1 antreibt. Ein besonders interessanter Aspekt ist die Rolle von Calcium als zellulärem Botenstoff, besonders im Herzgewebe. Forschungen haben gezeigt, dass Calcium die ATP-Produktion um mehr als das Zweifache steigern kann [s286]. Dies erklärt, warum bei körperlicher Aktivität, wenn der Calcium-Spiegel steigt, mehr Energie zur Verfügung steht - ein wichtiger Hinweis für Sportler, die ihre Leistung optimieren möchten. Die Schilddrüsenhormone spielen eine zentrale Rolle bei der Regulation der ATP-Synthese. Sie fördern nicht nur die Bildung neuer Mitochondrien, sondern modifizieren auch die Zusammensetzung der inneren Mitochondrienmembran [s287]. Bei Menschen mit Schilddrüsenunterfunktion kann dies zu Energiemangel und Müdigkeit führen - ein wichtiger diagnostischer Hinweis für Ärzte. Ein faszinierender Regulationsmechanismus wurde mit den Kv1.3-Kanälen entdeckt, die in der inneren Mitochondrienmembran sitzen und die ATP-Produktion steigern [s288]. Diese Erkenntnis könnte neue therapeutische Ansätze für Erkrankungen mit gestörtem Energiestoffwechsel eröffnen. Die Effizienz der ATP-Synthese ist beeindruckend: Die Oxidation eines NADH-Moleküls führt zur Bildung von drei ATP-Molekülen, während FADH2 zwei ATP-Moleküle liefert [s285]. Diese Effizienz kann durch verschiedene Faktoren beeinflusst werden. Beispielsweise können bestimmte Chemikalien die oxidative Phosphorylierung entkoppeln, was zu einer verringerten ATP-Produktion führt [s289]. Dies erklärt, warum bestimmte Umweltgifte besonders energiezehrende Organe wie Herz und Gehirn schädigen können. Die Hauptmetaboliten für die ATP-Synthese - Pyruvat, Fettsäuren und Glutamin - werden in den Zitronensäurezyklus eingeschleust [s290]. Dies unterstreicht die Bedeutung einer ausgewogenen Ernährung mit allen wichtigen Nährstoffen. Praktisch bedeutet dies, dass eine Kombination aus kohlenhydrat- und fetthaltigen Lebensmitteln sowie hochwertigen Proteinen optimal für die Energieversorgung ist. Die Regulation der ATP-Synthese erfolgt durch spezifische Enzyme wie phosphofructokinase, Pyruvatdehydrogenase und isocitratdehydrogenase [s291]. Diese präzise Kontrolle ermöglicht es den Zellen, ihre Energieproduktion an den aktuellen Bedarf anzupassen - vergleichbar mit einem intelligenten Energiemanagementsystem. Störungen der ATP-Synthese können weitreichende Folgen haben. Eine verminderte ATP-Produktion führt zu reduzierter Zellproliferation und kann das Wachstum beeinträchtigen [s289]. Dies erklärt, warum Mitochondriopathien oft mit Entwicklungsstörungen und Wachstumsverzögerungen einhergehen.

3. 1. 4. Substratkettenphosphorylierung

ie <u>Substratkettenphosphorylierung</u> stellt einen fundamentalen Prozess der biologischen Energiegewinnung dar, der sich deutlich von der oxidativen Phosphorylierung unterscheidet [s292]. Bei diesem Mechanismus wird ATP direkt aus ADP und energiereichen, phosphatgruppenhaltigen Zwischenprodukten gebildet, ohne dass dafür Sauerstoff benötigt wird [s293]. Dies macht die Substratkettenphosphorylierung besonders wichtig für Situationen, in denen Zellen unter Sauerstoffmangel arbeiten müssen. Ein besonders interessantes Beispiel findet sich im Zitronensäurezyklus, wo das Enzym <u>Succinyl-CoA-Synthetase</u> (SCS) als einziges mitochondriales Enzym ATP durch Substratkettenphosphorylierung auch ohne Sauerstoff produzieren kann [s294]. Die Aktivität dieses Enzyms wird durch anorganisches Phosphat reguliert, das an die alpha-Untereinheit bindet und die enzymatische Aktivität mehr als verdoppeln kann [s294]. Dies ist besonders relevant für Gewebe, die zeitweise unter Sauerstoffmangel arbeiten müssen, wie beispielsweise stark beanspruchte Muskulatur während intensiver sportlicher Aktivität. Die biologische Bedeutung der Substratkettenphosphorylierung zeigt sich eindrucksvoll in ihrer Rolle als "Notfallsystem" der Zelle. Wenn die oxidative Phosphorylierung beeinträchtigt ist, kann die Succinate-CoA-Ligase-Reaktion im Zitronensäurezyklus ausreichend ATP bereitstellen, um das Zellwachstum aufrechtzuerhalten [s295]. Dies ist vergleichbar mit einem Notstromaggregat, das bei Ausfall des Hauptstromnetzes die wichtigsten Funktionen aufrechterhält. Besonders faszinierend sind die Anpassungen bestimmter Mikroorganismen an extreme Bedingungen. So nutzt beispielsweise <u>Syntrophus aciditrophicus</u> eine spezielle AMP-bildende Acetyl-CoA-Synthetase zur ATP-Synthese, anstatt die klassischen Enzyme zu verwenden [s296]. Diese evolutionäre Anpassung ermöglicht es dem Organismus, auch unter schwierigen Umweltbedingungen zu überleben. Die Substratkettenphosphorylierung spielt auch eine wichtige Rolle bei der Aufrechterhaltung der zellulären Energiebalance. Sie verhindert durch die Bereitstellung von ATP, dass sich die ATP-Synthase-Maschinerie umkehrt, was sonst zu einer gefährlichen Erschöpfung der zytosolischen ATP-Reserven führen könnte [s295]. Für Menschen mit Stoffwechselerkrankungen oder bei bestimmten Therapieformen ist dieses Wissen besonders relevant, da die gleichzeitige Einschränkung verschiedener Energiegewinnungswege das Zellwachstum und die

Zellinvasion beeinflussen kann [s295]. Praktische Bedeutung hat dies beispielsweise für die Entwicklung von Therapiestrategien bei Krebserkrankungen. Die gezielte Manipulation der Substratkettenphosphorylierung in Kombination mit der Einschränkung bestimmter Nährstoffe könnte neue Wege in der Krebstherapie eröffnen [s295]. Für gesunde Menschen unterstreicht dies die Bedeutung einer ausgewogenen Ernährung, die alle wichtigen Stoffwechselwege optimal unterstützt. Die thermodynamisch sehr günstige Reaktion (stark negatives ΔG) [s293] macht die Substratkettenphosphorylierung zu einem verlässlichen Energielieferanten, besonders in Situationen, wo andere Energiequellen nicht verfügbar sind. Dies erklärt auch, warum dieser Prozess evolutionär so gut konserviert wurde und sich in praktisch allen Lebewesen findet.

Glossar

Substratkettenphosphorylierung

Ein biochemischer Prozess, bei dem Phosphatgruppen direkt von energiereichen Substraten auf ADP übertragen werden. Anders als bei anderen ATP-bildenden Prozessen erfolgt hier die Energiegewinnung ohne Elektronentransportkette.

Succinyl-CoA-Synthetase

Ein Enzymkomplex aus mehreren Untereinheiten, der die reversible Umwandlung von Succinyl-CoA zu Succinat katalysiert. Gehört zur Familie der Ligasen und ist essentiell für den Energiestoffwechsel.

Syntrophus aciditrophicus

Ein anaerobes Bakterium, das in sauren Umgebungen lebt und spezielle Stoffwechselwege entwickelt hat. Es kann verschiedene organische Säuren als Energiequelle nutzen.

3. 1. 5. Energiespeicherung

ie Energiespeicherung in lebenden Organismen ist ein hochkomplexer und faszinierender Prozess, der verschiedene Moleküle und Mechanismen umfasst. Entgegen der weitverbreiteten Annahme dient ATP dabei nicht als Langzeit-Energiespeicher, sondern vielmehr als unmittelbarer Energieträger für zelluläre Prozesse [s297]. Die eigentliche Energiespeicherung erfolgt in Form von Kohlenhydraten und Fetten.

Die Photosynthese spielt eine fundamentale Rolle bei der ursprünglichen Energiespeicherung in der Natur. Durch diesen Prozess wandeln Pflanzen mit Hilfe von <u>Chlorophyll</u> die Lichtenergie der Sonne in chemische Energie um, die dann in organischen Molekülen gespeichert wird [s298]. Diese gespeicherte Energie bildet die Grundlage für praktisch alle Lebensprozesse auf der Erde. Ein praktisches Beispiel dafür ist der Anbau

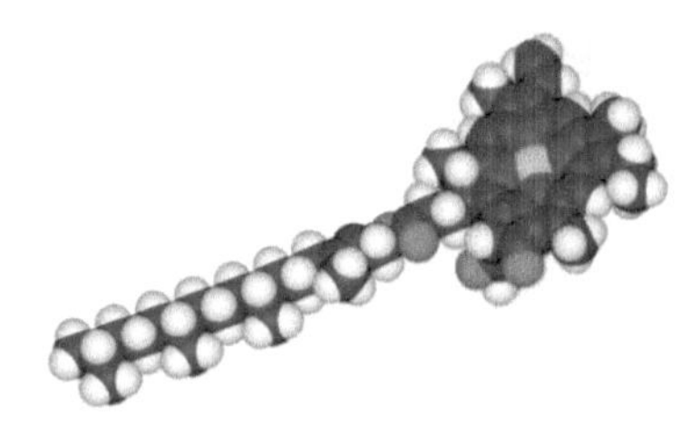

Chlorophyll [i63]

von Nutzpflanzen: Je mehr Sonnenlicht diese erhalten, desto mehr Energie können sie in Form von Kohlenhydraten speichern, was sich direkt auf den Ernteertrag auswirkt. Die gespeicherte chemische Energie liegt hauptsächlich in den Bindungen von Zuckermolekülen vor [s299]. Diese werden durch die Zellatmung schrittweise abgebaut, wobei die freiwerdende Energie in Form von ATP verfügbar gemacht wird [s300]. ATP besteht aus einer komplexen Struktur mit drei Phosphatgruppen und fungiert als universelle "Energiewährung" der Zelle [s301]. Bei Bedarf kann die gespeicherte Energie durch <u>Hydrolyse</u> der Phosphatbindungen freigesetzt werden, um verschiedene zelluläre Prozesse anzutreiben. Ein faszinierender Aspekt der zellulären Energiespeicherung findet sich in den Mitochondrien, den "Kraftwerken" der Zelle. Diese besonderen Organellen besitzen ihre eigene DNA und werden interessanterweise fast ausschließlich mütterlicherseits vererbt [s302]. Dies hat wichtige Implikationen für die Vererbung von Stoffwechselerkrankungen und erklärt, warum bestimmte Energiestoffwechselstörungen nur über die mütterliche Linie weitergegeben werden. In Situationen ohne Sauerstoffverfügbarkeit können Zellen durch <u>Fermentation</u> ATP produzieren [s299]. Dies ist besonders relevant für

Muskelzellen während intensiver körperlicher Aktivität. Sportler können diese Erkenntnis nutzen, indem sie ihr Training so gestalten, dass sie sowohl ihre aerobe als auch anaerobe Energiebereitstellung optimieren. Die Glykolyse, die im Zytoplasma stattfindet, ist der erste Schritt beim Abbau von Zuckermolekülen und liefert bereits zwei ATP-Moleküle [s299]. Dies erklärt, warum Kohlenhydrate als schnelle Energiequelle dienen können - ein wichtiger Aspekt für die Ernährungsplanung vor sportlichen Aktivitäten. Die Effizienz der Energiespeicherung und -nutzung in lebenden Organismen ist beeindruckend. Durch die Kombination verschiedener Speicher- und Verwertungsmechanismen können Organismen flexibel auf unterschiedliche Energieanforderungen reagieren. Für die menschliche Gesundheit bedeutet dies, dass eine ausgewogene Ernährung mit verschiedenen Energieträgern und regelmäßige körperliche Aktivität optimal sind, um die körpereigenen Energiespeicher- und Verwertungssysteme in Balance zu halten.

Glossar

Chlorophyll

Ein grüner Pflanzenfarbstoff, der aus einem Ringsystem mit einem zentralen Magnesiumatom besteht. Es gibt verschiedene Arten wie Chlorophyll a und b, die sich in ihrer chemischen Struktur leicht unterscheiden.

Fermentation

Ein biochemischer Prozess, bei dem organische Stoffe ohne Sauerstoff abgebaut werden. Bei der alkoholischen Fermentation entsteht beispielsweise Ethanol als Endprodukt.

Hydrolyse

Eine chemische Reaktion, bei der eine chemische Bindung durch Wasser gespalten wird. Der Name setzt sich aus 'hydro' (Wasser) und 'lyse' (Auflösung) zusammen.

3. 1. 6. Thermodynamik

ie Thermodynamik bildet das fundamentale Regelwerk für alle Energieumwandlungen in lebenden Systemen [s303]. Als interdisziplinäres Feld untersucht die <u>Biothermodynamik</u>, wie Organismen Energie aufnehmen, umwandeln und nutzen. Dabei folgen alle biologischen Prozesse den grundlegenden thermodynamischen Hauptsätzen. Der erste Hauptsatz der Thermodynamik besagt, dass Energie weder erschaffen noch vernichtet, sondern nur umgewandelt werden kann [s303]. Dies erklärt, warum Lebewesen kontinuierlich Energie in Form von Nahrung aufnehmen müssen - die verbrauchte Energie muss ersetzt werden. Ein praktisches Beispiel: Wenn wir Sport treiben, wandeln wir die in der Nahrung gespeicherte chemische Energie in Bewegungsenergie und Wärme um. Besonders faszinierend ist der zweite Hauptsatz der Thermodynamik, der das Konzept der <u>Entropie</u> einführt [s303]. Entropie beschreibt den Grad der Unordnung in einem System. Lebende Organismen scheinen diesem Gesetz zunächst zu widersprechen, da sie hochgeordnete Strukturen aufbauen und aufrechterhalten. Dies gelingt ihnen jedoch nur durch ständige Energiezufuhr von außen und Abgabe von Wärme an die Umgebung [s304]. Die Thermodynamik lebender Systeme folgt den Prinzipien der <u>Nichtgleichgewichtsthermodynamik</u> [s305]. Dies bedeutet, dass Zellen weit vom thermodynamischen Gleichgewicht entfernt operieren - vergleichbar mit einem Auto, das nur läuft, solange der Motor aktiv ist. Die Regulation erfolgt dabei über die Kinetik der beteiligten Enzyme, die wie molekulare Maschinen die Geschwindigkeit der Stoffwechselreaktionen steuern. Ein faszinierender Aspekt ist die Rolle elektromagnetischer Felder: Extrem niedrigfrequente elektromagnetische Felder können molekulare Zellprozesse beeinflussen [s306]. Dies eröffnet neue therapeutische Möglichkeiten, beispielsweise in der Wundheilung oder Regenerationsmedizin. Die Bioengineering-Thermodynamik betrachtet Zellen als "schwarze Kästen" und analysiert die Energie- und Stoffflüsse über ihre Grenzen [s304]. Dies ermöglicht es, das Zellverhalten durch Kontrolle der Ionenflüsse über die Membran zu steuern - ein wichtiger Ansatz für die Entwicklung neuer Therapien. Besonders relevant ist die thermodynamische Betrachtung bei der ATP-Bildung in verletztem Gewebe [s307]. Bei chronischen Wunden sind die ATP-Spiegel oft niedrig. Hier kann inorganisches Polyphosphat (<u>polyP</u>) als alternative Energiequelle dienen, das über Blutplättchen angeliefert wird. Die dabei ablaufenden Reaktionen wechseln von endothermisch zu exothermisch - ein eindrucksvolles Beispiel für die komplexe thermodynamische Regulation in biologischen Systemen. Die praktische Bedeutung der Thermodynamik zeigt sich auch in der Energieeffizienz unseres Stoffwechsels. Jede chemische Reaktion ist mit einer bestimmten Wärmeänderung verbunden [s308]. Ein Teil der Energie geht dabei immer als Wärme verloren - dies erklärt, warum wir beim Sport schwitzen und warum eine effiziente Temperaturregulation für unseren Organismus so wichtig ist. Für die Gesundheit bedeutet dies: Regelmäßige körperliche Aktivität optimiert die thermodynamische Effizienz unseres Stoffwechsels. Eine ausgewogene Ernährung stellt sicher, dass alle notwendigen Energieumwandlungsprozesse optimal ablaufen können. Die Beachtung von Ruhe- und Aktivitätsphasen ermöglicht es dem Körper, sein thermodynamisches Gleichgewicht zu regulieren.

Glossar

Biothermodynamik

Wissenschaftszweig, der die Energieflüsse in biologischen Systemen auf molekularer Ebene untersucht und mathematisch beschreibt. Verbindet Konzepte aus Physik und Biologie.

Entropie

Physikalische Größe, die in der Einheit Joule pro Kelvin gemessen wird und ein Maß für die nicht nutzbare Energie in einem System darstellt.

Nichtgleichgewichtsthermodynamik

Teilgebiet der Physik, das Systeme beschreibt, die durch ständigen Energie- und Stoffaustausch mit ihrer Umgebung einen stabilen Zustand fernab vom Gleichgewicht aufrechterhalten.

Polyphosphat

Eine Kette aus mehreren Phosphatgruppen, die durch energiereiche Bindungen verknüpft sind und als Energiespeicher in verschiedenen Organismen dienen.

- Die oxidative Phosphorylierung erzeugt aus einem Glukosemolekül 32-34 ATP-Moleküle
- Die Elektronentransportkette besteht aus fünf Proteinkomplexen (I-V) in der inneren Mitochondrienmembran
- Komplex I pumpt vier Wasserstoffionen über die Membran
- Reaktive Sauerstoffspezies (ROS) entstehen hauptsächlich an den Komplexen I und III
- Die Organisation der ETC-Komponenten in Superkomplexen optimiert den Elektronentransfer und reduziert ROS-Bildung
- Calcium kann die ATP-Produktion im Herzgewebe um mehr als das Zweifache steigern
- Die ATP-Synthase besteht aus F0 (Protonenkanal) und F1 (ATP-Synthese)
- NADH-Oxidation liefert drei ATP, FADH2 zwei ATP
- Kv1.3-Kanäle in der inneren Mitochondrienmembran steigern die ATP-Produktion
- Succinyl-CoA-Synthetase kann als einziges mitochondriales Enzym ATP ohne Sauerstoff produzieren
- Anorganisches Phosphat kann die SCS-Aktivität mehr als verdoppeln
- Syntrophus aciditrophicus nutzt eine spezielle AMP-bildende Acetyl-CoA-Synthetase zur ATP-Synthese
- ATP dient nicht als Langzeit-Energiespeicher, sondern als unmittelbarer Energieträger
- Mitochondrien werden fast ausschließlich mütterlicherseits vererbt
- Extrem niedrigfrequente elektromagnetische Felder können molekulare Zellprozesse beeinflussen
- Bei chronischen Wunden dient inorganisches Polyphosphat als alternative Energiequelle

3. 2. Biosynthese

 ie Biosynthese gehört zu den faszinierendsten Bereichen der Biochemie. Wie gelingt es Zellen, aus einfachen Molekülen komplexe Strukturen wie Proteine, Lipide oder Nukleotide aufzubauen? Welche Mechanismen steuern und regulieren diese Prozesse? Und welche Rolle spielen sie bei Gesundheit und Krankheit? Von der präzisen Faltung von Proteinen über die energieeffiziente Lipidsynthese bis zur lebenswichtigen Gluconeogenese - die verschiedenen Biosynthesewege sind eng miteinander verwoben und reagieren sensibel auf äußere Einflüsse. Störungen können weitreichende Folgen haben und zu schweren Erkrankungen führen. Das Verständnis der Biosynthese eröffnet nicht nur Einblicke in fundamentale Lebensprozesse, sondern auch neue therapeutische Möglichkeiten. Die folgenden Kapitel beleuchten die wichtigsten Biosynthesewege und ihre Bedeutung für die medizinische Praxis.

„Die Biosynthese von Proteinen beginnt bereits während der Proteinsynthese am Ribosom, wo die entstehende Polypeptidkette aktiv mit dem Ribosomen-Austrittstunnel interagiert.“

3. 2. 1. Proteinaufbau

er Proteinaufbau ist ein hochkomplexer und präzise regulierter Prozess, der für das Überleben jeder Zelle essentiell ist [s309]. Dieser mehrstufige Vorgang beginnt bereits während der Proteinsynthese am Ribosom, wo die entstehende Polypeptidkette (nascent chain) aktiv mit dem Ribosomen-Austrittstunnel interagiert [s310]. Dieser frühe Prozess, auch als co-translationales Protein-Falten bezeichnet, ist der erste Schritt zur Bildung der korrekten dreidimensionalen Struktur.

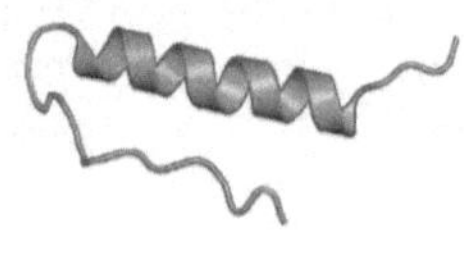

Polypeptidkette [i64]

Im endoplasmatischen Retikulum (ER) findet ein Großteil der Proteinfaltung und -assemblierung statt [s311]. Hier wirken molekulare Chaperone als "molekulare Assistenten", die die korrekte Faltung unterstützen und Fehlfaltungen verhindern. Ein praktisches Beispiel für die Bedeutung dieser Chaperone zeigt sich bei Hitzestress: Wenn wir Fieber haben, werden vermehrt Chaperone produziert, um die Proteinfaltung auch unter diesen erschwerten Bedingungen zu gewährleisten.

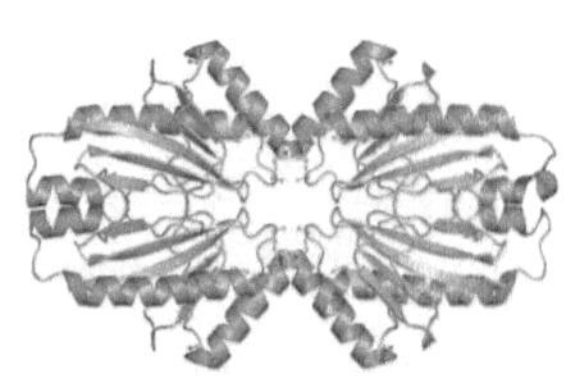

Chaperone [i65]

Die Qualitätskontrolle spielt eine zentrale Rolle beim Proteinaufbau. Die Unfolded Protein Response (UPR) ist dabei ein wichtiger Kontrollmechanismus [s311]. Wenn sich fehlgefaltete Proteine ansammeln, aktiviert die Zelle diesen Schutzmechanismus, ähnlich wie ein Qualitätsprüfer in einer Fabrik. Die UPR reduziert die Proteinsynthese, erhöht die Produktion von Chaperonen und leitet den Abbau fehlgefalteter Proteine ein. Nach der erfolgreichen Faltung durchlaufen viele Proteine posttranslationale Modifikationen (PTMs) [s312]. Bisher sind über 650 verschiedene Arten dieser "Nachbearbeitung" bekannt, wobei die Phosphorylierung eine der häufigsten ist. Diese Modifikationen sind vergleichbar mit der Endbearbeitung eines Produkts - sie verleihen den Proteinen zusätzliche Eigenschaften und Funktionen. Ein alltägliches Beispiel ist die Aktivierung von Enzymen durch Phosphorylierung beim Stoffwechsel nach einer Mahlzeit. Die Präzision des Proteinaufbaus ist beeindruckend: Jedes der tausenden verschiedenen Proteine muss nicht nur korrekt synthetisiert und gefaltet werden, sondern auch seinen richtigen Bestimmungsort in der Zelle erreichen [s309]. Fehler in diesem Prozess können schwerwiegende Folgen haben. Bei neurodegenerativen Erkrankungen wie Alzheimer beispielsweise führt die Ansammlung fehlgefalteter Proteine zu Zellschäden [s311]. Der Proteinaufbau passt sich auch an Stresssituationen an. Bei ER-Stress wird beispielsweise der eukaryotische Initiationsfaktor-2alpha phosphoryliert, was die Proteinsynthese reduziert [s313]. Dies ist vergleichbar mit einer Fabrik, die bei Überlastung die Produktion drosselt, um Qualitätsstandards aufrechtzuerhalten. Interessanterweise zeigen Studien, dass die Faltung von Proteinen unterschiedlich schnell erfolgen kann. Die Beta-Untereinheit der Luciferase beispielsweise faltet sich während der Synthese (cotranslational) schneller als bei einer Rückfaltung nach Denaturierung [s314]. Dies verdeutlicht die Effizienz der zellulären Maschinerie. Für unsere Gesundheit ist es wichtig, optimale Bedingungen für den Proteinaufbau zu schaffen. Dies können wir durch ausreichend Schlaf, regelmäßige Bewegung und ausgewogene Ernährung unterstützen. Besonders wichtig ist auch die Vermeidung von übermäßigem Stress, da dieser die Proteinhomöostase stören kann [s315].

Glossar

Chaperon

Spezielle Hilfsproteine, die wie molekulare Bodyguards andere Proteine vor Fehlfaltung schützen und bei Stress oder Schäden Reparaturaufgaben übernehmen.

Phosphorylierung

Chemischer Prozess, bei dem eine Phosphatgruppe an ein Molekül angehängt wird, wodurch dessen Aktivität, Funktion oder Struktur verändert werden kann.

Polypeptidkette

Eine lineare Kette aus miteinander verbundenen Aminosäuren, die die Grundstruktur eines Proteins bildet. Die Reihenfolge der Aminosäuren bestimmt die spätere Funktion des Proteins.

Proteinhomöostase

Das ausgewogene Gleichgewicht zwischen Proteinproduktion, -faltung, -abbau und -qualität in der Zelle, das für die Gesundheit der Zelle wichtig ist.

3. 2. 2. Lipidsynthese

ie Lipidsynthese ist ein fundamentaler Prozess in lebenden Organismen, der sowohl in eukaryotischen als auch prokaryotischen Zellen stattfindet [s316]. Dieser komplexe Vorgang ist essentiell für die Bildung von Zellmembranen, Energiespeichern und verschiedenen Signalmolekülen. Die Synthese beginnt mit der Bildung von <u>Malonyl-CoA</u> aus <u>Acetyl-CoA</u>, einem Schlüsselschritt, der durch das Enzym Acetyl-CoA-Carboxylase katalysiert wird [s316]. Interessanterweise haben Zellen zwei verschiedene Systeme zur Fettsäuresynthese entwickelt: eines im Zytoplasma und eines in den Mitochondrien [s317]. Diese duale Lokalisation ermöglicht eine präzise Kontrolle und Anpassung der Lipidsynthese an verschiedene zelluläre Bedürfnisse. In der Leber findet ein Großteil der Triacylglycerol-Synthese (TAG) statt, die besonders nach einer kohlenhydratreichen Mahlzeit aktiviert wird [s318]. Dies erklärt, warum eine übermäßige Aufnahme von Kohlenhydraten langfristig zur Entwicklung einer Fettleber beitragen kann. Um dies zu vermeiden, empfiehlt sich eine ausgewogene Ernährung mit einem moderaten Kohlenhydratanteil und regelmäßige körperliche Aktivität. Die Regulation der Lipidsynthese erfolgt hauptsächlich über die sterolregulierenden Element-bindenden Proteine (SREBPs) [s319]. Diese Transkriptionsfaktoren reagieren auf den Lipidstatus der Zelle und passen die Synthese entsprechend an. Bei Stoffwechselerkrankungen kann diese Regulation gestört sein, was zu einer übermäßigen Lipidproduktion führen kann [s320]. Besonders interessant ist die Rolle der Fettsäuresynthese in Krebszellen. Diese können den Prozess der <u>De-novo-Lipogenese</u> auch dann aktivieren, wenn ausreichend externe Lipidquellen vorhanden sind [s319]. Diese Erkenntnis hat zur Entwicklung neuer therapeutischer Ansätze geführt, die auf die Hemmung der Fettsäuresynthase abzielen, besonders bei der Behandlung von Leberkrebs [s320]. Ein faszinierendes Beispiel für die evolutionäre Anpassung der Lipidsynthese findet sich beim Malaria-Erreger. Dieser Parasit nutzt einen speziellen Typ-II-Weg zur Fettsäuresynthese in seinem <u>Apicoplast</u> [s321], was neue Möglichkeiten für die Entwicklung von Malaria-Medikamenten eröffnet. Die Speicherung von Lipiden erfolgt hauptsächlich in Form von Triglyceriden im Fettgewebe, wobei Insulin eine wichtige regulatorische Rolle spielt [s318]. Bei Bedarf können diese Speicher durch einen mehrstufigen Prozess, die Lipolyse, wieder mobilisiert werden. Für eine gesunde Stoffwechselfunktion ist es wichtig, regelmäßige Mahlzeiten einzuhalten und extreme Fastenperioden zu vermeiden, da dies die Balance zwischen Lipidsynthese und -abbau stören kann. Das mitochondriale Fettsäuresynthesesystem spielt eine überraschend wichtige Rolle bei der Assemblierung der Elektronentransportkette [s317]. Diese Erkenntnis unterstreicht die vielfältigen Funktionen der Lipidsynthese jenseits der reinen Energiespeicherung und Membranbildung. Für die Gesundheit ist es wichtig zu verstehen, dass die Lipidsynthese eng mit dem Kohlenhydratstoffwechsel verbunden ist. Eine übermäßige Zufuhr von raffinierten Kohlenhydraten kann zu einer verstärkten Lipogenese führen [s322]. Daher empfiehlt sich eine Ernährung reich an Ballaststoffen und komplexen Kohlenhydraten, kombiniert mit regelmäßiger körperlicher Aktivität, um eine ausgewogene Lipidsynthese zu unterstützen.

Acetyl-CoA

Ein energiereiches Molekül, das aus zwei Kohlenstoffatomen besteht und als universeller Acetylgruppenüberträger im Stoffwechsel fungiert. Es ist ein zentrales Verbindungsglied zwischen verschiedenen Stoffwechselwegen.

Apicoplast

Ein spezielles Zellorganell in bestimmten einzelligen Parasiten, das evolutionär von Algen abstammt und wichtige Stoffwechselprozesse beherbergt. Es besitzt eine eigene DNA und ist von vier Membranen umgeben.

De-novo-Lipogenese

Die Neusynthese von Fetten aus Nicht-Fett-Vorläufern, hauptsächlich aus Glucose. Dieser Prozess ermöglicht es Organismen, überschüssige Energie in Form von Fetten zu speichern.

Malonyl-CoA

Ein wichtiges Zwischenprodukt im Stoffwechsel, das aus drei Kohlenstoffatomen besteht und als aktivierte Form der Malonsäure dient. Es ist der zentrale Baustein für die Verlängerung von Fettsäureketten.

3. 2. 3. Gluconeogenese

ie gluconeogenese ist ein lebenswichtiger Stoffwechselweg, der es dem Körper ermöglicht, Glukose aus Nicht-Kohlenhydrat-Vorläufern zu synthetisieren [s323]. Dieser Prozess ist besonders während des Fastens oder bei kohlenhydratarmer Ernährung von entscheidender Bedeutung, um den Blutzuckerspiegel konstant zu halten [s324]. Der Prozess findet hauptsächlich in der Leber statt, aber auch die Nieren spielen eine wichtige Rolle - sie tragen etwa 40% zur Gluconeogenese während der post-absorptiven Phase bei [s323]. Dies erklärt, warum Patienten mit schweren Nierenerkrankungen häufig Probleme mit ihrer Blutzuckerregulation haben. Für gesunde Menschen bedeutet dies, dass eine ausreichende Flüssigkeitszufuhr und eine nierenfreundliche Ernährung nicht nur die Nierenfunktion, sondern auch den Glukosestoffwechsel unterstützen. Die Gluconeogenese wird durch ein komplexes Zusammenspiel von Hormonen reguliert. Besonders interessant ist die Rolle von Cortisol: Studien haben gezeigt, dass erhöhte Cortisolspiegel die Gluconeogenese deutlich steigern können - von normalerweise 35-40% auf bis zu 66% der gesamten Glukoseproduktion [s325]. Dies erklärt, warum chronischer Stress, der zu erhöhten Cortisolspiegeln führt, den Blutzuckerspiegel negativ beeinflussen kann. Ein praktischer Tipp hieraus: Stressmanagement durch regelmäßige Entspannungsübungen oder Meditation kann helfen, den Glukosestoffwechsel zu stabilisieren. Ein faszinierender Aspekt der Gluconeogenese ist ihre Anpassungsfähigkeit während des Fastens. Nach 16 Stunden ohne Nahrungsaufnahme steigt der Anteil der Gluconeogenese an der Glukoseproduktion auf 55-57% [s325]. Dies zeigt, wie effizient unser Körper alternative Energiequellen nutzen kann. Für Menschen, die Intervallfasten praktizieren, ist dies besonders relevant: Der Körper kann auch ohne Kohlenhydratzufuhr den Blutzucker durch Gluconeogenese aufrechterhalten. Die biochemischen Reaktionen der Gluconeogenese finden sowohl im Cytosol als auch in den Mitochondrien statt und umfassen elf enzymkatalysierte Schritte [s324]. Ein Schlüsselenzym ist die Phosphoenolpyruvat-Carboxykinase 1 (PCK1), deren Fehlfunktion zu schwerwiegenden Stoffwechselstörungen führen kann [s326]. Bei Patienten mit PCK1-Mangel beobachtet man eine verstärkte Fetteinlagerung in der Leber und Probleme mit dem Blutzuckerspiegel, was die zentrale Bedeutung dieses Enzyms unterstreicht.

Interessant ist auch die Rolle des Laktats in der Gluconeogenese. Bei Diabetikern ist die Rate der Gluconeogenese aus Laktat erhöht [s327], was neue Perspektiven für therapeutische Ansätze eröffnet. Für Sportler ist dies besonders relevant: Nach intensivem Training, wenn der Laktatspiegel erhöht ist, kann der Körper dieses Laktat über die Gluconeogenese wieder in Glukose umwandeln. Die Gluconeogenese benötigt spezielle Transportmechanismen, um Substrate zwischen verschiedenen Zellkompartimenten zu bewegen. Ein wichtiges Beispiel ist das Shuttle-System für den Transport von oxalacetat aus den Mitochondrien ins Zytosol [s324]. Diese komplexe Organisation erklärt, warum bestimmte Stoffwechselstörungen entstehen können, wenn diese Transportsysteme beeinträchtigt sind. Für die praktische Gesundheitsvorsorge lässt sich aus dem Verständnis der Gluconeogenese ableiten, dass eine ausgewogene Ernährung mit moderater Kohlenhydratzufuhr, regelmäßige körperliche Aktivität und Stressmanagement wichtige Faktoren sind, um einen gesunden Glukosestoffwechsel zu unterstützen. Besonders während längerer Fastenphasen oder bei kohlenhydratarmer Ernährung ist es wichtig, dem Körper ausreichend Proteine zur Verfügung zu stellen, da diese als Substrate für die Gluconeogenese dienen können.

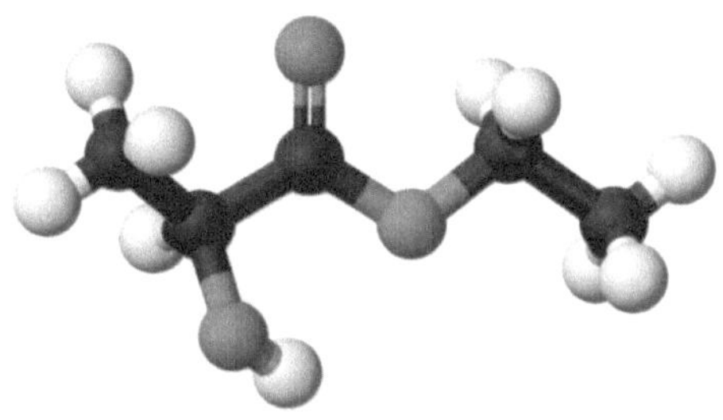

Laktat [i66]

3. 2. 4. Nukleotidsynthese

ie Nukleotidsynthese ist ein fundamentaler biochemischer Prozess, der für alle Lebewesen essentiell ist. Sie liefert die Bausteine für DNA und RNA und spielt eine zentrale Rolle bei der Zellsignalgebung, Enzymregulation und im Stoffwechsel [s328]. Dabei unterscheidet man zwei Hauptwege: die de novo Synthese und den Salvage-Weg. Die de novo Nukleotidsynthese ist der primäre Weg in sich teilenden Zellen [s328]. Bei der Purinsynthese beginnt der Prozess mit Ribose-5-phosphat, das zunächst zu Phosphoribosylpyrophosphat (PRPP) umgewandelt wird. Dieser energieaufwändige Prozess benötigt mehrere ATP-Moleküle [s328]. Ein faszinierender Aspekt ist die Rolle des Enzyms PRPS1, dessen Aktivität durch O-GlcNAcylierung reguliert wird. Diese Modifikation führt zur Bildung von Hexameren und reduziert die Rückkopplungshemmung durch Endprodukte [s329]. Für Menschen mit Stoffwechselerkrankungen ist dies besonders relevant, da Störungen der PRPS1-Funktion mit verschiedenen Krankheitsbildern wie dem Arts-Syndrom in Verbindung gebracht werden. Die Pyrimidinsynthese erfolgt in einem sechsstufigen Prozess, wobei L-Glutamin und L-Aspartat als Ausgangsstoffe dienen [s328]. Ein Schlüsselenzym ist hierbei CAD (Carbamoylphosphat-Synthetase 2, Aspartat-Transcarbamoylase und Dihydroorotase) [s330]. Interessanterweise nutzen einige Viren, wie das Kaposi-Sarkom-assoziierte Herpesvirus (KSHV), dieses Enzym, um die Wirtszelle zu ihren Gunsten zu manipulieren [s330]. Diese Erkenntnis eröffnet neue therapeutische Möglichkeiten bei viralen Erkrankungen.

Besonders bemerkenswert ist die enge Verbindung zur mitochondrialen Funktion. Die Synthese von Pyrimidinringen benötigt Glutamin und Asparagin aus mitochondrialen Stoffwechselwegen [s331]. Das mitochondriale Enzym Dihydroorotat-Dehydrogenase (DHODH) spielt dabei eine zentrale Rolle, indem es Dihydroorotat zu Orotat umwandelt [s331]. Für Menschen mit mitochondriopathien bedeutet dies, dass ihre Nukleotidsynthese beeinträchtigt sein könnte. In Krebszellen ist die Nukleotidsynthese oft dereguliert.

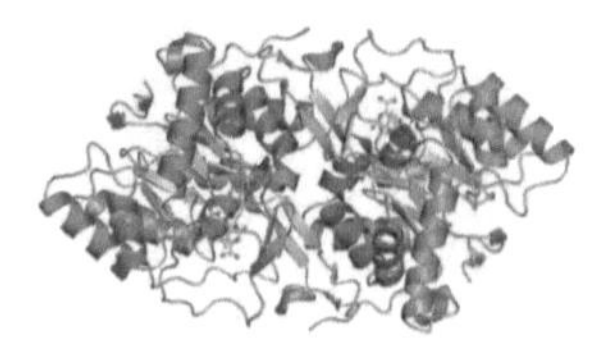

Dihydroorotat-Dehydrogenase
[i67]

Studien haben gezeigt, dass der Substratbedarf für die de novo Synthese zwischen verschiedenen Krebsarten erheblich variiert [s332]. Diese Erkenntnis ist klinisch relevant, da sie neue Ansatzpunkte für gezielte Therapien bietet. Ein Beispiel ist die Hemmung des Enzyms ADSL, die das Wachstum von Leberkrebszellen hemmt [s333]. Der Salvage-Weg stellt eine effiziente Alternative zur de novo Synthese dar, indem er freie Basen aus dem Abbau von Nukleinsäuren wiederverwertet [s328]. Ein kürzlich identifiziertes Transportprotein der Nucleobase:Cation-Symporter1-Familie ermöglicht den effizienten Transport von Purin- und Pyrimidinnukleobasen [s334]. Für Patienten mit Störungen der de novo Synthese könnte die Optimierung dieses Weges therapeutisch relevant sein. Für die praktische Gesundheitsvorsorge lässt sich ableiten, dass eine ausgewogene Ernährung mit ausreichend Protein (für Aminosäuren wie Glutamin und Aspartat) sowie B-Vitaminen wichtig ist, da diese als Cofaktoren in der Nukleotidsynthese dienen. Bei bestimmten Erkrankungen, die mit einer gestörten Nukleotidsynthese einhergehen, können spezifische Nahrungsergänzungsmittel oder Medikamente notwendig sein, die gezielt in diese Stoffwechselwege eingreifen.

3. 2. 5. Sekundärmetabolite

<u>Sekundärmetabolite</u> sind faszinierende Biomoleküle, die von Organismen nicht für grundlegende Lebensfunktionen, sondern für spezielle Zwecke produziert werden [s335]. Anders als Primärmetabolite wie Proteine oder Lipide, die für das unmittelbare Überleben essentiell sind, erfüllen sie oft hochspezialisierte Aufgaben in der chemischen Kommunikation oder Verteidigung. Die Biosynthese dieser Verbindungen erfolgt in der Regel durch spezielle <u>Gencluster</u>, sogenannte biosynthetische Gencluster (BGCs), die wie kleine molekulare Fabriken in den Genomen der Organismen organisiert sind [s335]. Ein besonders interessantes Beispiel ist die Produktion schwefelhaltiger Sekundärmetabolite. Hier nutzen die Organismen ausgeklügelte enzymatische Systeme wie radikale S-Adenosyl-L-Methionin (SAM)-Enzyme, die mithilfe von Eisen-Schwefel-Clustern hochreaktive Zwischenprodukte erzeugen können [s336]. Diese Chemie ermöglicht es den Organismen, Schwefelatome an Positionen einzubauen, die sonst chemisch schwer zugänglich wären. Die medizinische Bedeutung von Sekundärmetaboliten kann kaum überschätzt werden. Viele unserer wichtigsten Therapeutika stammen aus diesem Bereich [s337]. Ein praktisches Beispiel ist das Penicillin, ein Sekundärmetabolit des Schimmelpilzes Penicillium, der als Antibiotikum weltweite Bedeutung erlangt hat. Allerdings stellt die Entdeckung neuer Sekundärmetabolite die Forschung vor Herausforderungen, da viele der zugehörigen Gene unter normalen Laborbedingungen inaktiv sind [s337]. Besonders faszinierend ist die metabolische Ko-Regulation zwischen verschiedenen Biosynthesewegen für Sekundärmetabolite [s338]. Diese Koordination ermöglicht es Mikroorganismen, ihre Produktion optimal an Umweltbedingungen anzupassen. Ein bemerkenswerter Mechanismus wurde entdeckt, bei dem Zwischenprodukte eines Stoffwechselwegs als Signalmoleküle dienen, die einen anderen Weg aktivieren können [s338]. Dies zeigt die hochkomplexe chemische Kommunikation, die in mikrobiellen Gemeinschaften stattfindet. Die Erforschung von Sekundärmetaboliten hat durch moderne Methoden wie das <u>Genome Mining</u> neue Impulse erhalten [s335]. Diese bioinformatischen Ansätze ermöglichen es, potenzielle Biosynthesewege in Genomsequenzen vorherzusagen, noch bevor die entsprechenden Metabolite isoliert wurden. Besonders spannend ist die Anwendung dieser Techniken auf das menschliche Mikrobiom, wo noch viele unentdeckte Sekundärmetabolite vermutet werden. Für die praktische Anwendung bedeutet dies, dass wir durch gezieltes Screening nach bestimmten

genetischen Signaturen neue Wirkstoffe identifizieren können. Die funktionale Metagenomik hat sich dabei als besonders wertvoll erwiesen [s335]. Sie ermöglicht es, DNA aus Umweltproben zu extrahieren und in kultivierbaren Organismen zu exprimieren, wodurch auch Metabolite von nicht kultivierbaren Mikroorganismen zugänglich werden. Die Produktion von Sekundärmetaboliten kann durch verschiedene Umweltfaktoren beeinflusst werden. Für die biotechnologische Nutzung ist es daher wichtig, die optimalen Produktionsbedingungen zu kennen und einzustellen. Die Überexpression bestimmter Transkriptionsfaktoren hat sich als erfolgreiche Strategie erwiesen, um die Produktion spezifischer Metabolite zu steigern [s337]. Die Zukunft der Sekundärmetabolit-Forschung liegt in der Kombination verschiedener Ansätze, von der chemischen Ökologie bis zur in vitro Rekonstruktion biosynthetischer Wege [s335]. Dies verspricht nicht nur neue Therapeutika, sondern auch ein besseres Verständnis der komplexen chemischen Interaktionen in der Natur.

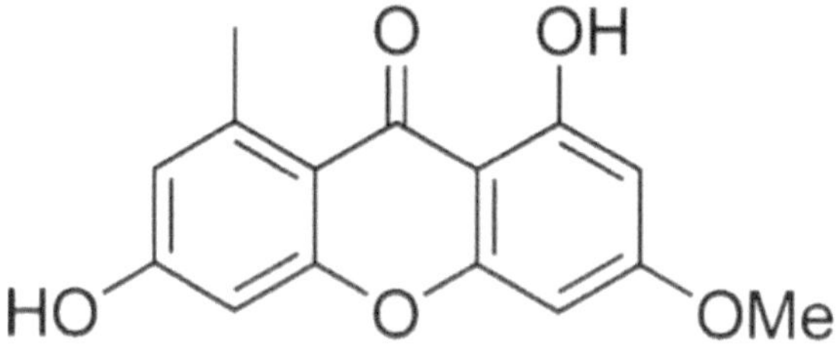

Sekundärmetabolite [i68]

Glossar

Gencluster

Eine Gruppe von Genen auf der DNA, die räumlich nahe beieinander liegen und oft gemeinsam reguliert werden. Sie codieren meist für Proteine, die in einem gemeinsamen biologischen Prozess zusammenarbeiten.

Genome Mining

Eine computergestützte Methode zur systematischen Durchsuchung von Genomsequenzen nach bestimmten genetischen Mustern. Dabei werden Algorithmen verwendet, die auf bekannten Genstrukturen basieren.

Sekundärmetabolit

Natürliche chemische Verbindungen, die von Organismen als 'Luxusprodukte' hergestellt werden. Sie dienen zum Beispiel als Lockstoffe, Duftstoffe oder Giftstoffe. Bekannte Beispiele sind Pflanzenfarbstoffe oder Gewürzinhaltsstoffe.

3. 2. 6. Zellwandkomponenten

ie Zellwand ist eine komplexe und dynamische Struktur, die für das Überleben und die Funktion von Zellen essentiell ist. Die molekulare Zusammensetzung der Zellwand variiert zwischen verschiedenen Organismen und ist entscheidend für deren Biologie und Ökologie [s339]. Bei Pflanzen spielen die Zellwände eine zentrale Rolle während des Wachstums und der Entwicklung. Sie machen den Großteil der neu synthetisierten terrestrischen Biomasse aus [s340]. Ein wichtiger Bestandteil pflanzlicher Zellwände ist Xyloglucan (XyG), dessen Biosynthese durch Cellulose Synthase Like-C (CSLC) Proteine erfolgt. Interessanterweise führt erst die Störung mehrerer CSLC-Gene zu einer signifikanten Reduktion der XyG-Spiegel [s341]. Dies zeigt die funktionelle Redundanz dieser Proteine - ein eleganter Sicherheitsmechanismus der Evolution. Bei Bakterien ist die Zellwand entscheidend für die Zellsteifigkeit und den Schutz gegen Umwelteinflüsse. Die Biosynthese des Peptidoglykans, einer Hauptkomponente bakterieller Zellwände, beginnt mit der Umwandlung von UDP-N-acetylglucosamin und durchläuft mehrere enzymatische Schritte [s342]. Ein faszinierender Aspekt ist die Koordination dieser Biosynthese durch Multiproteinkomplexe. Das Strukturprotein MreC spielt dabei eine Schlüsselrolle als molekulares Gerüst [s343]. Bei Pilzen besteht die Zellwand aus Matrixkomponenten, die in Gerüststrukturen aus faserigen Polysacchariden eingebettet sind. Besonders interessant ist, dass viele Zellwandkomponenten pathogener Pilze in Menschen und anderen Säugetieren nicht vorkommen. Dies macht sie zu idealen Zielen für antimykotische Therapien [s339]. Ein praktisches Beispiel: Bei der Entwicklung von Antimykotika konzentriert man sich oft auf Enzyme, die diese pilzspezifischen Zellwandkomponenten synthetisieren. Die LytR-Cps2A-Psr (LCP) Proteinfamilie wurde als wichtige Enzymgruppe identifiziert, die für die Synthese anionischer Polymere in der bakteriellen Zellwand verantwortlich ist. Diese Proteine sind mit dem MreB-Zytoskelett assoziiert, was eine koordinierte Einfügung der Hauptpolymere ermöglicht [s344]. Für Mikrobiologen und Mediziner ist dies besonders relevant, da diese Proteine potenzielle Angriffspunkte für neue Antibiotika darstellen. Die Forschung zur Zellwandbiosynthese hat sowohl grundlegende als auch angewandte Bedeutung. Aktuelle Arbeiten konzentrieren sich auf die Charakterisierung von Enzymen in der de novo Synthese wichtiger Vorläufer für pektische Polysaccharide [s340]. Ein praktisches Ziel ist die genetische Manipulation von Zellwandkomponenten für biotechnologische Anwendungen, beispielsweise zur Verbesserung von Nutzpflanzen oder zur Entwicklung neuer Biomaterialien. Besonders faszinierend sind die Notfallmechanismen, die bei Zellwandschäden aktiviert werden. Diese Reparatursysteme stabilisieren die Wand und verhindern katastrophale Brüche der Oberflächenintegrität [s339]. Für die medizinische Praxis bedeutet dies, dass Therapeutika, die auf die Zellwand zielen, diese Reparaturmechanismen berücksichtigen müssen.

Glossar

Antimykotika
Medikamente zur Behandlung von Pilzinfektionen, die spezifisch auf pilzliche Strukturen oder Stoffwechselwege abzielen.

MreB
Ein bakterielles Protein, das als Gerüst für die Zellform dient und dem Aktin in eukaryotischen Zellen ähnelt.

Peptidoglykan
Ein netzartiges Makromolekül aus Zuckern und Aminosäuren, das die äußere Hülle von Bakterien verstärkt und ihnen ihre charakteristische Form gibt.

Xyloglucan
Ein verzweigtes Polysaccharid, das aus einer Kette von Glucosemolekülen besteht und mit Xylose-Seitenketten versehen ist. Es verleiht der Zellwand Flexibilität und Stabilität.

Zusammenfassung - 3. 2. Biosynthese

- Die Proteinfaltung beginnt bereits während der Synthese am Ribosom durch Interaktion der entstehenden Kette mit dem Austrittstunnel
- Die Unfolded Protein Response (UPR) reduziert bei Stress die Proteinsynthese und erhöht die Chaperonproduktion
- Über 650 verschiedene posttranslationale Modifikationen sind bisher bekannt
- Die Beta-Untereinheit der Luciferase faltet sich während der Synthese schneller als bei Rückfaltung nach Denaturierung
- Die Lipidsynthese erfolgt parallel in Zytoplasma und Mitochondrien mit unterschiedlichen Systemen
- SREBPs regulieren die Lipidsynthese als Transkriptionsfaktoren abhängig vom Lipidstatus
- Krebszellen aktivieren die De-novo-Lipogenese auch bei ausreichend externen Lipidquellen
- Der Malaria-Erreger nutzt einen speziellen Typ-II-Weg zur Fettsäuresynthese im Apicoplast
- Die Nieren tragen etwa 40% zur Gluconeogenese in der postabsorptiven Phase bei
- Erhöhte Cortisolspiegel steigern die Gluconeogenese von 35-40% auf bis zu 66%
- Nach 16 Stunden Fasten steigt der Anteil der Gluconeogenese auf 55-57%
- Die Nukleotidsynthese ist eng mit der mitochondrialen Funktion verbunden durch DHODH
- Der Substratbedarf für die de novo Nukleotidsynthese variiert stark zwischen verschiedenen Krebsarten
- PRPS1-Aktivität wird durch O-GlcNAcylierung reguliert, die zur Hexamerbildung führt
- Sekundärmetabolite werden durch spezielle biosynthetische Gencluster (BGCs) produziert

- Radikale SAM-Enzyme ermöglichen den Einbau von Schwefelatomen an schwer zugänglichen Positionen
- Zwischenprodukte eines Stoffwechselwegs können als Signalmoleküle andere Wege aktivieren
- Die Störung mehrerer CSLC-Gene ist nötig für signifikante XyG-Reduktion in Pflanzenzellwänden
- LCP-Proteine sind mit dem MreB-Zytoskelett assoziiert für koordinierte Polymereinführung
- MreC fungiert als molekulares Gerüst bei der bakteriellen Zellwandsynthese

3. 3. Molekulare Mechanismen

ie molekularen Mechanismen in lebenden Zellen gehören zu den faszinierendsten Prozessen der Natur. Von der präzisen Reparatur geschädigter DNA über die komplexe Prozessierung von RNA-Molekülen bis hin zum kontrollierten Zelltod - wie schaffen es Zellen, diese vielfältigen Abläufe zu koordinieren? Welche Rolle spielen dabei die einzelnen Komponenten und wie greifen sie ineinander? Die Aufklärung dieser fundamentalen Mechanismen hat nicht nur unser Verständnis zellulärer Prozesse revolutioniert, sondern auch neue therapeutische Ansätze ermöglicht. Störungen in diesen Systemen können zu schwerwiegenden Erkrankungen führen - von Krebs bis hin zu neurodegenerativen Krankheiten. Die kontinuierliche Forschung auf diesem Gebiet, unterstützt durch moderne Technologien wie Kryo-Elektronenmikroskopie und hochauflösende Spektroskopie, enthüllt stetig neue Details dieser komplexen molekularen Maschinerie. Die folgenden Abschnitte beleuchten die wichtigsten molekularen Mechanismen im Detail und zeigen ihre Bedeutung für Gesundheit und Krankheit auf.

„Die DNA-Reparatur in unseren Zellen ist so effizient, dass weniger als 0,1% aller DNA-Schäden zu dauerhaften Mutationen führen."

3. 3. 1. DNA-Reparatur

ie DNA in unseren Zellen ist ständig verschiedenen Schädigungen ausgesetzt, sei es durch äußere Einflüsse wie UV-Strahlung oder durch zellinterne Prozesse wie reaktive Sauerstoffspezies [s345]. Um die Stabilität unseres Erbguts zu gewährleisten, haben Zellen ausgeklügelte Reparaturmechanismen entwickelt. Diese sind so effizient, dass weniger als 0,1% aller DNA-Schäden zu dauerhaften Mutationen führen [s346]. Die DNA-Reparatur erfolgt durch verschiedene spezialisierte Systeme, die jeweils auf bestimmte Schadensarten ausgerichtet sind. Ein wichtiger Mechanismus ist die <u>Basenexzisionsreparatur</u> (BER), die hauptsächlich oxidative Schäden beseitigt. Dabei erkennen spezielle Enzyme, die DNA-Glykosylasen, beschädigte Basen und entfernen diese [s345]. Ein anschauliches Beispiel für die Bedeutung der BER zeigt sich bei Rauchern: Der Tabakrauch führt zu vermehrten oxidativen DNA-Schäden, die das BER-System kontinuierlich reparieren muss - eine Überlastung dieses Systems kann zur Entstehung von Lungenkrebs beitragen. Die <u>Mismatch-Reparatur</u> (MMR) korrigiert Fehler, die während der DNA-Verdopplung entstehen [s347]. Wie ein aufmerksamer Korrekturleser überprüft das MMR-System den neu synthetisierten DNA-Strang auf Fehler. Ein Ausfall dieses Systems erhöht das Risiko für bestimmte Krebsarten erheblich, wie beim <u>Lynch-Syndrom</u> zu beobachten ist. Besonders gefährlich sind DNA-Doppelstrangbrüche, die durch zwei Hauptmechanismen repariert werden: die homologe Rekombination und die nicht-homologe Endverknüpfung [s346]. Diese Systeme sind besonders wichtig bei der Reparatur von Strahlenschäden. Menschen sollten daher übermäßige UV-Exposition vermeiden und bei Sonneneinstrahlung entsprechenden Schutz verwenden. Die Bedeutung der DNA-Reparatur zeigt sich eindrucksvoll bei der Erkrankung <u>Xeroderma pigmentosum</u>, bei der Betroffene aufgrund defekter Reparaturmechanismen extrem empfindlich auf UV-Strahlung reagieren [s346]. Diese Patienten müssen sich komplett vor Sonnenlicht schützen. Interessanterweise unterscheidet sich die DNA-Reparatur in Keimzellen von der in normalen Körperzellen. Während Körperzellen nur während der Lebensspanne eines Individuums funktionieren müssen, tragen Keimzellen das Erbgut über Generationen weiter [s348]. Dies erklärt die besonders strengen Qualitätskontrollen in der Keimbahn. Die Forschung hat gezeigt, dass DNA-Reparaturmechanismen auch bei der Krebstherapie eine wichtige Rolle spielen [s349]. Viele Chemotherapeutika wirken, indem sie

DNA-Schäden verursachen. Krebszellen können jedoch durch verstärkte DNA-Reparatur Resistenzen entwickeln. Neue Therapieansätze zielen daher darauf ab, die DNA-Reparatur gezielt zu hemmen, um Krebszellen empfindlicher für die Behandlung zu machen [s350]. Ein faszinierender Aspekt ist die Rolle der <u>Chromatin</u>struktur bei der DNA-Reparatur. Die DNA liegt nicht "nackt" vor, sondern ist in Chromatin verpackt, was die Zugänglichkeit für Reparaturenzyme beeinflusst [s350]. Dies erklärt, warum bestimmte DNA-Regionen unterschiedlich effizient repariert werden. Die Evolution hat diese Reparatursysteme über Millionen von Jahren optimiert. Bakterien verwenden bereits bis zu mehrere Prozent ihrer Genkapazität für DNA-Reparaturfunktionen [s346], was die fundamentale Bedeutung dieser Prozesse unterstreicht. Moderne Forschungsansätze nutzen dieses Wissen, um neue therapeutische Strategien zu entwickeln, die auf DNA-Reparaturwegen basieren [s350].

Glossar

Basenexzisionsreparatur
Ein biochemischer Prozess zur Reparatur kleiner DNA-Schäden, der
in fünf Schritten abläuft: Erkennung, Ausschneiden, Entfernung,
Neusynthese und Ligation

Chromatin
Ein Komplex aus DNA und speziellen Proteinen, der die genetische
Information im Zellkern kompakt verpackt und deren
Zugänglichkeit reguliert

Lynch-Syndrom
Eine erbliche Krebserkrankung, die durch Mutationen in den
Mismatch-Reparaturgenen verursacht wird und hauptsächlich zu
Darmkrebs in jungen Jahren führt

Mismatch-Reparatur
Ein zellulärer Korrekturmechanismus, der falsch gepaarte DNA-
Basen erkennt und austauscht, wobei spezielle MutS- und MutL-
Proteine eine Schlüsselrolle spielen

Xeroderma pigmentosum
Eine seltene Erbkrankheit, bei der die Nucleotidexzisionsreparatur
gestört ist, was zu extremer Lichtempfindlichkeit und früher
Hautalterung führt

3. 3. 2. RNA-Prozessierung

ie RNA-Prozessierung ist ein komplexer molekularer Vorgang, der essentiell für die korrekte Genexpression in unseren Zellen ist. Nach der Transkription durchläuft die prä-mRNA verschiedene Modifikationsschritte, bevor sie ihre endgültige Funktion erfüllen kann [s351]. Diese Prozessierung ist hochgradig reguliert und fehlerhafte Abläufe können zu schwerwiegenden Erkrankungen führen. Ein faszinierender Aspekt der RNA-Prozessierung ist die enorme Vielfalt an chemischen Modifikationen. Wissenschaftler haben über 170 verschiedene RNA-Modifikationen identifiziert [s352], wobei jede einzelne spezifische Funktionen in der Zelle erfüllt. Die häufigste Modifikation ist die N6-Methyladenosin (m6A)-Modifikation [s353], die wie ein molekularer Schalter funktioniert. Sie beeinflusst, wie schnell eine RNA abgebaut wird oder wie effizient sie in Proteine übersetzt wird. Ein anschauliches Beispiel hierfür findet sich in der Immunantwort: Wenn unser Körper eine Virusinfektion bekämpft, werden durch m6A-Modifikationen bestimmte Immungene schneller aktiviert [s354]. Die RNA-Prozessierung ermöglicht auch das alternative Spleißen, wodurch aus einem Gen verschiedene Proteinvarianten entstehen können [s354]. Dies ist vergleichbar mit einem Baukastensystem, bei dem aus denselben Grundbausteinen unterschiedliche Endprodukte zusammengesetzt werden können. Im menschlichen Immunsystem ist dies besonders wichtig: T-Zellen können durch alternatives Spleißen ihre Proteinausstattung schnell an verschiedene Bedrohungen anpassen. Eine weitere wichtige Modifikation ist das Adenosin-zu-Inosin (A-zu-I) Editing [s352]. Dieser Prozess kann die Bedeutung der genetischen Information verändern, ähnlich wie eine nachträgliche Korrektur in einem Text. Bei Krebserkrankungen ist diese Modifikation häufig gestört, was zur Entstehung abnormaler Proteine beitragen kann [s351]. Die 5-Methylcytosin (m5C) Modifikation spielt eine wichtige Rolle bei der Stabilisierung von RNA-Molekülen [s352]. Sie wirkt wie ein Schutzschild, der die RNA vor vorzeitigem Abbau bewahrt. Diese Modifikation ist besonders häufig am Startpunkt der Proteinsynthese zu finden, wo sie die Effizienz der Translation beeinflusst. Die Bedeutung der RNA-Prozessierung wird besonders deutlich bei der Entwicklung neuer Therapieansätze. Wissenschaftler arbeiten daran, die RNA-Modifikationsmaschinerie gezielt zu beeinflussen, um beispielsweise die Behandlung von Krebs zu verbessern [s355]. Ein vielversprechender Ansatz ist die Entwicklung von

Medikamenten, die spezifisch auf fehlregulierte RNA-Modifikationen abzielen.

Die Komplexität der RNA-Prozessierung zeigt sich auch in ihrer räumlichen und zeitlichen Regulation. Verschiedene <u>RNA-bindende Proteine (RBPs)</u> koordinieren diese Prozesse wie ein gut eingespieltes Orchester [s354]. Störungen in diesem komplexen Netzwerk können zu schwerwiegenden Erkrankungen führen, weshalb die Forschung intensiv an einem besseren Verständnis dieser Mechanismen arbeitet. Ein besonders aktives Forschungsgebiet ist die Rolle der RNA-

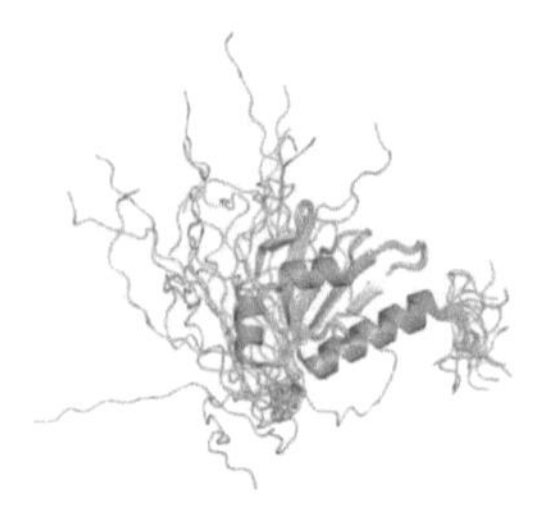

RNA-bindende Proteine [i69]

Prozessierung bei der Entstehung von Krebsstammzellen [s352]. Diese Zellen können sich selbst erneuern und sind oft für die Entstehung von Therapieresistenzen verantwortlich. Durch ein besseres Verständnis der RNA-Modifikationen in diesen Zellen hoffen Wissenschaftler, neue Wege zur Krebsbekämpfung zu finden. Die RNA-Prozessierung ist auch ein wichtiger Faktor bei der Anpassung von Zellen an Umweltbedingungen. Durch schnelle Änderungen in der RNA-Modifikation können Zellen ihre Genexpression an neue Situationen anpassen [s351]. Dies ist besonders wichtig bei der Stressantwort und der Immunabwehr.

Glossar

RNA-bindende Proteine

Spezielle Eiweißmoleküle, die sich an RNA-Moleküle heften können und deren Verarbeitung, Transport und Abbau steuern.

RNA-Prozessierung

Ein biochemischer Vorgang, bei dem die ursprüngliche RNA-Sequenz durch verschiedene Enzyme verändert wird, um ihre endgültige funktionelle Form zu erreichen.

3. 3. 3. Proteinfaltung

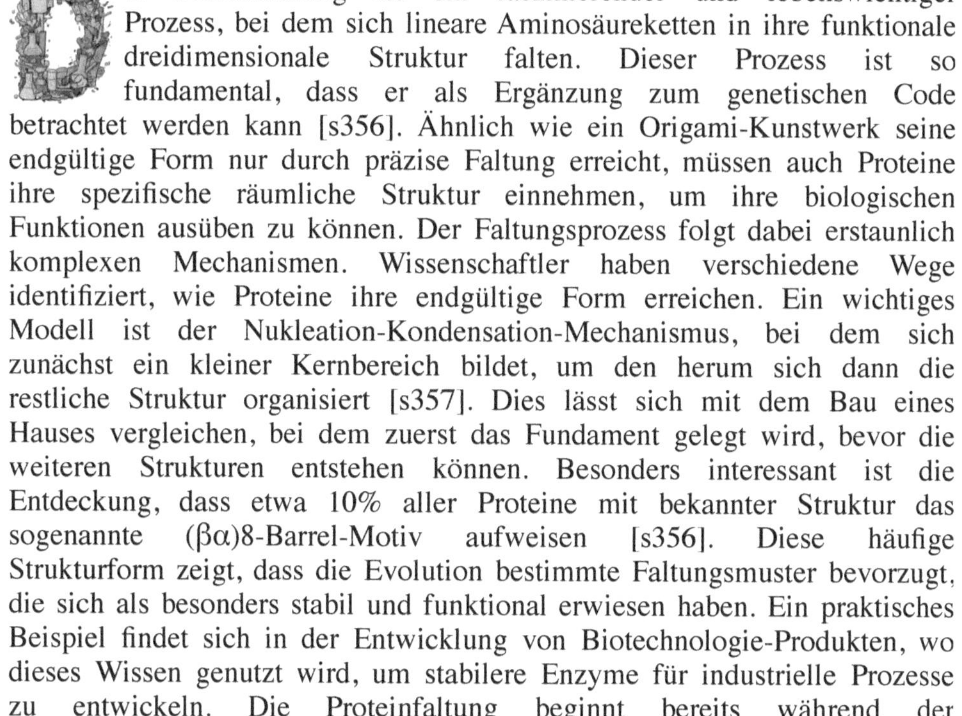

ie Proteinfaltung ist ein faszinierender und lebenswichtiger Prozess, bei dem sich lineare Aminosäureketten in ihre funktionale dreidimensionale Struktur falten. Dieser Prozess ist so fundamental, dass er als Ergänzung zum genetischen Code betrachtet werden kann [s356]. Ähnlich wie ein Origami-Kunstwerk seine endgültige Form nur durch präzise Faltung erreicht, müssen auch Proteine ihre spezifische räumliche Struktur einnehmen, um ihre biologischen Funktionen ausüben zu können. Der Faltungsprozess folgt dabei erstaunlich komplexen Mechanismen. Wissenschaftler haben verschiedene Wege identifiziert, wie Proteine ihre endgültige Form erreichen. Ein wichtiges Modell ist der Nukleation-Kondensation-Mechanismus, bei dem sich zunächst ein kleiner Kernbereich bildet, um den herum sich dann die restliche Struktur organisiert [s357]. Dies lässt sich mit dem Bau eines Hauses vergleichen, bei dem zuerst das Fundament gelegt wird, bevor die weiteren Strukturen entstehen können. Besonders interessant ist die Entdeckung, dass etwa 10% aller Proteine mit bekannter Struktur das sogenannte $(\beta\alpha)8$-Barrel-Motiv aufweisen [s356]. Diese häufige Strukturform zeigt, dass die Evolution bestimmte Faltungsmuster bevorzugt, die sich als besonders stabil und funktional erwiesen haben. Ein praktisches Beispiel findet sich in der Entwicklung von Biotechnologie-Produkten, wo dieses Wissen genutzt wird, um stabilere Enzyme für industrielle Prozesse zu entwickeln. Die Proteinfaltung beginnt bereits während der Proteinsynthese am <u>Ribosom</u>. Neueste Forschungen zeigen, dass die entstehende Proteinkette (nascent chain) im ribosomalen Ausgangstunnel eine extrem komprimierte Konformation einnimmt [s358]. Diese frühe Organisation ist entscheidend für die korrekte Faltung des gesamten Proteins.

Fehler in der Proteinfaltung können schwerwiegende Konsequenzen haben. Bei der Amyotrophen Lateralsklerose (ALS) beispielsweise führen Störungen in der Faltung des Proteins SOD1 zu dessen Aggregation, was zum Absterben von Nervenzellen beiträgt [s356]. Dies verdeutlicht die medizinische Relevanz der Proteinfaltungsforschung. Ein faszinierender Aspekt ist der Transport von Proteinen über Membranen, der durch das

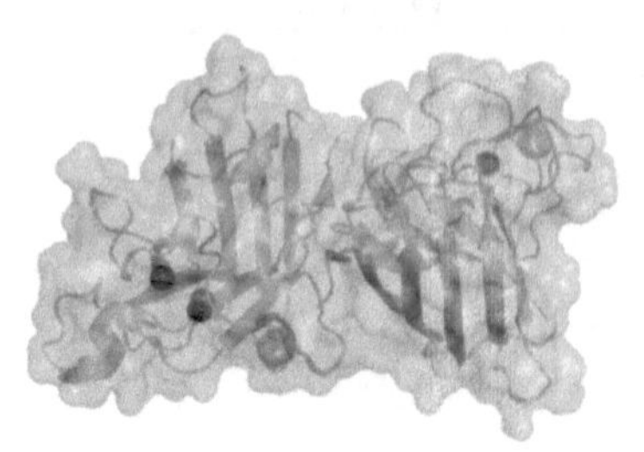

SOD1 [i70]

Sec-Translokon vermittelt wird [s359]. Dieser Prozess erfordert eine präzise Kontrolle der Proteinfaltung, da Proteine teilweise entfaltet werden müssen, um durch die Membranporen zu gelangen. ATP spielt dabei eine zentrale Rolle, indem es die Bildung von Sekundärstrukturen während des Transports reguliert.

Die Forschung nutzt verschiedene hochmoderne Techniken wie NMR-Spektroskopie, Röntgenkristallographie und Kryo-Elektronenmikroskopie, um die Faltungsprozesse zu untersuchen [s360]. Diese Methoden ermöglichen es, die komplexen Strukturveränderungen während der Faltung in atomarer Auflösung zu verfolgen. Ein praktisches Beispiel für die Bedeutung der Proteinfaltung findet sich bei der Entwicklung von Medikamenten. Viele moderne Therapeutika basieren auf Proteinen, deren korrekte Faltung für ihre Wirksamkeit essentiell ist. Pharmazeutische

Kryo-Elektronenmikroskopie
[i71]

Unternehmen investieren daher erhebliche Ressourcen in die Optimierung von Produktionsbedingungen, die eine korrekte Proteinfaltung gewährleisten. Die Erforschung der Proteinfaltung hat auch wichtige Implikationen für das Verständnis von Alterungsprozessen und neurodegenerativen Erkrankungen. Mit zunehmendem Alter nimmt die Effizienz der zellulären Qualitätskontrollsysteme ab, was zu einer Anhäufung fehlgefalteter Proteine führen kann. Präventive Maßnahmen wie regelmäßige körperliche Aktivität und eine ausgewogene Ernährung können diese Systeme unterstützen.

NMR-Spektroskopie

Eine Untersuchungsmethode, die magnetische Eigenschaften von Atomkernen nutzt, um die räumliche Struktur von Molekülen zu bestimmen. Sie ermöglicht die Analyse von Proteinen in ihrer natürlichen Umgebung.

Ribosom

Eine zelluläre Struktur aus RNA und Proteinen, die als molekulare Maschine für die Herstellung von Proteinen dient. Ribosomen lesen die genetische Information der mRNA ab und verknüpfen Aminosäuren zur Proteinkette.

Sec-Translokon

Ein Proteinkomplex in Zellmembranen, der wie eine Schleuse funktioniert und den Transport von Proteinen durch die Membran ermöglicht. Es erkennt spezifische Signalsequenzen der zu transportierenden Proteine.

3. 3. 4. Vesikeltransport

er vesikeltransport ist ein fundamentaler zellulärer Prozess, der den gerichteten Transport von Proteinen, Lipiden und anderen Molekülen zwischen verschiedenen Zellkompartimenten ermöglicht [s361]. Dieser hochkomplexe Mechanismus lässt sich mit einem ausgeklügelten Logistiksystem vergleichen, bei dem kleine membranumhüllte "Transportbehälter" - die Vesikel - Fracht gezielt von einem Ort zum anderen bringen. Die Zelle nutzt dabei zwei Haupttransportwege: Den exozytischen Weg, der Material aus dem Zellinneren nach außen befördert, und den endozytischen Weg, der Substanzen von außen ins Zellinnere transportiert [s361]. Ein anschauliches Beispiel für die Exozytose findet sich bei der Ausschüttung von Insulin aus den β-Zellen der Bauchspeicheldrüse: Nach einem Anstieg des Blutzuckerspiegels fusionieren insulinhaltige Vesikel mit der Zellmembran und setzen das Hormon frei. Die Bildung von Transportvesikeln erfolgt durch einen präzise regulierten Mechanismus. Über 50 verschiedene Proteine sind allein an der Bildung clathrin-beschichteter Vesikel beteiligt [s362]. Diese Proteine arbeiten wie ein gut eingespieltes Team zusammen: Während spezielle Beschichtungsproteine die Membran verformen, sorgen Adaptorproteine für die korrekte Auswahl der Fracht [s361].

Besonders faszinierend ist der Transport von Neurotransmittern in Nervenzellen. Die Vesikel werden im endoplasmatischen Retikulum hergestellt und über den Golgi-Apparat zu den Nervenenden transportiert [s363]. Dabei nutzen sie das Motorprotein Kinesin für den Transport in Richtung Synapse (anterograd) und Dynein für den Rücktransport zum Zellkörper (retrograd) [s363]. Dies ähnelt einem Einbahnstraßensystem mit verschiedenen Transportfahrzeugen für unterschiedliche

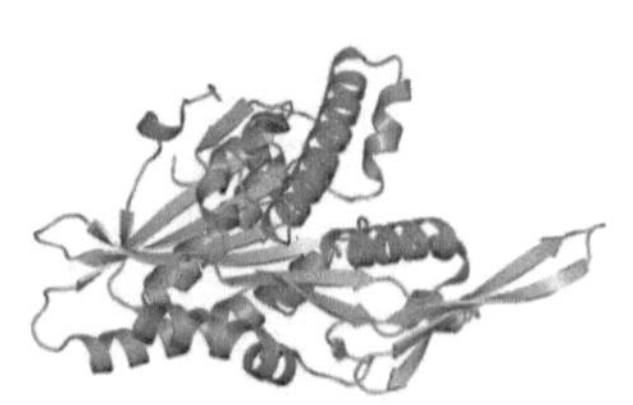

Kinesin [i72]

Richtungen. Die Freisetzung von Neurotransmittern an der Synapse ist ein extrem schneller Prozess. Innerhalb einer Millisekunde nach Eintreffen eines Aktionspotentials öffnen sich Calcium-Kanäle, was zur Fusion der Vesikel mit der Membran führt [s364]. Die Präzision dieses Vorgangs ist beeindruckend: Calcium-Sensorproteine koordinieren dabei verschiedene

Proteine der aktiven Zone, um eine effiziente Neurotransmitterfreisetzung zu gewährleisten [s364]. Nach der Freisetzung ihres Inhalts werden die Vesikelmembranen durch zwei verschiedene Mechanismen recycelt: Beim "Kiss-and-Run"-Mechanismus öffnet sich nur kurz eine kleine Pore, während bei der klassischen Endozytose die Vesikelmembran vollständig mit der Plasmamembran verschmilzt und später über clathrin-beschichtete Vertiefungen wieder aufgenommen wird [s363].

Ein wichtiger Regulator des Vesikeltransports sind kleine GTPasen, die wie molekulare Schalter funktionieren. Sie kontrollieren sowohl die heterotypische Fusion zwischen Vesikeln und frühen Endosomen als auch die homotypische Fusion zwischen Endosomen [s365]. Spezielle Effektor-Proteine fungieren dabei als "Tether", die wie molekulare Seile die Vesikelmembranen zusammenziehen [s365]. In polarisierten Zellen, wie beispielsweise Darmepithelzellen, existiert ein besonderer

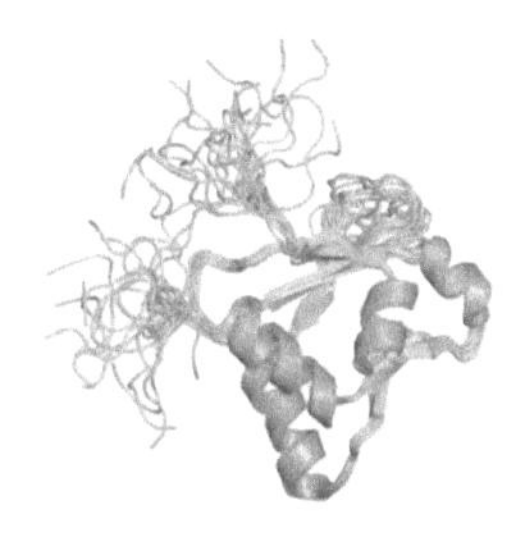

GTPasen [i73]

Transportmechanismus namens Transzytose [s361]. Hierbei werden Moleküle von einer Seite der Zelle zur anderen transportiert - ein Prozess, der beispielsweise für die Aufnahme von Antikörpern aus der Muttermilch beim Neugeborenen wichtig ist. Eine relativ neue Entdeckung ist die Rolle von Exosomen - speziellen Vesikeln, die von Zellen freigesetzt werden und in der Zellkommunikation eine wichtige Rolle spielen [s361]. Diese "Botschafter" zwischen Zellen transportieren nicht nur Proteine und Lipide, sondern auch RNA-Moleküle, die das Verhalten der Zielzellen beeinflussen können.

3. 3. 5. Ionenkanäle

onenkanäle sind hochspezialisierte Proteine in der Zellmembran, die den kontrollierten Transport von Ionen wie Natrium, Kalium oder Calcium durch die ansonsten undurchlässige Lipiddoppelschicht ermöglichen [s366]. Sie funktionieren wie molekulare Tore, die sich durch verschiedene Reize öffnen und schließen lassen und damit fundamentale Prozesse wie die neuronale Signalübertragung oder Muskelkontraktion steuern.

Die Struktur dieser Kanäle ist bemerkenswert komplex. Sie bestehen aus mehreren Untereinheiten, die zusammen eine wassergefüllte Pore durch die Membran bilden [s367]. Besonders faszinierend ist der Selektivitätsfilter - eine spezialisierte Region des Kanals, die mit erstaunlicher Präzision zwischen verschiedenen Ionenarten unterscheiden kann [s368]. Ein eindrucksvolles Beispiel dafür sind die spannungsgesteuerten Calcium-Kanäle (CaV), die Ca2+-Ionen

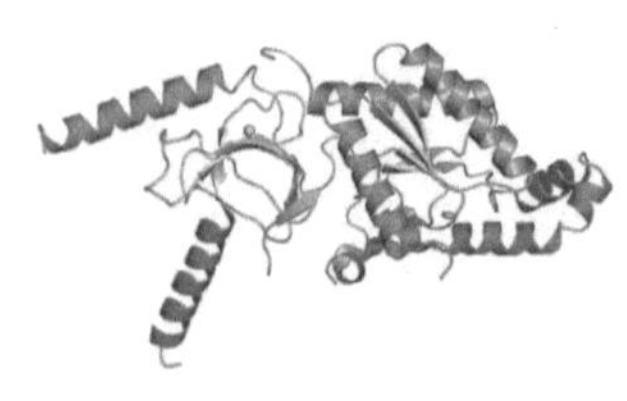

Calcium-Kanäle [i74]

etwa 1000-mal besser durchlassen als Na+-Ionen, obwohl beide Ionen ähnliche Größen haben. Die Regulation der Kanalaktivität erfolgt durch verschiedene Mechanismen. Spannungsgesteuerte Kanäle reagieren auf Änderungen des elektrischen Membranpotentials, während ligandengesteuerte Kanäle durch das Binden spezifischer Moleküle aktiviert werden [s369]. Diese präzise Kontrolle ist essentiell - ein anschauliches Beispiel findet sich bei der Herzmuskelkontraktion, wo Calcium-Kanäle nur zum richtigen Zeitpunkt öffnen dürfen, um einen koordinierten Herzschlag zu ermöglichen. Ein faszinierender Aspekt ist die Rolle des alternativen Spleißens bei der Bestimmung der Ionenselektivität. Wissenschaftler haben entdeckt, dass ein einzelnes CaV3-Gen durch alternatives Spleißen sowohl calcium- als auch natriumdurchlässige Kanäle erzeugen kann [s368]. Dies zeigt die erstaunliche Flexibilität der Natur bei der Anpassung von Kanalfunktionen an verschiedene physiologische Anforderungen. Die intrazelluläre Calcium-Signalübertragung verdient besondere Aufmerksamkeit. Spezielle Calcium-Freisetzungskanäle kontrollieren lokale und globale Calcium-Signale, die zahlreiche zelluläre Prozesse wie

Zellteilung, Bewegung und Genexpression steuern [s370]. Störungen dieser Signalwege können zu verschiedenen Krankheiten führen, weshalb sie wichtige Angriffspunkte für therapeutische Interventionen darstellen. Die Forschung an Ionenkanälen hat wichtige medizinische Implikationen. Mutationen in Kanalproteinen sind mit verschiedenen Erkrankungen verbunden, von Herzrhythmusstörungen bis zu neurodegenerativen Erkrankungen [s370]. Das vertiefte Verständnis der molekularen Mechanismen ermöglicht die Entwicklung gezielter Therapien. Ein Beispiel ist die Entwicklung von Medikamenten, die spezifisch bestimmte Kanaluntertypen ansprechen [s371]. Moderne Untersuchungsmethoden wie Kryo-Elektronenmikroskopie haben unser Verständnis der Kanalstruktur revolutioniert [s367]. Diese hochauflösenden Techniken, kombiniert mit elektrophysiologischen Messungen und molekularbiologischen Ansätzen, enthüllen kontinuierlich neue Details über die Funktionsweise dieser faszinierenden Molekülmaschinen [s372]. Die Evolution hat verschiedene Strategien entwickelt, um die Ionenselektivität zu optimieren. Interessanterweise wurde entdeckt, dass einige vermeintliche Ionenkanäle tatsächlich als Ionenpumpen fungieren, die aktiv Ionen gegen ihren Konzentrationsgradienten transportieren [s372]. Dies unterstreicht die Komplexität und Vielfalt der ionentransportierenden Systeme in biologischen Membranen.

Glossar

Kryo-Elektronenmikroskopie
Ein bildgebendes Verfahren, bei dem biologische Proben schockgefroren und unter sehr tiefen Temperaturen mit Elektronenstrahlen untersucht werden, um ihre Struktur in natürlichem Zustand zu erhalten

Ligand
Ein Molekül, das sich spezifisch an ein Zielprotein bindet und dadurch dessen Aktivität beeinflussen kann

3. 3. 6. Apoptose

ie Apoptose, auch programmierter Zelltod genannt, ist ein hochkomplexer und streng regulierter Prozess, der für die Entwicklung und Homöostase vielzelliger Organismen essentiell ist. Dieser Prozess ist durch charakteristische morphologische und molekulare Veränderungen gekennzeichnet, darunter Zellschrumpfung, Membranbläschenbildung, chromatin-Kondensation und nukleare Fragmentierung [s373].

Die Apoptose kann über zwei Hauptsignalwege eingeleitet werden: den extrinsischen (Todesrezeptor-vermittelten) und den intrinsischen (mitochondrialen) Weg. Der extrinsische Weg wird durch spezifische Liganden wie Tumornekrosefaktor-α, Fas-Ligand oder TRAIL aktiviert, die an Todesrezeptoren wie TNFR1, Fas oder DR4/5 binden. Diese Aktivierung führt zur Bildung eines "Death-Inducing Signaling Complex" (DISC), der Initiator-Caspasen rekrutiert [s374].

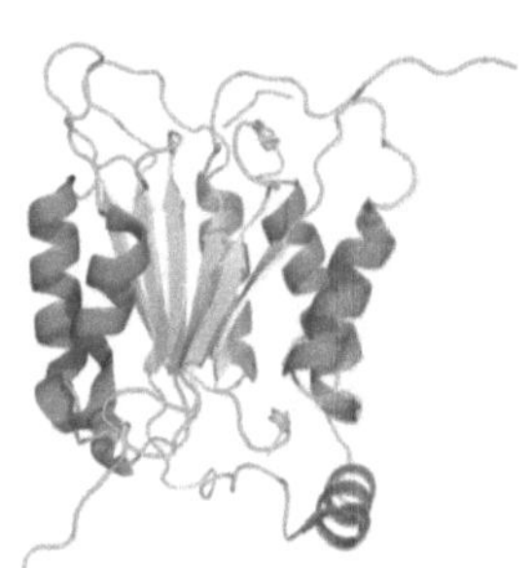

Caspasen [i75]

Der intrinsische Weg wird durch zellinterne Stresssignale ausgelöst und führt zur mitochondrialen äußeren Membranpermeabilisierung (MOMP). Dies resultiert in der Freisetzung von Cytochrom c ins Zytosol, was die Bildung des Apoptosoms und die Aktivierung von Caspasen zur Folge hat [s373]. Ein faszinierendes Beispiel für die Komplexität der Apoptoseregulation ist das PIDD-Protein, das als molekularer Schalter fungiert: Je nach Schwere des DNA-Schadens kann es entweder Überlebenssignale oder pro-apoptotische Signale initiieren [s375]. Interessanterweise wurde kürzlich ein Phänomen namens Anastasis entdeckt, bei dem Zellen sich von einer bereits eingeleiteten Apoptose erholen können, wenn der auslösende Faktor entfernt wird. Dies wird unter anderem durch Hitzeschockproteine (HSPs) vermittelt, die die Caspase-Aktivierung hemmen können [s373]. Diese Erkenntnis hat wichtige Implikationen für die Krebstherapie, da Anastasis zur Entwicklung von Therapieresistenzen beitragen kann. Eine weitere bedeutende Entdeckung ist die Methuosis, eine alternative Form des programmierten Zelltods. Im Gegensatz zur klassischen Apoptose ist sie durch massive Vakuolenbildung aus Makropinosomen gekennzeichnet. Diese Vakuolen zeigen Charakteristika später Endosomen und ihre Bildung wird durch Veränderungen in der Aktivität der Rab-GTPasen Rab5 und Rab7 reguliert [s376]. Die präzise Regulation der Apoptose ist für die Gesundheit essentiell. Störungen können zu verschiedenen pathologischen Zuständen führen - von Autoimmunerkrankungen bis hin zu Krebs. Ein praktisches Beispiel findet sich in der Entwicklung neuer Krebstherapien: Das Verständnis der MDM2-vermittelten p53-Degradation in anastatischen Zellen hat zur Entwicklung von MDM2-Inhibitoren geführt, die das Überleben von Krebszellen nach der Chemotherapie verhindern sollen [s373]. Die Forschung an Apoptose-Mechanismen hat auch wichtige praktische Konsequenzen für die personalisierte Medizin. Die Identifizierung spezifischer Störungen in Apoptose-Signalwegen bei verschiedenen Lymphomerkrankungen ermöglicht beispielsweise die Entwicklung gezielter Therapiestrategien [s374].

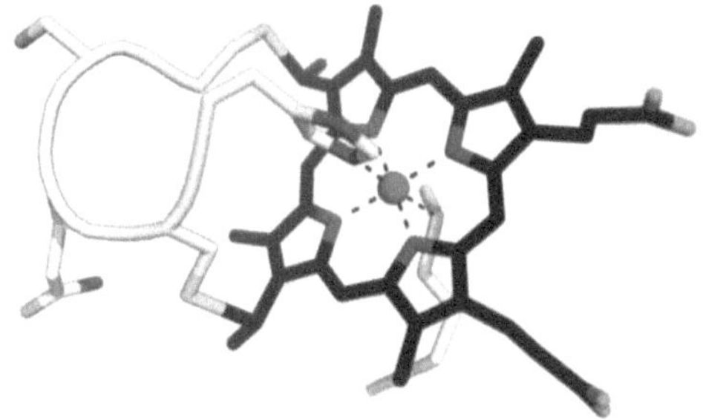

Cytochrom c [i76]

- DNA-Reparatur erfolgt durch spezialisierte Systeme mit einer Fehlerrate unter 0,1%
- Die Basenexzisionsreparatur (BER) beseitigt hauptsächlich oxidative DNA-Schäden durch DNA-Glykosidasen
- Die Mismatch-Reparatur korrigiert Replikationsfehler und ist beim Lynch-Syndrom gestört
- DNA-Reparatur in Keimzellen unterscheidet sich von der in Körperzellen durch strengere Qualitätskontrollen
- Die Chromatinstruktur beeinflusst die Zugänglichkeit für DNA-Reparaturenzyme
- Über 170 verschiedene RNA-Modifikationen wurden identifiziert, wobei N6-Methyladenosin die häufigste ist
- A-zu-I Editing kann die Bedeutung genetischer Information nachträglich verändern
- 5-Methylcytosin stabilisiert RNA-Moleküle und beeinflusst die Translationseffizienz
- RNA-bindende Proteine koordinieren die RNA-Prozessierung räumlich und zeitlich
- 10% aller Proteine mit bekannter Struktur weisen das $(\beta\alpha)8$-Barrel-Motiv auf
- Die entstehende Proteinkette nimmt im ribosomalen Ausgangstunnel eine komprimierte Konformation ein
- Das Sec-Translokon ermöglicht den Transport teilweise entfalteter Proteine durch Membranen
- Über 50 verschiedene Proteine sind an der Bildung clathrin-beschichteter Vesikel beteiligt
- Calcium-Sensorproteine koordinieren die Neurotransmitterfreisetzung innerhalb einer Millisekunde
- Exosomen transportieren nicht nur Proteine und Lipide, sondern auch RNA-Moleküle zwischen Zellen

- Spannungsgesteuerte Calcium-Kanäle (CaV) selektieren Ca2+-Ionen 1000-mal besser als Na+-Ionen

- Ein einzelnes CaV3-Gen kann durch alternatives Spleißen sowohl calcium- als auch natriumdurchlässige Kanäle erzeugen

- Das PIDD-Protein fungiert als molekularer Schalter zwischen Überlebenssignalen und Apoptose

- Anastasis ermöglicht Zellen die Erholung von bereits eingeleiteter Apoptose

- Methuosis ist durch massive Vakuolenbildung aus Makropinosomen gekennzeichnet

- Die oxidative Phosphorylierung in Mitochondrien erzeugt aus einem Glukosemolekül 32-34 ATP-Moleküle durch einen komplexen Prozess mit fünf Proteinkomplexen
- Die Elektronentransportkette pumpt Protonen in den Zwischenraum zwischen den Mitochondrienmembranen und erzeugt einen Konzentrationsgradienten
- Reaktive Sauerstoffspezies entstehen hauptsächlich an den Komplexen I und III der Elektronentransportkette
- Die ATP-Synthase besteht aus den Komponenten F0 und F1, wobei F0 einen Protonenkanal bildet und F1 die ATP-Synthese katalysiert
- Calcium kann die ATP-Produktion um mehr als das Zweifache steigern
- Die Substratkettenphosphorylierung ermöglicht ATP-Bildung ohne Sauerstoff durch direkte Übertragung von Phosphatgruppen
- Die Proteinfaltung beginnt bereits während der Synthese am Ribosom und wird durch molekulare Chaperone unterstützt
- Die Lipidsynthese erfolgt durch zwei verschiedene Systeme im Zytoplasma und in den Mitochondrien
- Die Gluconeogenese trägt während der post-absorptiven Phase zu 40% zur Glukoseproduktion in den Nieren bei
- Die Nukleotidsynthese erfolgt über den de novo Weg oder den energiesparenden Salvage-Weg
- Sekundärmetabolite werden durch spezielle Gencluster (BGCs) produziert und dienen der chemischen Kommunikation
- Die Zellwand von Bakterien enthält Peptidoglykan, dessen Biosynthese durch Multiproteinkomplexe koordiniert wird
- Die DNA-Reparatur ist so effizient, dass weniger als 0,1% aller DNA-Schäden zu dauerhaften Mutationen führen
- Über 170 verschiedene RNA-Modifikationen wurden identifiziert, wobei N6-Methyladenosin die häufigste ist

- Die Proteinfaltung folgt dem Nukleation-Kondensation-Mechanismus und etwa 10% aller Proteine weisen das $(\beta\alpha)8$-Barrel-Motiv auf

- Der Vesikeltransport wird durch über 50 verschiedene Proteine bei der Bildung clathrin-beschichteter Vesikel reguliert

- Spannungsgesteuerte Calcium-Kanäle können Ca2+-Ionen etwa 1000-mal besser durchlassen als Na+-Ionen

- Die Apoptose kann durch Anastasis rückgängig gemacht werden, was Implikationen für die Krebstherapie hat

- Diese fundamentalen biochemischen Prozesse bilden die Grundlage für das Verständnis ihrer praktischen Anwendungen in Medizin und Biotechnologie, die wir im nächsten Kapitel erkunden werden.

4. Angewandte Biochemie

ie angewandte Biochemie verbindet grundlegende molekularbiologische Erkenntnisse mit praktischen Anwendungen und hat sich zu einem der dynamischsten Felder der modernen Naturwissenschaften entwickelt. Von der präzisen Analytik über biotechnologische Verfahren bis hin zu industriellen Prozessen - die Bandbreite der Anwendungen wächst stetig. Doch wie lassen sich biochemische Prinzipien gezielt für medizinische, pharmazeutische oder technische Zwecke nutzen? Welche Rolle spielen dabei neue Technologien und Methoden? Die kontinuierliche Weiterentwicklung analytischer Verfahren ermöglicht immer tiefere Einblicke in biologische Systeme und deren Manipulation. Gleichzeitig stellen sich neue Herausforderungen: Wie können komplexe biochemische Prozesse kontrolliert und optimiert werden? Welche Grenzen gibt es bei der Übertragung vom Labor- in den industriellen Maßstab? Von der gezielten Proteinproduktion über die Entwicklung maßgeschneiderter Enzyme bis zur nachhaltigen Biokraftstoffherstellung - die angewandte Biochemie liefert innovative Lösungsansätze für zentrale gesellschaftliche Fragen. Ein faszinierendes Zusammenspiel aus wissenschaftlicher Erkenntnis und praktischer Umsetzung, das die Grundlage für zahlreiche zukunftsweisende Entwicklungen bildet.

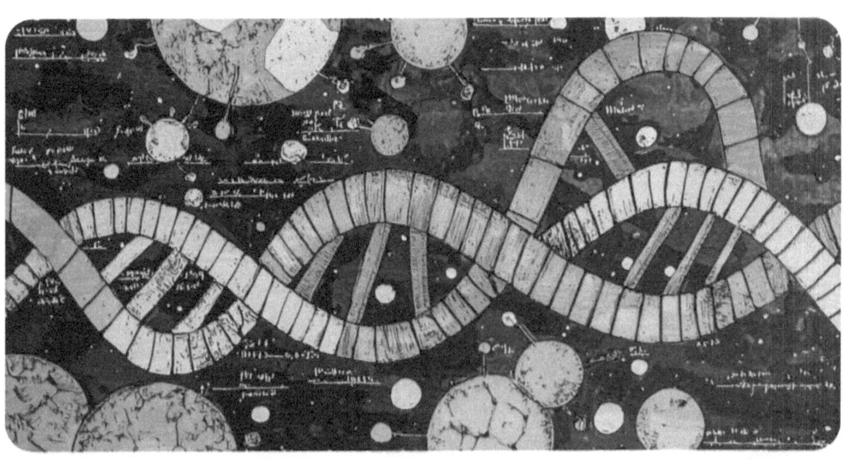

4. 1. Analytische Methoden

ie analytische Biochemie steht vor der Herausforderung, komplexe biologische Systeme präzise zu untersuchen und zu verstehen. Wie lassen sich einzelne Moleküle in einem Gemisch aus tausenden verschiedenen Substanzen nachweisen? Welche Methoden ermöglichen Einblicke in die dreidimensionale Struktur von Proteinen? Und wie können dynamische Prozesse in lebenden Zellen in Echtzeit verfolgt werden? Die modernen analytischen Methoden haben sich zu einem vielseitigen Instrumentarium entwickelt, das diese Fragen auf unterschiedlichen Ebenen beantwortet. Von der klassischen Chromatographie über hochauflösende spektroskopische Verfahren bis hin zu innovativen Sequenzierungstechniken steht heute ein breites Spektrum an Werkzeugen zur Verfügung. Dabei ergänzen sich die verschiedenen Methoden und ermöglichen durch ihre Kombination oft völlig neue Erkenntnisse. Die kontinuierliche Weiterentwicklung analytischer Techniken, gepaart mit der zunehmenden Automatisierung und Miniaturisierung, eröffnet der biochemischen Forschung ständig neue Möglichkeiten. Ein fundiertes Verständnis der methodischen Grundlagen und ihrer praktischen Anwendung ist dabei der Schlüssel für erfolgreiche analytische Arbeit.

„Die Chromatographie ermöglicht die Trennung und Analyse komplexer Stoffgemische durch unterschiedliche Wechselwirkungen der Komponenten mit einer stationären und einer mobilen Phase."

4. 1. 1. Chromatographie

ie Chromatographie ist eine der wichtigsten analytischen Methoden in der modernen Chemie und Biochemie. Sie ermöglicht die Trennung und Analyse komplexer Stoffgemische, indem sie die unterschiedlichen Wechselwirkungen der einzelnen Komponenten mit einer stationären und einer mobilen Phase ausnutzt [s377]. Diese Technik findet sich heute in nahezu jedem analytischen Labor und ist unverzichtbar für die Qualitätskontrolle in der pharmazeutischen Industrie, der Lebensmittelanalytik oder der Umweltanalytik. Das Grundprinzip der chromatographischen Trennung basiert auf der unterschiedlichen Verteilung der zu trennenden Substanzen zwischen zwei Phasen [s378]. Die stationäre Phase kann dabei verschiedene Formen annehmen - von einer festen Oberfläche wie Silicagel oder Aluminiumoxid bis hin zu speziellen Papieren oder Gelen. Die mobile Phase, auch Eluent genannt, transportiert die Probe durch das System und kann je nach Anwendung gasförmig oder flüssig sein. Eine der am häufigsten eingesetzten Varianten ist die Hochleistungsflüssigkeitschromatographie (HPLC). Bei dieser Methode wird die mobile Phase unter hohem Druck durch eine Säule gepumpt, die mit speziell beschichteten Partikeln gefüllt ist [s379]. Ein praktisches Beispiel hierfür ist die Analyse von Vitaminen in Multivitaminpräparaten: Die verschiedenen Vitamine werden aufgrund ihrer unterschiedlichen chemischen Eigenschaften zu verschiedenen Zeiten von der Säule eluiert und können so einzeln quantifiziert werden. Die Gaschromatographie (GC) stellt eine weitere wichtige Variante dar, bei der die mobile Phase gasförmig ist [s380]. Sie eignet sich besonders für die Analyse flüchtiger Verbindungen. Ein typischer GC-Aufbau besteht aus einem Einspritzport, einer temperaturkontrollierten Säule und einem Detektor. Als Trägergas wird häufig Helium verwendet, da es inert ist und eine optimale Trennung ermöglicht. In der Praxis wird die GC beispielsweise zur Analyse von Pestiziden in Lebensmitteln oder zur Bestimmung von Aromastoffprofilen eingesetzt. Eine besonders elegante Entwicklung ist die Affinity-Monolith-Chromatographie (AMC) [s381]. Diese Methode nutzt biologische Erkennungsmechanismen für hochselektive Trennungen. Die stationäre Phase besteht aus einem durchgängigen, porösen Material (Monolith), an das spezifische Bindungspartner wie Antikörper oder Enzyme gekoppelt sind. Dies ermöglicht beispielsweise die gezielte Isolation einzelner Proteine aus komplexen biologischen Proben. Die Festphasenextraktion (SPE) hat sich als wichtige Probenvorbereitung etabliert [s382]. Sie ermöglicht die Aufkonzentrierung von Analyten bei gleichzeitiger Abtrennung störender Matrixbestandteile. Ein praktisches Beispiel ist die Analyse von Arzneimittelrückständen in Wasserproben: Die Probe wird durch eine SPE-Kartusche geleitet, die gewünschten Analyten werden zurückgehalten und können anschließend mit einem geeigneten Lösungsmittel eluiert werden. Moderne Entwicklungen wie die Kopplung mit der Massenspektrometrie (LC-MS) [s383] oder chemilumineszente Detektionsmethoden [s384] erweitern die Möglichkeiten der chromatographischen Analyse stetig. Diese Techniken ermöglichen nicht nur die Trennung, sondern auch die eindeutige Identifizierung und hochempfindliche Quantifizierung der Analyten. Die Optimierung einer chromatographischen Methode erfordert die sorgfältige Abstimmung verschiedener Parameter wie Säulentemperatur, Fließgeschwindigkeit und Zusammensetzung der mobilen Phase [s383]. Die Van-Deemter-Gleichung liefert dabei wichtige theoretische Grundlagen für die Optimierung der Trennleistung.

Chromatographie [i77]

4. 1. 2. Spektroskopie

ie Spektroskopie ist eine fundamentale analytische Methode, die auf der Wechselwirkung zwischen elektromagnetischer Strahlung und Materie basiert [s385]. Sie ermöglicht uns tiefe Einblicke in die molekulare Struktur von Substanzen und hat sich zu einem unverzichtbaren Werkzeug in der modernen analytischen Chemie entwickelt. Die verschiedenen spektroskopischen Methoden nutzen unterschiedliche Bereiche des elektromagnetischen Spektrums. Die Infrarotspektroskopie (IR) beispielsweise untersucht die Schwingungen von Molekülen [s386]. In der Praxis wird diese Technik häufig zur Identifizierung funktioneller Gruppen in organischen Verbindungen eingesetzt. So lässt sich etwa bei der Qualitätskontrolle von Polymeren schnell und zuverlässig überprüfen, ob alle erwarteten chemischen Bindungen vorhanden sind. Die Kernspinresonanzspektroskopie (NMR) hat sich als besonders leistungsfähige Methode zur Strukturaufklärung etabliert [s387]. Sie basiert auf dem Verhalten von Atomkernen in einem starken Magnetfeld und liefert detaillierte Informationen über die chemische Umgebung einzelner Atome. In der pharmazeutischen Forschung wird die NMR-Spektroskopie routinemäßig eingesetzt, um die Struktur neuer Wirkstoffe zu bestätigen und deren Reinheit zu überprüfen. Die Raman-Spektroskopie ergänzt die IR-Spektroskopie ideal [s386]. Sie nutzt die inelastische Streuung von Licht an Molekülen und eignet sich besonders gut für die Analyse wässriger Lösungen. Ein praktisches Anwendungsbeispiel ist die Überwachung von Fermentationsprozessen in der Biotechnologie, wo die Raman-Spektroskopie die Online-Analyse von Metaboliten ermöglicht. In der forensischen Chemie spielen spektroskopische Methoden eine zentrale Rolle [s387]. Mit ihrer Hilfe können kleinste Spuren von Substanzen nachgewiesen und identifiziert werden. Bei der Untersuchung von Faserspuren etwa liefert die UV-VIS-Spektroskopie wertvolle Informationen über verwendete Farbstoffe. Die molekulare Fluoreszenzspektroskopie zeichnet sich durch ihre außerordentlich hohe Empfindlichkeit aus [s386]. Sie wird unter anderem in der Umweltanalytik eingesetzt, wo sie die Detektion von Schadstoffen im Spurenbereich ermöglicht. Ein typisches Anwendungsbeispiel ist die Überwachung von polyzyklischen aromatischen Kohlenwasserstoffen in Gewässern. Die atomare Spektroskopie ermöglicht die quantitative Bestimmung von Elementen [s388]. In der Praxis wird sie beispielsweise zur Analyse von Schwermetallen in Umweltproben oder zur

Qualitätskontrolle von Metalllegierungen eingesetzt. Die Atomabsorptionsspektroskopie (AAS) kann dabei Elementgehalte bis in den ppb-Bereich nachweisen. Moderne spektroskopische Methoden basieren oft auf der Kombination verschiedener Techniken [s389]. Die Kopplung von Spektroskopie und Mikroskopie etwa ermöglicht die ortsaufgelöste chemische Analyse von Oberflächen. Diese Technik findet Anwendung in der Materialforschung oder bei der Untersuchung biologischer Proben. Die theoretischen Grundlagen der Spektroskopie sind in der Quantenmechanik verankert [s385]. Das Franck-Condon-Prinzip und die Born-Oppenheimer-Näherung helfen dabei, die beobachteten Spektren zu interpretieren und Rückschlüsse auf die molekulare Struktur zu ziehen.

Spektroskopie [i78]

4. 1. 3. Elektrophorese

ie Elektrophorese ist eine leistungsfähige analytische Trenntechnik, die auf der Wanderung geladener Teilchen im elektrischen Feld basiert [s390]. Sie hat sich besonders in den Lebenswissenschaften als unverzichtbare Methode etabliert und spielt eine Schlüsselrolle in der Genomik, Proteomik und Metabolomik [s391]. Die Kapillarelektrophorese (CE) stellt dabei eine besonders hochauflösende Variante dar, die sich durch minimalen Probenverbrauch und hohe Effizienz auszeichnet [s392]. Ein großer Vorteil der CE ist, dass biologische Proben wie Urin oder Blutplasma oft direkt ohne aufwendige Vorbehandlung analysiert werden können [s393]. Dies macht die Methode besonders attraktiv für die klinische Diagnostik. So kann beispielsweise die Analyse von Proteinen im Blutserum wichtige Hinweise auf Krankheiten liefern. Die Optimierung einer CE-Methode erfordert die sorgfältige Abstimmung verschiedener Parameter. Entscheidend sind dabei der pH-Wert und die Konzentration des Puffers, die angelegte Spannung sowie die Dimensionen der Kapillare [s392]. In der Praxis hat sich bewährt, zunächst mit Standardpuffersystemen zu beginnen und diese dann schrittweise an die spezifische Anwendung anzupassen. Eine besonders innovative Entwicklung ist die Kopplung der CE mit der Massenspektrometrie (CE-MS) [s391]. Diese Kombination ermöglicht nicht nur die Trennung komplexer Stoffgemische, sondern auch deren eindeutige Identifizierung. In der Metabolomik werden damit beispielsweise Stoffwechselprodukte in biologischen Proben analysiert, was neue Einblicke in biochemische Prozesse ermöglicht. Die micellare elektrokinetische Chromatographie (MEKC) erweitert das Anwendungsspektrum der CE auch auf ungeladene Moleküle [s393]. Durch Zusatz von Tensiden bilden sich Micellen, die als "mobile stationäre Phase" fungieren und eine Trennung nach dem Verteilungsprinzip ermöglichen. Diese Technik wird erfolgreich in der pharmazeutischen Qualitätskontrolle eingesetzt. Ein wichtiger Trend in der CE-Entwicklung ist die Anwendung von Quality by Design (QbD) Prinzipien [s394]. Dieser systematische Ansatz beginnt mit der Definition des analytischen Ziels und nutzt statistische Versuchsplanung zur Methodenoptimierung. Dadurch wird nicht nur die Qualität der Analyse verbessert, sondern auch Zeit und Ressourcen werden effizienter genutzt.

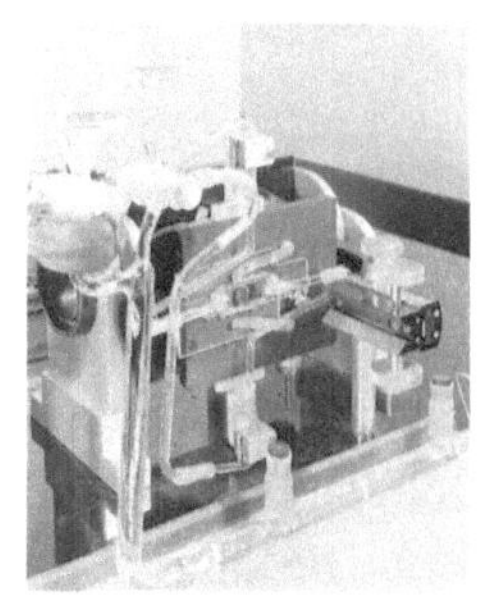

Elektrophorese [i79]

Die Miniaturisierung der Elektrophorese in mikrofluidischen Systemen eröffnet neue Möglichkeiten [s395]. Diese kompakten "Lab-on-a-Chip" Systeme ermöglichen schnelle Analysen mit minimalem Probenvolumen. In der Ausbildung werden sogar kostengünstige mikrofluidische Vorrichtungen eingesetzt, um die Grundprinzipien der Elektrophorese zu demonstrieren. Besonders wertvoll ist die CE für die Analyse von Glykanen und

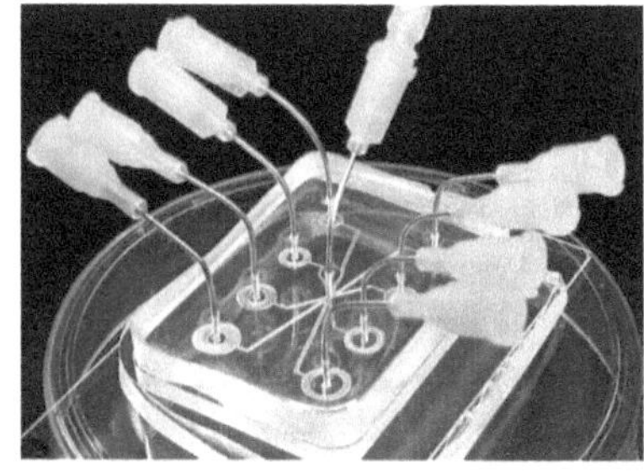

Lab-on-a-Chip [i80]

anderen komplexen Kohlenhydraten [s391]. Diese spielen eine wichtige Rolle in der Qualitätskontrolle von Biopharmazeutika. Die hohe Trennleistung der CE ermöglicht dabei die Unterscheidung selbst kleinster struktureller Unterschiede. Die kapillare isoelektrische Fokussierung (CIEF) und die kapillare Isotachophorese (CITP) sind weitere spezialisierte CE-Techniken [s393]. Die CIEF wird beispielsweise zur Analyse von Proteinen nach ihrem isoelektrischen Punkt eingesetzt, während die CITP eine hochkonzentrierende Trennung von Ionen ermöglicht.

4. 1. 4. Massenspektrometrie

ie massenspektrometrie (MS) hat sich als eine der leistungsfähigsten analytischen Methoden etabliert, die eine präzise Bestimmung der molekularen Masse und Struktur von Substanzen ermöglicht [s396]. Diese Technik basiert auf der Ionisierung von Molekülen und deren anschließender Trennung nach ihrem Masse-zu-Ladungs-Verhältnis (m/z). Ein besonders innovativer Bereich ist die Einzelzell-Massenspektrometrie, die es ermöglicht, den metabolischen Zustand einzelner Zellen zu analysieren [s397]. Diese hochauflösende Technik findet beispielsweise Anwendung in der Krebsforschung, wo sie hilft, die metabolischen Unterschiede zwischen gesunden und kranken Zellen zu verstehen. Dabei werden einzelne Zellen isoliert und deren molekulare Zusammensetzung detailliert untersucht.

Die Kopplung von Flüssigchromatographie und Massenspektrometrie (LC-MS) hat sich als besonders leistungsfähige Kombination erwiesen [s398]. Diese Methode ermöglicht die Analyse komplexer biologischer Proben mit hoher Empfindlichkeit und Genauigkeit. In der klinischen Diagnostik wird LC-MS beispielsweise zur Bestimmung von Medikamentenspiegeln im Blut eingesetzt, wobei durch den Einsatz von isotopenmarkierten Standards eine präzise

Flüssigchromatographie [i81]

Quantifizierung möglich ist. Eine wichtige Entwicklung ist die Ion Mobilitäts-Massenspektrometrie (IM-MS) [s399], die eine zusätzliche Trenndimension basierend auf der Molekülform einführt. Diese Technik ist besonders wertvoll bei der Analyse von Proteinen und deren Konformationsänderungen. In der pharmazeutischen Forschung wird IM-MS eingesetzt, um die dreidimensionale Struktur von Wirkstoffen und deren Interaktion mit Zielproteinen zu untersuchen. Die Wasserstoff/Deuterium-Austausch-Massenspektrometrie (HDX-MS) [s400] hat sich als wertvolles Werkzeug zur Untersuchung von Proteindynamiken etabliert. Diese Methode nutzt den Austausch von Wasserstoff gegen Deuterium in Proteinen, um Veränderungen in der Proteinstruktur zu verfolgen. Ein praktisches Anwendungsbeispiel ist die Untersuchung von Antikörper-Antigen-

Interaktionen in der Impfstoffentwicklung. Für die Analyse von Metaboliten und Lipiden haben sich fortgeschrittene Tandem-MS-Techniken bewährt [s401]. Diese ermöglichen eine detaillierte strukturelle Charakterisierung durch gezielte Fragmentierung der Moleküle. In der Metabolomik werden diese Methoden beispielsweise eingesetzt, um Stoffwechselwege in Organismen aufzuklären und Biomarker für Krankheiten zu identifizieren. Die Integration automatisierter Prozesse und optimierter Arbeitsabläufe [s402] hat die Effizienz und Durchsatzrate massenspektrometrischer Analysen deutlich erhöht. Moderne MS-Labore können heute Hunderte von Proben pro Tag analysieren, was besonders in der pharmazeutischen Qualitätskontrolle von großer Bedeutung ist. Die Laser-Mikrosonden-Massenspektrometrie [s397] ermöglicht die ortsaufgelöste chemische Analyse von Oberflächen mit hoher räumlicher Auflösung. Diese Technik findet Anwendung in der Materialforschung, aber auch bei der Untersuchung biologischer Gewebe, wo sie beispielsweise zur Analyse der Verteilung von Wirkstoffen in Organen eingesetzt wird.

4. 1. 5. Mikroskopie

ie Mikroskopie hat sich zu einer der wichtigsten analytischen Methoden in den Lebenswissenschaften entwickelt und ermöglicht detaillierte Einblicke in die Struktur und Funktion biologischer Systeme [s403]. Die verschiedenen mikroskopischen Techniken ergänzen sich dabei gegenseitig und erlauben die Untersuchung von Proben auf unterschiedlichen Größenskalen. Die Fluoreszenzmikroskopie hat sich als besonders leistungsfähige Methode etabliert, die es ermöglicht, spezifische Moleküle und Strukturen in biologischen Proben sichtbar zu machen [s403]. Ein praktisches Beispiel ist die Untersuchung von Proteindynamiken in lebenden Zellen: Durch die Markierung mit fluoreszierenden Proteinen lässt sich die Bewegung und Interaktion einzelner Moleküle in Echtzeit verfolgen. Die Entwicklung der Einzelmolekül-Fluoreszenzmikroskopie hat dabei neue Möglichkeiten für die Hochdurchsatz-Analyse eröffnet [s404].

Die Elektronenmikroskopie bietet noch höhere Auflösungen und ermöglicht detaillierte Strukturanalysen. Die Rasterelektronenmikroskopie (REM) eignet sich besonders gut für die Untersuchung von Oberflächenstrukturen [s405]. Bei der Probenvorbereitung für das REM ist besondere Sorgfalt erforderlich: Die Qualität der Bilder hängt entscheidend von der Fixierung, Nachfixierung und Dehydration ab. Für die Analyse biologischer Proben wie Pilzsporen hat sich beispielsweise eine schonende Lufttrocknung bewährt, die die natürliche Struktur besser erhält als aggressive chemische Fixierungsmethoden.

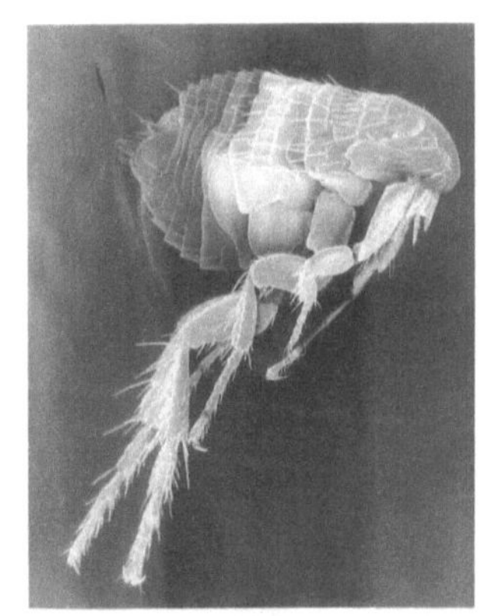

Rasterelektronenmikroskopie
[i82]

Die Transmissionselektronenmikroskopie (TEM) ermöglicht noch feinere Detailanalysen, ist aber in der Probenvorbereitung anspruchsvoller [s406]. Bei der Analyse von Fasern in biologischen Proben muss das umgebende Gewebe zunächst durch chemische Verdauung entfernt werden. Ein standardisiertes Protokoll für die Probenvorbereitung ist dabei essentiell für vergleichbare Ergebnisse. Eine innovative Entwicklung ist die Scanning-Elektrochemische Mikroskopie (SECM), die label-freies Imaging von dreidimensionalen Zellkulturen ermöglicht [s407]. Mit speziell entwickelten mikrofluidischen Systemen

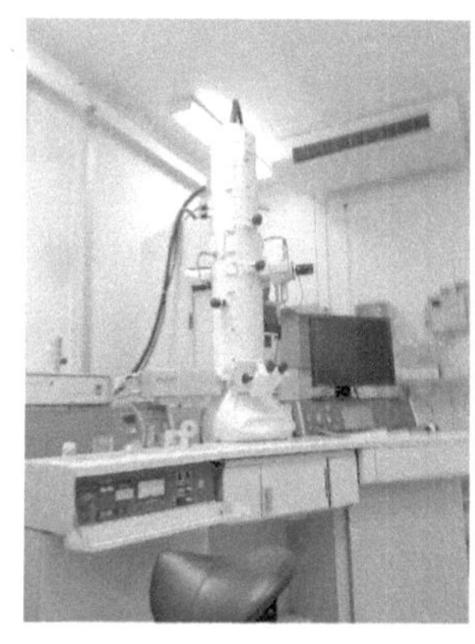

Transmissionselektronenmikros
[i83]

können beispielsweise Tumorsphäroide untersucht werden, was neue Einblicke in die Tumorbiologie ermöglicht.

Die Phasenkontrastmikroskopie hat sich als wertvolles Werkzeug für die Arbeitsplatzüberwachung etabliert [s406]. Sie ermöglicht die schnelle und zuverlässige Analyse von Faserbelastungen in der Luft, was für die Arbeitssicherheit von großer Bedeutung ist. Besonders spannend sind neue Entwicklungen in der nichtlinearen optischen Mikroskopie [s408]. Die zweite harmonische Generierung (SHG) und die Zwei-Photonen-angeregte Fluoreszenz ermöglichen beispielsweise die schnelle und nicht-destruktive Identifizierung von Proteinkristallen. Die quantitative polarisationsmodulierte SHG-Mikroskopie wurde dabei so weit optimiert, dass

Phasenkontrastmikroskopie
[i84]

Bildaufnahmen in Videogeschwindigkeit möglich sind. Die Integration verschiedener mikroskopischer Techniken mit anderen analytischen Methoden eröffnet dabei ständig neue Möglichkeiten. Die Kombination von Mikroskopie und spektroskopischen Methoden ermöglicht beispielsweise die ortsaufgelöste chemische Analyse von Oberflächen mit bisher unerreichter Präzision.

Glossar

Fluoreszenzmikroskopie

Eine mikroskopische Methode, bei der Moleküle durch Anregung mit Licht zum Leuchten gebracht werden. Die Probe wird mit speziellem Licht bestrahlt und die fluoreszierenden Moleküle senden dann Licht mit einer anderen Wellenlänge aus.

Rasterelektronenmikroskopie

Ein Verfahren, bei dem ein gebündelter Elektronenstrahl die Probe Punkt für Punkt abtastet. Die dabei entstehenden Wechselwirkungen werden in elektrische Signale umgewandelt und zu einem dreidimensionalen Bild verarbeitet.

Scanning-Elektrochemische Mikroskopie

Eine spezielle Mikroskopieart, die elektrochemische Aktivitäten an Oberflächen misst. Eine kleine Elektrode tastet dabei die Probe ab und erfasst lokale elektrochemische Reaktionen.

Transmissionselektronenmikroskopie

Eine Mikroskopietechnik, bei der Elektronen durch eine sehr dünne Probe geschickt werden. Die durchgelassenen Elektronen erzeugen ein zweidimensionales Abbild der inneren Struktur der Probe.

4. 1. 6. Sequenzierung

ie Sequenzierung hat sich zu einer Schlüsseltechnologie in der modernen Bioanalytik entwickelt und ermöglicht detaillierte Einblicke in die molekulare Struktur von DNA, RNA und Proteinen [s409]. Besonders die Nanopore-Sequenzierung hat in den letzten Jahren die genomische und transkriptomische Forschung revolutioniert, da sie die Analyse einzelner Moleküle in Echtzeit ermöglicht [s409]. Ein wichtiger Aspekt bei der Sequenzierung ist die sorgfältige Probenvorbereitung. Die Isolation und Reinigung von DNA/RNA erfordert dabei besondere Expertise [s410]. In der Praxis hat sich bewährt, standardisierte Protokolle zu verwenden und die Qualität der isolierten Nukleinsäuren vor der Sequenzierung gründlich zu überprüfen. Dabei spielen Parameter wie Reinheit und Fragmentlänge eine entscheidende Rolle für den Erfolg der nachfolgenden Analyse. Die Bisulfit-Sequenzierung hat sich als Goldstandard für die Analyse von DNA-Methylierungen etabliert [s411]. Diese epigenetischen Modifikationen spielen eine wichtige Rolle bei der Genregulation. In der praktischen Durchführung wird die DNA zunächst mit Bisulfit behandelt, wodurch unmethylierte Cytosine in Uracil umgewandelt werden, während methylierte Cytosine unverändert bleiben. Die anschließende Sequenzierung ermöglicht dann die präzise Kartierung der Methylierungsmuster. Eine besonders innovative Entwicklung ist die Kombination von Einzelmolekülfluoreszenzmikroskopie mit Sequenzierung [s412]. Diese Methode erlaubt es, zunächst die Dynamik einzelner fluoreszenzmarkierter Moleküle zu beobachten und anschließend deren Sequenz zu bestimmen. In der Praxis wird dafür eine spezielle Flusszelle verwendet, die nach der mikroskopischen Analyse direkt für die Sequenzierung eingesetzt werden kann. Die Analyse heterogener Zellpopulationen stellt dabei eine besondere Herausforderung dar [s413]. Um diesem Problem zu begegnen, wurden optimierte Protokolle zur Isolierung spezifischer Zellpopulationen entwickelt. Die Verwendung DNA-bindender Fluorochrome ermöglicht dabei die Separation lebender Zellen für nachfolgende Sequenzierungsanalysen. Für die Qualitätskontrolle in mikrobiologischen Laboren hat sich die Sequenzierung als unverzichtbares Werkzeug etabliert [s410]. Die schnelle und präzise Identifizierung von Kontaminanten ermöglicht dabei zeitnahe Korrekturmaßnahmen. In der Praxis werden dafür oft standardisierte Workflows eingesetzt, die von der Probennahme bis zur Datenauswertung optimiert sind. Die Integration bioinformatischer Methoden spielt eine zunehmend wichtige Rolle bei der Analyse von Sequenzierungsdaten [s411]. Maschinelles Lernen und künstliche Intelligenz helfen dabei, die wachsenden Datenmengen effizient zu verarbeiten und biologisch relevante Muster zu erkennen. Dies erfordert eine enge Zusammenarbeit zwischen Experimentatoren und Bioinformatikern. Die Entwicklung der Nanopore-Technologie eröffnet auch neue Möglichkeiten jenseits der klassischen DNA-Sequenzierung [s409]. Aktuelle Forschungen zielen darauf ab, diese Technik für die Analyse einzelner Proteine und für klinische Sensoranwendungen zu nutzen. Die verbesserte Kontrolle über das Poren-Design ermöglicht dabei immer präzisere Messungen. Die Chromosomenkonformationsfänger-Techniken (3C, 4C, 5C) haben unser Verständnis der dreidimensionalen Genomorganisation revolutioniert [s411]. Diese Methoden erlauben es, räumliche Interaktionen zwischen verschiedenen Genomregionen zu kartieren. In der praktischen Durchführung ist dabei besonders auf die sorgfältige Fixierung der <u>Chromatinstruktur</u> zu achten.

Bisulfit

Eine chemische Verbindung (HSO3-), die in der DNA-Analyse verwendet wird, um den Methylierungsstatus von DNA-Molekülen zu bestimmen.

Chromatinstruktur

Die komplexe Verpackungsform der DNA mit Proteinen im Zellkern, die verschiedene Organisationsebenen von der DNA-Doppelhelix bis zum kondensierten Chromosom umfasst.

Fluorochrom

Chemische Verbindungen, die nach Anregung mit Licht einer bestimmten Wellenlänge fluoreszieren und zur Markierung von Biomolekülen verwendet werden.

Nanopore

Ein winziger Kanal in einer Membran, durch den einzelne Moleküle gezogen werden können. Die dabei entstehenden elektrischen Signale ermöglichen die Identifizierung der Molekülstruktur.

4. 1. 7. Kristallographie

ie Kristallographie ist eine fundamentale analytische Methode zur Bestimmung der dreidimensionalen Struktur von kristallinen Materialien auf atomarer Ebene [s414]. Diese Technik nutzt die Beugung von Röntgenstrahlen, Neutronen oder Elektronen an den regelmäßig angeordneten Atomen eines Kristalls [s415]. Die Röntgenkristallographie hat sich dabei als umfassendste Methode etabliert und spielt eine Schlüsselrolle in vielen wissenschaftlichen Disziplinen [s414]. Das Grundprinzip basiert auf der Wechselwirkung von Röntgenstrahlen mit der Elektronenhülle der Atome im Kristallgitter, wobei die entstehenden Beugungsmuster Rückschlüsse auf die atomare Struktur ermöglichen [s416]. Ein praktisches Beispiel ist die Strukturaufklärung von Proteinen in der pharmazeutischen Forschung: Durch die präzise Kenntnis der dreidimensionalen Struktur können gezielt neue Wirkstoffe entwickelt werden.

Die Kristallisation ist dabei oft der kritische Schritt [s414]. In der Praxis haben sich verschiedene Techniken bewährt, wie die Dampfdiffusion oder das kontrollierte Verdampfen von Lösungsmitteln. Für empfindliche biologische Proben eignen sich besonders schonende Methoden wie die Mikrodialyse. Ein bedeutender Fortschritt ist die Entwicklung der Photokristallographie [s417]. Diese ermöglicht es, strukturelle Änderungen in Kristallen während lichtinduzierter Prozesse zu verfolgen. Dies ist besonders wertvoll für das Verständnis

Kristallisation [i85]

photochemischer Reaktionen und die Entwicklung photoaktiver Materialien. Die physikochemische Charakterisierung kristalliner Materialien erfordert oft die Kombination verschiedener analytischer Methoden [s418]. Neben der Röntgenbeugung kommen dabei auch spektroskopische Techniken und thermische Analysen zum Einsatz. Dies ermöglicht ein umfassendes Verständnis der Materialeigenschaften. Die Entwicklung der Direkten Methode hat die Strukturaufklärung revolutioniert [s419]. Diese mathematische Technik ermöglicht die schnelle und präzise Bestimmung komplexer Molekülstrukturen, was früher Monate oder Jahre in Anspruch nahm. In der pharmazeutischen Industrie wird sie routinemäßig zur Charakterisierung neuer Wirkstoffe eingesetzt. Moderne Entwicklungen wie die serielle Femtosekunden-Röntgenkristallographie (smSFX) ermöglichen die Analyse von Mikrokristallen unter nahezu physiologischen Bedingungen [s420]. Diese "diffraktieren vor der Zerstörung"-Strategie eröffnet neue Möglichkeiten für die Untersuchung strahlungsempfindlicher Materialien. Die Ausbildung in der Kristallographie erfordert ein tiefes Verständnis verschiedener Aspekte [s415]. Neben den theoretischen Grundlagen sind praktische Erfahrungen in der Kristallzüchtung, Datensammlung und -auswertung essentiell. Moderne Software-Tools unterstützen dabei die Analyse der komplexen Beugungsdaten.

Die XRD-Technik (X-Ray Diffraction) ist besonders wertvoll für die Materialcharakterisierung [s421]. Sie liefert detaillierte Informationen über Kristallsymmetrie, Gitterparameter und Phasenzusammensetzung. In der Qualitätskontrolle wird sie beispielsweise zur Überprüfung der Kristallinität von pharmazeutischen Wirkstoffen eingesetzt.

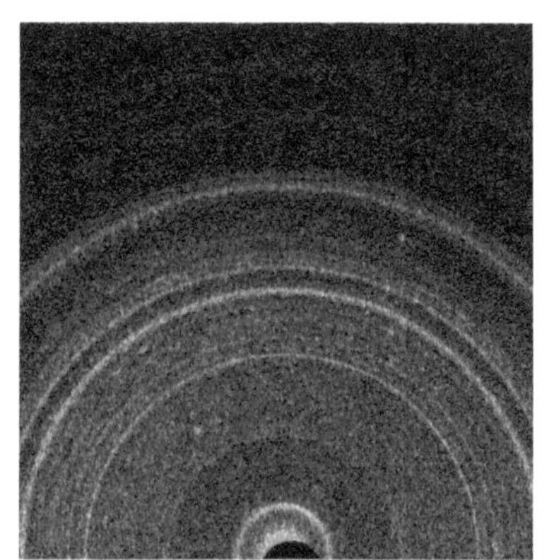

XRD [i86]

Zusammenfassung - 4. 1. Analytische Methoden

- Chromatographie ermöglicht Trennung komplexer Stoffgemische durch Wechselwirkung mit stationärer und mobiler Phase
- HPLC nutzt hohen Druck und speziell beschichtete Partikel für präzise Analysen
- Gaschromatographie eignet sich für flüchtige Verbindungen mit Helium als inertem Trägergas
- Affinity-Monolith-Chromatographie verwendet biologische Erkennungsmechanismen für hochselektive Trennungen
- Infrarotspektroskopie analysiert Molekülschwingungen zur Identifizierung funktioneller Gruppen
- NMR liefert detaillierte Strukturinformationen durch Analyse von Atomkernen im Magnetfeld
- Raman-Spektroskopie ermöglicht Online-Analyse von Metaboliten in wässrigen Lösungen
- Atomabsorptionsspektroskopie weist Elementgehalte bis in den ppb-Bereich nach
- Kapillarelektrophorese zeichnet sich durch minimalen Probenverbrauch und hohe Effizienz aus
- Micellare elektrokinetische Chromatographie ermöglicht Trennung ungeladener Moleküle durch Micellenbildung
- Ion Mobilitäts-Massenspektrometrie führt zusätzliche Trenndimension basierend auf Molekülform ein
- HDX-MS nutzt Wasserstoff/Deuterium-Austausch zur Analyse von Proteindynamiken
- Einzelzell-Massenspektrometrie analysiert metabolische Zustände individueller Zellen
- Fluoreszenzmikroskopie ermöglicht Verfolgung von Proteindynamiken in Echtzeit
- Scanning-Elektrochemische Mikroskopie erlaubt label-freies Imaging von 3D-Zellkulturen

- Nanopore-Sequenzierung ermöglicht Einzelmolekül-Analyse in Echtzeit
- Bisulfit-Sequenzierung dient als Goldstandard für DNA-Methylierungsanalysen
- Photokristallographie verfolgt strukturelle Änderungen während lichtinduzierter Prozesse
- Serielle Femtosekunden-Röntgenkristallographie analysiert Mikrokristalle unter physiologischen Bedingungen
- XRD liefert präzise Informationen über Kristallsymmetrie und Gitterparameter

4. 2. Biotechnologie

ie Biotechnologie steht an der Schnittstelle zwischen Biologie, Chemie und Ingenieurwissenschaften und entwickelt sich mit atemberaubender Geschwindigkeit weiter. Doch wie gelingt es, biologische Systeme für technische Anwendungen nutzbar zu machen? Welche Rolle spielen dabei moderne Methoden wie CRISPR, Proteomics oder künstliche Intelligenz? Die Komplexität lebender Systeme stellt Wissenschaftler vor besondere Herausforderungen: Von der gezielten Genmanipulation über die Expression spezifischer Proteine bis hin zur Entwicklung maßgeschneiderter Bioreaktoren müssen zahlreiche Parameter präzise aufeinander abgestimmt werden. Gleichzeitig eröffnen sich durch das wachsende Verständnis biologischer Prozesse völlig neue Möglichkeiten für nachhaltige Produktionsverfahren und innovative Therapieansätze. Die folgenden Abschnitte beleuchten die wichtigsten Teilgebiete der modernen Biotechnologie - von den molekularen Grundlagen bis zu den technischen Anwendungen. Dabei wird deutlich, wie das Zusammenspiel verschiedener Disziplinen zu Durchbrüchen führt, die noch vor wenigen Jahren undenkbar schienen.

„Die Gentechnik ermöglicht im Gegensatz zur klassischen Züchtung eine präzise Auswahl spezifischer Gene, wodurch unerwünschte Eigenschaften nicht übertragen werden.“

4. 2. 1. Gentechnik

ie Gentechnik hat sich seit den 1990er Jahren zu einem der faszinierendsten und gleichzeitig kontroversesten Bereiche der modernen Biotechnologie entwickelt [s422]. Als Teilgebiet der Biotechnologie ermöglicht sie gezielte Eingriffe in das Erbgut von Organismen, wobei einzelne DNA-Abschnitte verändert, gelöscht oder neu eingebaut werden können [s423]. Im Gegensatz zur klassischen Züchtung, bei der auch unerwünschte Eigenschaften übertragen werden können, erlaubt die Gentechnik eine präzise Auswahl spezifischer Gene [s424]. Dies geschieht durch verschiedene Methoden, wobei moderne Werkzeuge wie <u>Zinkfinger-Nukleasen</u> (ZFN) eine besonders exakte Genommodifikation ermöglichen [s425]. Diese Technologie hat bereits zur Entwicklung von herbizidtoleranten Pflanzen und zahlreichen anderen Anwendungen geführt. Ein Hauptanwendungsgebiet der Gentechnik liegt in der Landwirtschaft. Hier werden genetisch veränderte Organismen (GVO) entwickelt, die beispielsweise resistenter gegen Schädlinge oder Krankheiten sind [s426]. Ein praktisches Beispiel ist der <u>Bt-Mais</u>, der durch ein eingeführtes Bakteriengen ein für bestimmte Schadinsekten giftiges Protein produziert. Dies reduziert den Pestizideinsatz erheblich und schont damit die Umwelt [s424].

Die Sicherheitsbewertung von GVO erfolgt deutlich strenger als bei konventionellen Produkten [s426]. Behörden prüfen dabei verschiedene Aspekte wie:
- Direkte gesundheitliche Auswirkungen
- Allergenes Potenzial
- Stabilität der eingefügten Gene
- Mögliche unbeabsichtigte Effekte
- Umweltauswirkungen

Im medizinischen Bereich eröffnet die Gentechnik neue Therapiemöglichkeiten [s423]. So werden beispielsweise Insulin für Diabetiker oder spezifische Krebstherapien mithilfe gentechnisch veränderter Organismen hergestellt. Ein konkretes Beispiel ist die Produktion von humanem Insulin durch genetisch modifizierte Bakterien, die das menschliche Insulingen tragen.

Die Biotechnologie trägt auch zur Verbesserung der weltweiten Nahrungsmittelversorgung bei [s427]. Gentechnisch veränderte Pflanzen können:
- Höhere Erträge liefern
- Verbesserte Nährwerte aufweisen
- Längere Haltbarkeit besitzen
- Ressourceneffizienter sein

Trotz dieser Vorteile gibt es auch Bedenken in der Öffentlichkeit [s424]. Diese betreffen vor allem:
- Mögliche allergische Reaktionen
- Unerwartete genetische Veränderungen
- Unbeabsichtigte Genübertragungen auf andere Organismen

Um diese Bedenken zu adressieren, wurde 2017 eine umfassende Bildungsinitiative gestartet [s422]. Diese stellt wissenschaftlich fundierte Informationen für Verbraucher, Gesundheitsfachkräfte und Pädagogen bereit.

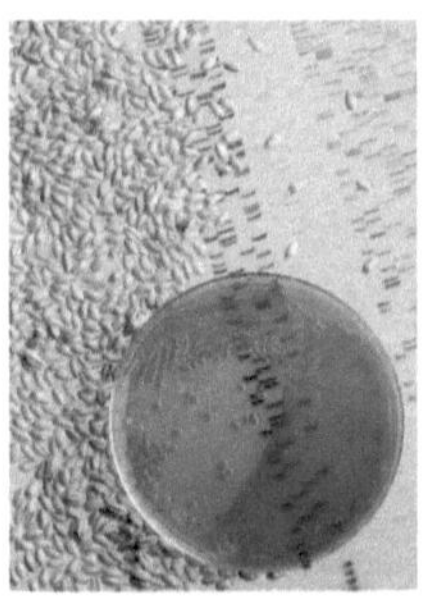

Gentechnik [i87]

Die Zukunft der Gentechnik liegt in der <u>Synthesebio</u>, einer Weiterentwicklung der modernen Biotechnologie [s428]. Diese kombiniert Wissenschaft, Technologie und Ingenieurwesen, um noch präzisere Modifikationen von genetischem Material zu ermöglichen. Mit zunehmenden genomischen Informationen und verbesserten Werkzeugen zur Genommodifikation betreten wir eine neue Ära der Pflanzenbiotechnologie [s425]. Für Verbraucher ist es wichtig zu wissen, dass gentechnisch veränderte Produkte gekennzeichnet werden müssen, wenn sie sich wesentlich von konventionellen Produkten unterscheiden [s427]. Dies ermöglicht eine informierte Kaufentscheidung. Die Codex Alimentarius-Kommission hat internationale Richtlinien für die Sicherheitsbewertung entwickelt, die weltweit als Referenz dienen [s426].

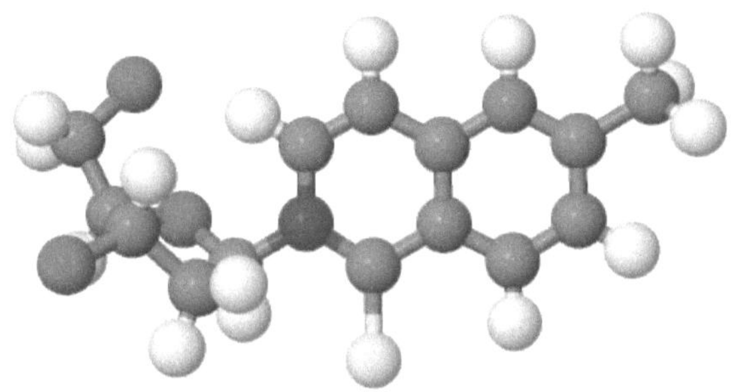

Synthesebio [i88]

Glossar

Bt-Mais

Eine Maissorte, die nach dem Bodenbakterium Bacillus thuringiensis benannt wurde. Das eingeführte Gen stammt aus diesem Bakterium und codiert für ein kristallines Protein, das sich erst im Darm bestimmter Insekten in ein Gift umwandelt.

Synthesebio

Ein aufstrebendes Forschungsfeld, das biologische Systeme von Grund auf neu konstruiert. Es nutzt computergestützte Modellierung und künstliche DNA-Synthese, um völlig neue biologische Funktionen zu erschaffen.

Zinkfinger-Nukleasen

Spezielle Enzyme, die aus einer DNA-bindenden Zinkfinger-Domäne und einer DNA-schneidenden Nuklease-Domäne bestehen. Sie können gezielt bestimmte DNA-Sequenzen erkennen und dort Schnitte setzen.

4. 2. 2. Proteinexpression

ie Proteinexpression ist ein fundamentaler Prozess in der Biotechnologie, bei dem genetische Information in funktionelle Proteine umgewandelt wird. Verschiedene Expressionssysteme haben sich dabei als besonders effektiv erwiesen, wobei die Wahl des Systems von den spezifischen Anforderungen des Zielproteins abhängt [s429]. Bakterielle Systeme, insbesondere nicht-pathogene Bakterien, sind aufgrund ihrer Kosteneffizienz und schnellen Produktionszyklen weit verbreitet [s430]. Ein praktisches Beispiel ist die Verwendung von Escherichia coli zur Produktion von rekombinanten Proteinen. Dabei hat sich gezeigt, dass die Co-Expression von Chaperon-Proteinen, besonders des Triggerfaktors bei 15°C, die Löslichkeit der produzierten Proteine deutlich verbessert [s431]. Dies ist besonders relevant für die industrielle Produktion, wo hohe Ausbeuten an funktionellem Protein entscheidend sind. Im Bereich der eukaryotischen Expressionssysteme hat sich die Hefe Pichia pastoris als vielseitiges Werkzeug etabliert. Sie kann über 400 verschiedene Proteine exprimieren und wurde durch gezielte Mutationen noch leistungsfähiger gemacht. Ein robuster Mutant zeigt beispielsweise eine 2,5-fach höhere Lipaseproduktion als der Wildtyp [s432]. Für Wissenschaftler und Biotechnologen ist besonders interessant, dass die Codonoptimierung und die Erhöhung der Gendosis die Proteinausbeute weiter steigern können. Das Baculovirus-Insektenzell-System stellt eine weitere wichtige Plattform dar. Tausende rekombinante Proteine wurden bereits erfolgreich damit produziert [s433]. Ein besonderer Vorteil dieses Systems ist die Möglichkeit zur Produktion von Virus-ähnlichen Partikeln (VLPs), die in der Impfstoffentwicklung eine wichtige Rolle spielen. Allerdings unterscheidet sich die N-Glykosylierung von der in höheren Eukaryoten, was durch die Entwicklung transgener Insektenzelllinien mit mammalierten Glykosylierungsmustern adressiert wird. Ein innovativer Ansatz in der Proteinexpression nutzt transgene Tiere [s434]. Dabei wird die Expression des gewünschten Proteins gezielt in die Milchdrüse gelenkt, was eine effiziente Produktion in der Milch ermöglicht. Diese Methode hat bereits zu Produkten geführt, die sich in klinischen Studien befinden. Neue Entwicklungen in der Technologie zirkulärer RNAs (circRNAs) eröffnen weitere Möglichkeiten. Durch optimiertes Design konnte die Proteinproduktion aus circRNAs um mehrere Hundertfache gesteigert werden [s435]. Dies ist besonders für die Entwicklung langlebiger

Therapeutika relevant. Die steigende Nachfrage nach rekombinanten Impfstoffantigenen und therapeutischen Antikörpern stellt die Industrie vor neue Herausforderungen [s436]. Während Impfstoffe oft nur in geringen Mengen, dafür aber mit hoher struktureller Vielfalt benötigt werden, erfordern monoklonale Antikörper Systeme für die Massenproduktion. Für die praktische Anwendung ist die Wahl des Expressionssystems entscheidend. Dabei müssen verschiedene Faktoren wie Produktionskosten, Skalierbarkeit und post-translationale Modifikationen berücksichtigt werden. Die Optimierung der Expressionsbedingungen durch die Verwendung verschiedener Vektoren und Leader-Sequenzen kann die Ausbeute erheblich steigern [s437]. In einem dokumentierten Fall wurde eine mehr als 10-fache Steigerung der Proteinproduktion durch die Wahl des optimalen Vektorsystems erreicht.

Glossar

Baculovirus

Ein Insektenvirus, das als Werkzeug zur Genübertragung in Insektenzellen dient. Es ist für Menschen ungefährlich und kann große Mengen Fremdprotein produzieren.

zirkuläre RNA

Eine besondere Form der RNA, die einen geschlossenen Ring bildet und dadurch stabiler ist als lineare RNA. Sie ist resistent gegen RNA-abbauende Enzyme.

Codonoptimierung

Eine Methode zur Anpassung der DNA-Sequenz an den bevorzugten Codon-Gebrauch des Produktionsorganismus, ohne die Aminosäuresequenz zu verändern.

Pichia pastoris

Eine einzellige Hefe, die sich durch besonders effiziente Proteinproduktion und die Fähigkeit zur Verstoffwechselung von Methanol auszeichnet. Sie wächst auch bei hohen Zelldichten gut.

Triggerfaktor

Ein spezielles Protein, das als molekularer Begleiter neu entstehende Proteine unterstützt und ihre korrekte Faltung sicherstellt. Es ist besonders bei niedrigen Temperaturen aktiv.

4. 2. 3. Fermentation

ie fermentation ist ein fundamentaler biochemischer Prozess, bei dem chemische Energie aus Kohlenhydraten ohne Sauerstoff gewonnen wird. Dieser Vorgang findet nicht nur in Bakterien und Hefen statt, sondern auch in menschlichen Muskelzellen [s438]. Die Bedeutung der Fermentation erstreckt sich von der Lebensmittelproduktion über Biokraftstoffe bis hin zur Herstellung von Pharmazeutika [s439]. Es existieren drei grundlegende Formen der mikrobiellen Fermentation: die Milchsäure-, Ethanol- und Essigsäuregärung [s438]. Ein faszinierendes Beispiel für die Vielseitigkeit der Fermentation zeigt sich bei Bacillus subtilis, einem Bakterium, das sowohl mit als auch ohne Sauerstoff wachsen kann. Unter sauerstoffarmen Bedingungen wandelt es pyruvat in verschiedene Stoffwechselprodukte um [s440]. In der Praxis lässt sich dies nutzen, indem man durch gezielte Steuerung der Sauerstoffzufuhr die gewünschten Produkte optimiert.

Die Feststofffermentation (SSF) hat sich als kosteneffiziente Methode zur Enzymproduktion etabliert. Für optimale Ergebnisse sind dabei folgende Parameter entscheidend:
- Substratmenge: 0,5 kg
- Feuchtigkeitsgehalt: 70%
- Temperatur: 30°C
- Belüftung: 4 L/h pro Gramm fermentiertes Substrat
- Mischrate: 0,5 Umdrehungen pro Minute [s441]

Ein besonders innovativer Bereich ist die Fermentation von Synthesegas zur Herstellung erneuerbarer Treibstoffe und Chemikalien, insbesondere Ethanol und 2,3-Butandiol [s442]. Der Prozess läuft über den reduktiven acetylcoa-Stoffwechselweg unter anaeroben Bedingungen ab. Für Praktiker ist dabei die Gas-Flüssigkeits-Massenübertragung von entscheidender Bedeutung. Die biochemischen Veränderungen während der Fermentation sind beeindruckend: Bei fermentierten Samen verdoppelt sich beispielsweise der Gehalt an reduzierenden Zuckern von einem Ausgangswert von 45 mg/g. Auch der Gehalt an freien Aminosäuren unterliegt charakteristischen Schwankungen - zunächst eine Abnahme in den ersten 40 Stunden, gefolgt von einem Anstieg [s443]. Ein wichtiger Durchbruch in der Fermentationstechnologie ist die Entwicklung eines hybriden Metabolismus, der Eigenschaften von Fermentation und Atmung kombiniert. Diese Strategie führt zu einer schnelleren Biomasseakkumulation und höheren Produktausbeuten [s444]. Für industrielle Anwendungen bedeutet dies eine effizientere Produktion bei gleichzeitiger Ressourcenschonung. Die Herausforderungen bei der Fermentation liegen oft in der Toxizität bestimmter Verbindungen. Furanische Aldehyde beispielsweise sind hochgiftig für Mikroorganismen. Die Mikroben haben jedoch verschiedene Abwehrmechanismen entwickelt, wie die Umwandlung in weniger toxische Alkohol- oder Säureformen [s445]. In der Praxis kann die Toxizität durch eine Erhöhung der Inokulumdichte kompensiert werden. Eine zentrale Rolle spielt die Proton FOF1-ATPase als Schlüsselenzym unter fermentativen Bedingungen [s446]. Während der Fermentation von Mischkohlenstoffquellen findet ein komplexer metabolischer Austausch zwischen verschiedenen Enzymen statt, um das Energiegleichgewicht der Zelle aufrechtzuerhalten. Die Zukunft der Fermentation liegt in der Entwicklung maßgeschneiderter Prozesse für spezifische Anwendungen. Die Kombination von experimenteller Forschung mit mathematischer Modellierung ermöglicht dabei eine präzise Vorhersage und Optimierung der Fermentationsprozesse [s442]. Dies eröffnet neue Möglichkeiten für nachhaltige Produktionsmethoden in verschiedenen Industriezweigen.

4. 2. 4. Enzymtechnologie

ie Enzymtechnologie hat sich zu einem Schlüsselbereich der modernen Biotechnologie entwickelt und revolutioniert industrielle Prozesse durch den Einsatz hocheffizienter biologischer Katalysatoren [s447]. Als "grüne Technologie" ermöglicht sie die nachhaltige Herstellung wertvoller Produkte bei gleichzeitiger Reduzierung von Abfällen und Energieverbrauch. Ein zentraler Aspekt ist die Biokatalyse, bei der Enzyme genutzt werden, um chemische Reaktionen zu beschleunigen und zu steuern [s447]. In der Praxis können dadurch komplexe organische Moleküle mit weniger Syntheseschritten hergestellt werden. Ein konkretes Beispiel ist die Produktion von Antibiotika, wo enzymatische Prozesse die Ausbeute erhöhen und gleichzeitig den Einsatz umweltschädlicher Lösungsmittel reduzieren.

Die Enzymimmobilisierung stellt einen wichtigen technologischen Fortschritt dar [s448]. Dabei werden Enzyme auf Trägermaterialien fixiert, was mehrere Vorteile bietet:
- Verbesserte Stabilität
- Einfache Wiederverwendbarkeit
- Bessere Prozesssteuerung
- Kostenreduktion durch längere Nutzungsdauer

Eine besonders innovative Entwicklung ist die organisch-anorganische Hybridnanoflower-Technologie [s449]. Diese neue Immobilisierungsmethode verbessert nicht nur die enzymatische Aktivität, sondern erhöht auch die Stabilität der Enzyme unter verschiedenen Prozessbedingungen deutlich.

Das Enzymengineering hat in den letzten Jahren enorme Fortschritte gemacht [s450]. Durch den Einsatz von maschinellem Lernen können Wissenschaftler heute:
- Proteinstrukturen präziser vorhersagen
- Enzymstabilität optimieren
- Neue enzymatische Funktionen entwickeln
- Designräume für das Engineering erweitern

Ein praktisches Beispiel ist die Entwicklung von Hypermutationsmethoden [s450], die die gezielte Evolution von Enzymen beschleunigen. Diese Technologie ermöglicht es, innerhalb weniger Wochen Enzymvarianten mit verbesserten Eigenschaften zu generieren, was früher Monate oder Jahre gedauert hätte.

Die industrielle Biotechnologie profitiert besonders von ligninolytischen Enzymen [s449], die in verschiedenen Prozessen eingesetzt werden. Um ihre Effizienz zu steigern, werden verschiedene Optimierungsstrategien angewandt:
- Gerichtete Evolution zur Verbesserung der katalytischen Aktivität
- Strukturbasiertes Design für erhöhte Stabilität
- Kombination verschiedener Enzyme für Synergieeffekte

Ein vielversprechender Trend ist die Integration von Biotransformation und enzymatischer Katalyse in einem einzigen Reaktionsgefäß [s451]. Diese "One-Pot"-Synthesen sparen nicht nur Zeit und Ressourcen, sondern ermöglichen auch neue Synthesewege, die bisher nicht zugänglich waren.

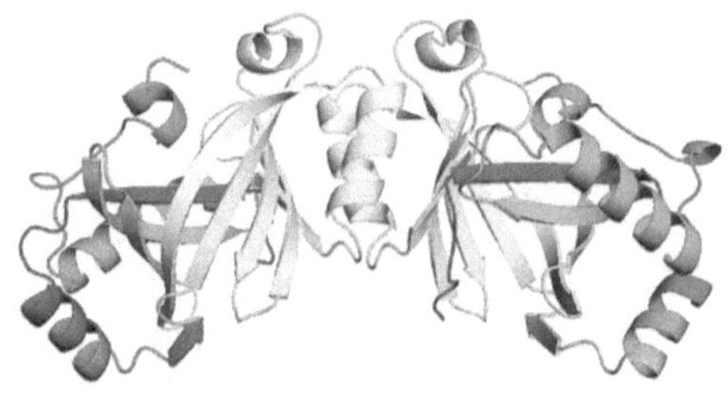

Enzymengineering [i89]

Molekulardynamik-Simulationen [s449] haben sich als wertvolles Werkzeug erwiesen, um die komplexen Wechselwirkungen zwischen Enzymen und Trägermaterialien zu verstehen. Diese Erkenntnisse fließen direkt in die Optimierung von Immobilisierungsprozessen ein.

Molekulardynamik-Simulationen [i90]

Die Automatisierung spielt eine zunehmend wichtige Rolle [s450]. Moderne Biofabriken nutzen Hochdurchsatzverfahren, um:
- Tausende Enzymvarianten parallel zu testen
- Optimale Prozessbedingungen zu identifizieren
- Produktionsabläufe zu standardisieren
- Qualitätskontrollen zu automatisieren

Für die Zukunft zeichnet sich eine verstärkte Integration verschiedener Katalyseformen ab [s447]. Die Kombination von Biokatalyse mit:
- Übergangsmetallkatalyse
- Photokatalyse
- Elektrokatalyse

eröffnet völlig neue Möglichkeiten für die nachhaltige Produktion wichtiger Chemikalien und Materialien.

Glossar

Biokatalyse
Natürlicher Prozess der Reaktionsbeschleunigung durch biologische Moleküle, bei dem Enzyme als natürliche Beschleuniger fungieren und spezifische chemische Umwandlungen ermöglichen

Enzymengineering
Gezielte Veränderung von Enzymen durch molekularbiologische Methoden zur Verbesserung ihrer Eigenschaften für technische Anwendungen

Enzymimmobilisierung
Technische Methode zur Fixierung von Enzymen auf festen Oberflächen oder in Materialien, wodurch sie von ihrer Umgebung getrennt aber weiterhin aktiv bleiben

Hybridnanoflower
Blumenförmige Nanostrukturen aus organischen und anorganischen Materialien, die als Träger für Enzyme dienen und deren Leistung verbessern

Ligninolytisch
Eigenschaft von Enzymen, die das Holzbestandteil Lignin abbauen können und damit wichtig für die Holzverarbeitung sind

4. 2. 5. Zellkulturtechnik

ie Zellkulturtechnik bildet das Fundament moderner biotechnologischer Forschung und Produktion. Sie ermöglicht die kontrollierte Vermehrung und Untersuchung lebender Zellen unter Laborbedingungen [s452]. Besonders in der Stammzellforschung und bei der Entwicklung therapeutischer Anwendungen spielt sie eine Schlüsselrolle.

Ein zentraler Aspekt ist die Etablierung und Pflege von Zelllinien. Dabei unterscheidet man zwischen primären Zelllinien, die direkt aus Geweben isoliert werden, und etablierten Zelllinien. Primäre Zelllinien bieten den Vorteil einer größeren biologischen Relevanz durch ihre Transkriptom- und Proteomvielfalt, sind jedoch aufwendiger in der Handhabung [s453]. Bei ihrer Isolation hat sich eine Kombination aus mechanischer Disaggregation und enzymatischer Verdauung als besonders effektiv erwiesen.

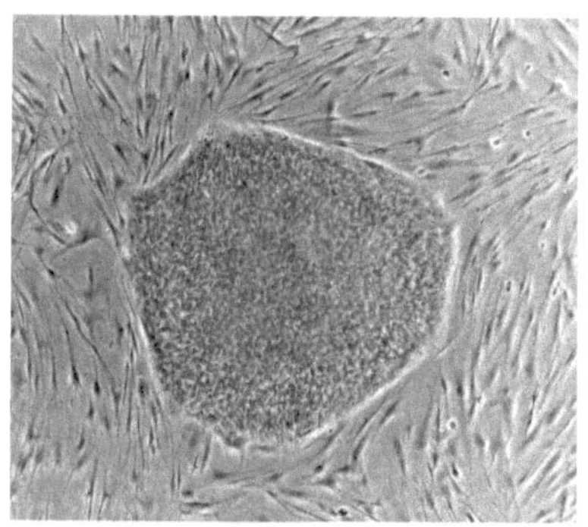

Fibroblasten [i91]

Eine häufige Herausforderung ist dabei das Überwuchern durch Fibroblasten, was durch optimierte Medienzusammensetzung kontrolliert werden kann. Für die industrielle Produktion ist ein zweistufiges Zellbankensystem unverzichtbar, bestehend aus einer Masterzellbank und daraus abgeleiteten Arbeitszellbänken [s454]. Dies gewährleistet die konstante Qualität und Rückverfolgbarkeit des Zellmaterials. Die sorgfältige Dokumentation der Zellherkunft und -geschichte ist dabei essentiell für die Risikobewertung und Qualitätssicherung. Die pH-Kontrolle spielt eine entscheidende Rolle für das Zellwachstum. Der optimale pH-Wert liegt bei etwa 7,4, wobei Abweichungen das Zellwachstum stark beeinträchtigen können [s455]. In der Praxis empfiehlt sich die Verwendung geeigneter Puffersysteme und regelmäßige direkte pH-Messungen, da Kulturmedien zur Ansäuerung neigen. Ein innovativer Bereich ist die Arbeit mit induzierten pluripotenten Stammzellen (iPSCs). Diese ermöglichen die Entwicklung patientenspezifischer Therapien [s456]. Für ihre Herstellung wurden spezielle Protokolle entwickelt, die den Anforderungen der guten Herstellungspraxis (GMP) entsprechen. Dies umfasst fußabdruckfreie, fütterungsfreie und xenofreie Reprogrammierungsmethoden. Die virale Sicherheit ist ein weiterer kritischer Aspekt. Umfangreiche Tests auf endogene Viren und unerwünschte Kontaminationen sind obligatorisch [s457]. Moderne Methoden wie Next Generation Sequencing helfen dabei, ein breites Spektrum potenzieller Kontaminanten zu identifizieren. Bei der Arbeit mit Nanopartikeln in Zellkulturen muss besondere Aufmerksamkeit auf die Verabreichungsmethode gelegt werden [s458]. Die Bildung einer Protein-Corona um die Partikel und ihre Stabilität im Kulturmedium beeinflussen die Wechselwirkungen mit den Zellen maßgeblich. Das Ausgangstraining neuer Zelllinien ist zwar zeit- und kostenintensiv, bietet jedoch Optimierungspotenzial [s459]. Durch systematisches Mapping und gezielte Modellierung können optimale Zeitpunkte für das Zellpassaging und andere kritische Parameter bestimmt werden. Die Qualitätskontrolle umfasst verschiedene Analysen wie STR-Profiling, Karyotyp-Analysen und virale Tests [s452]. Bei Stammzellen ist zusätzlich die Teratom-Bildungsassay wichtig, um ihre Pluripotenz zu bestätigen. Die gerichtete Differenzierung muss sorgfältig kontrolliert werden, da undifferenzierte Stammzellen unerwünschte Teratome bilden können.

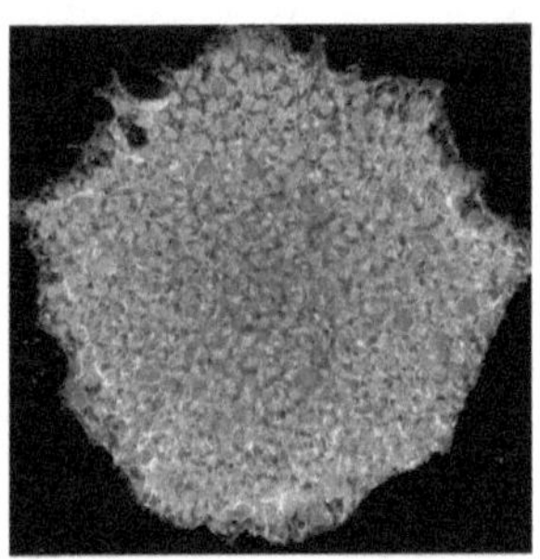

induzierte pluripotente Stammzellen [i92]

Fibroblasten

Bewegliche Bindegewebszellen, die für die Produktion von Kollagen und anderen Strukturproteinen verantwortlich sind. Sie spielen eine wichtige Rolle bei der Wundheilung.

Proteom

Die Gesamtheit aller Proteine, die zu einem bestimmten Zeitpunkt in einer Zelle oder einem Gewebe vorhanden sind. Es ist im Gegensatz zum Genom dynamisch und verändert sich ständig.

Teratom

Eine besondere Form von Tumoren, die verschiedene Gewebetypen aus allen drei Keimblättern enthalten können. Sie entstehen aus fehlgeleiteten Entwicklungsprozessen von Stammzellen.

Transkriptom

Die Gesamtheit aller zu einem bestimmten Zeitpunkt in einer Zelle aktiven Gene, die in RNA umgeschrieben werden. Es zeigt, welche Gene gerade ein- oder ausgeschaltet sind.

4. 2. 6. Bioreaktoren

ioreaktoren sind das Herzstück moderner biotechnologischer Produktionsprozesse und ermöglichen die kontrollierte Kultivierung von Mikroorganismen und Zellen im industriellen Maßstab [s460]. Sie unterscheiden sich grundlegend in ihrer Betriebsweise, wobei zwischen Batch-, Fed-Batch- und kontinuierlichen Systemen unterschieden wird [s460].

Der Batch-Betrieb stellt aktuell den industriellen Standard dar, da er einfach zu handhaben ist und ein geringeres Kontaminationsrisiko aufweist [s461]. Allerdings führen die häufigen Stillstandzeiten für Reinigung und Neustart zu einer suboptimalen Produktionsrate. Ein typischer Batch-Prozess durchläuft dabei verschiedene Phasen:
- Lag-Phase (Anpassung der Zellen)
- Exponentielles Wachstum
- Stationäre Phase
- Absterbephase

Beim Fed-Batch-Verfahren werden während der Kultivierung kontinuierlich oder sequentiell Nährstoffe zugefügt, was höhere Zelldichten und Produktausbeuten ermöglicht [s462]. Dies ist besonders vorteilhaft bei Prozessen, die durch Substratüberschuss gehemmt werden.

Kontinuierliche Systeme bieten theoretisch die höchste Produktivität, stehen aber vor vier Hauptherausforderungen [s461]:
- Reduzierte Produktkonzentrationen
- Genetische Instabilität der Produktionsstämme
- Erhöhtes Kontaminationsrisiko
- Mangel an präzisen Modellierungswerkzeugen

Ein besonderer Typ sind Festbett-Bioreaktoren (Solid State Fermentation, SSF), die sich durch mehrere Vorteile auszeichnen [s463]:
- Höhere Produktivität
- Geringere Abfallproduktion
- Nutzung kostengünstiger Rohstoffe
- Niedrigerer Energieverbrauch

Die Mischung und der Massentransfer sind kritische Parameter in allen Bioreaktoren [s460]. Moderne Computational Fluid Dynamics (CFD) ermöglicht detaillierte Simulationen dieser Prozesse und hilft bei der Optimierung des Reaktordesigns [s461]. Dabei werden auch Scale-Down-Technologien eingesetzt, um Probleme beim Scale-up frühzeitig zu erkennen.

Für die praktische Anwendung ist die Wahl des geeigneten Reaktortyps entscheidend. Dabei müssen verschiedene Faktoren berücksichtigt werden:
- Art des Produktionsorganismus
- Produkteigenschaften
- Prozessökonomie
- Verfügbare Infrastruktur

Computational Fluid Dynamics [i93]

Die Zukunft der Bioreaktortechnologie liegt in der Entwicklung intelligenter Systeme, die [s461]:
- Zellwachstum und Produktbildung entkoppeln
- Präzise Prozesskontrollstrategien implementieren
- Resistenz gegen Kontaminationen aufweisen
- Hohe genetische Stabilität gewährleisten

Für die Prozessoptimierung ist die Bestimmung wichtiger Parameter wie Sauerstoffübertragungskoeffizienten und mikrobieller Kinetik unerlässlich [s462]. Diese Daten fließen in mathematische Modelle ein, die für Analyse,

Vorhersage und Kontrolle der Fermentationsprozesse genutzt werden.

Die Integration von Bioreaktoren in moderne Produktionsanlagen erfordert auch die Berücksichtigung vor- und nachgelagerter Prozesse [s464]. Dazu gehören:
- Upstream: Rohstoffaufbereitung
- Downstream: Produktaufreinigung
- Prozessintegration
- Techno-ökonomische Analyse

- Die Gentechnik ermöglicht seit den 1990ern präzise DNA-Modifikationen durch Werkzeuge wie Zinkfinger-Nukleasen.
- Bt-Mais produziert durch ein Bakteriengen ein insektentoxisches Protein und reduziert den Pestizideinsatz.
- Pichia pastoris kann über 400 verschiedene Proteine exprimieren, wobei Mutanten 2,5-fach höhere Lipaseproduktion zeigen.
- Das Baculovirus-System ermöglicht die Produktion von Virus-ähnlichen Partikeln für Impfstoffe.
- CircRNA-Technologie steigerte die Proteinproduktion um mehrere Hundertfache.
- Bacillus subtilis wandelt unter Sauerstoffmangel Pyruvat in diverse Stoffwechselprodukte um.
- Die Feststofffermentation erreicht optimale Ergebnisse bei 70% Feuchtigkeit und 4L/h Belüftung pro Gramm Substrat.
- Hybride Metabolismen kombinieren Fermentation und Atmung für schnellere Biomasseakkumulation.
- Hybridnanoflower-Technologie verbessert enzymatische Aktivität und Stabilität signifikant.
- Hypermutationsmethoden beschleunigen die gezielte Evolution von Enzymen von Jahren auf Wochen.
- One-Pot-Synthesen integrieren Biotransformation und enzymatische Katalyse in einem Reaktionsgefäß.
- Transkriptom- und Proteomvielfalt machen primäre Zelllinien biologisch relevanter als etablierte.
- Fußabdruckfreie und xenofreie Reprogrammierungsmethoden ermöglichen GMP-konforme iPSC-Herstellung.
- Fed-Batch-Verfahren ermöglichen höhere Zelldichten durch kontinuierliche Nährstoffzugabe.
- Computational Fluid Dynamics optimiert Bioreaktoren durch detaillierte Strömungssimulationen.

4. 3. Biochemische Anwendungen

ie biochemische Forschung hat in den letzten Jahrzehnten eine Vielzahl praktischer Anwendungen hervorgebracht, die heute aus Medizin, Industrie und Alltag nicht mehr wegzudenken sind. Doch wie lassen sich die komplexen molekularen Prozesse des Lebens gezielt für menschliche Zwecke nutzen? Welche Rolle spielen biochemische Methoden bei der Entwicklung neuer Medikamente, diagnostischer Verfahren oder nachhaltiger Technologien? Von der Produktion therapeutischer Proteine über die massenspektrometrische Analytik bis hin zur enzymatischen Synthese komplexer Moleküle - die Anwendungsfelder der Biochemie sind vielfältig und oft überraschend. Dabei stehen Wissenschaftler vor der Herausforderung, biologische Systeme nicht nur zu verstehen, sondern auch kontrolliert für definierte Zwecke einzusetzen. Die folgenden Abschnitte beleuchten zentrale Bereiche der angewandten Biochemie und zeigen, wie theoretisches Wissen in praktische Lösungen übersetzt wird. Ein besonderer Fokus liegt dabei auf aktuellen Entwicklungen, die das Potential haben, bestehende Verfahren grundlegend zu verbessern oder völlig neue Möglichkeiten zu eröffnen.

„Die Massenspektrometrie hat sich als Schlüsseltechnologie in der biochemischen Diagnostik etabliert und ermöglicht die simultane Analyse mehrerer Biomarker mit hoher Präzision."

4. 3. 1. Pharmazeutische Produktion

ie pharmazeutische Produktion stellt einen hochkomplexen und streng regulierten Prozess dar, der die Herstellung von Arzneimitteln zur Diagnose, Behandlung und Prävention von Krankheiten umfasst [s465]. Dabei unterscheidet man grundsätzlich zwischen der Produktion kleiner Moleküle durch chemische Synthese und der Herstellung biologischer Arzneimittel mittels lebender Organismen [s466]. Bei der Produktion biologischer Arzneimittel kommen verschiedene Expressionssysteme zum Einsatz. Diese reichen von einzelligen Organismen wie Bakterien und Hefen bis hin zu komplexeren Systemen wie Säugetierzellen, transgenen Pflanzen und Tieren sowie Insektenzellen [s467]. Ein besonders innovativer Ansatz ist die Nutzung transgener "Biopharm-Tiere", die therapeutische Proteine beispielsweise in ihrer Milch produzieren. Dies ermöglicht die kostengünstige Herstellung großer Mengen biologisch aktiver Proteine [s468]. Der Herstellungsprozess beginnt typischerweise mit der sorgfältigen Auswahl und Charakterisierung der Zelllinien. Ausgehend von einer validierten Zellbank durchläuft das Produkt verschiedene Prozessschritte von der Zellkultur über die Fermentation bis zur Reinigung und finalen Formulierung [s467]. Bei der mikrobiellen Fermentation, die in speziellen Bioreaktoren stattfindet, ist die Aufrechterhaltung einer sterilen Umgebung von höchster Bedeutung. Moderne Einweg-Technologien können dabei helfen, die Prozesseffizienz zu steigern und Kontaminationsrisiken zu minimieren [s469]. Eine besondere Herausforderung stellt die Kontrolle von Endotoxinen dar, die als Bestandteile der Zellwand gramnegativer Bakterien freigesetzt werden können. Diese können nicht nur durch die Produktionsorganismen selbst, sondern auch durch verunreinigtes Wasser, Rohstoffe oder Ausrüstung in den Prozess eingetragen werden. Daher ist eine kontinuierliche Überwachung und gezielte Entfernung von Endotoxinen während des gesamten Herstellungsprozesses unerlässlich [s470]. Die Prozessvalidierung erfolgt in drei Phasen: Zunächst wird im Prozessdesign der kommerzielle Herstellungsprozess definiert. In der anschließenden Prozessqualifikation wird die Reproduzierbarkeit überprüft, gefolgt von einer kontinuierlichen Prozessüberwachung während der routinemäßigen Produktion [s471]. Dabei müssen alle Prozessschritte detailliert dokumentiert und durch entsprechende Spezifikationen abgesichert werden [s472]. Die Qualitätskontrolle spielt eine zentrale Rolle und umfasst verschiedene Disziplinen wie Zellbiologie,

Virologie, Mikrobiologie, analytische Chemie und Immunologie. Qualitätskontrollanalysten müssen nicht nur über fundierte Fachkenntnisse verfügen, sondern auch höchste Standards bezüglich Integrität und Präzision erfüllen [s473]. Ein praktisches Beispiel für die Komplexität der pharmazeutischen Produktion ist die Herstellung monoklonaler Antikörper: Nach der initialen Expansion der Produktionszellen in kleinen Kulturgefäßen erfolgt eine schrittweise Hochskalierung in immer größere Bioreaktoren. Dabei müssen kontinuierlich Parameter wie pH-Wert, Temperatur, Sauerstoffgehalt und Nährstoffversorgung überwacht und angepasst werden. Die anschließende Aufreinigung erfolgt über mehrere chromatographische Schritte, wobei nach jedem Schritt die Produktqualität überprüft werden muss. Die enge Zusammenarbeit mit Regulierungsbehörden ist während des gesamten Entwicklungs- und Produktionsprozesses essentiell [s466]. Nur durch die strikte Einhaltung aller regulatorischen Anforderungen und die kontinuierliche Überwachung der Produktqualität kann die sichere und effektive Versorgung der Patienten mit hochwertigen Arzneimitteln gewährleistet werden.

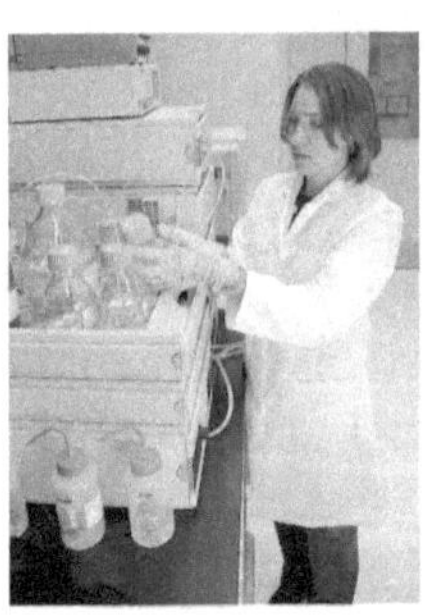

pharmazeutische Produktion [i94]

Chromatographie

Ein Trennverfahren, bei dem Substanzen aufgrund ihrer unterschiedlichen Verteilung zwischen einer stationären und einer mobilen Phase aufgetrennt werden

Endotoxine

Giftige Stoffwechselprodukte von Bakterien, die auch nach dem Absterben der Bakterien stabil bleiben und Fieber oder Entzündungen auslösen können

Transgene Organismen

Lebewesen, deren Erbgut durch gentechnische Methoden gezielt verändert wurde, um bestimmte Eigenschaften zu erzeugen

4. 3. 2. Diagnostik

ie biochemische Diagnostik bildet das Fundament der modernen Labormedizin und ermöglicht durch präzise Analysen die frühzeitige Erkennung, Überwachung und Behandlung verschiedenster Erkrankungen [s474]. Ein besonders wichtiger Bereich ist das Neugeborenenscreening, bei dem nahezu alle Neugeborenen auf erbliche Stoffwechselstörungen untersucht werden, um frühzeitig therapeutisch eingreifen zu können. Die Massenspektrometrie (MS) hat sich dabei als Schlüsseltechnologie etabliert. Besonders die Tandem-Massenspektrometrie (MS/MS) ermöglicht die simultane Analyse mehrerer Biomarker mit hoher Präzision [s475]. Ein praktisches Beispiel ist die Diagnose von Mucopolysaccharidosen (<u>MPS</u>), bei der die MS/MS-Analyse von Glykosaminoglykanen (<u>GAGs</u>) in Blut- und Urinproben eine frühe Erkennung ermöglicht. Dies ist besonders wichtig, da eine zeitnahe Therapieeinleitung die Prognose der betroffenen Kinder deutlich verbessert. Die Acylcarnitin-Profilanalyse (<u>ACP</u>) stellt einen weiteren wichtigen diagnostischen Baustein dar. Sie wird nicht nur beim Neugeborenenscreening eingesetzt, sondern auch bei der Untersuchung symptomatischer Patienten und deren asymptomatischer Geschwister [s476]. Die Interpretation der Ergebnisse erfordert dabei sowohl technische Expertise als auch klinische Erfahrung und sollte stets durch zertifizierte biochemische Genetiker erfolgen.

In der klinischen Proteomik hat sich die Flüssigkeitschromatographie gekoppelt mit Tandem-Massenspektrometrie (<u>LC-MS/MS</u>) als Goldstandard etabliert [s477]. Diese Methode ermöglicht die Identifizierung und Quantifizierung spezifischer Biomarker, die für Diagnose, Prognose und Therapieüberwachung verschiedener Erkrankungen essentiell sind. Ein konkretes Anwendungsbeispiel ist die Überwachung von Krebspatienten, bei denen bestimmte Proteinmarker Aufschluss über den Therapieerfolg geben können.

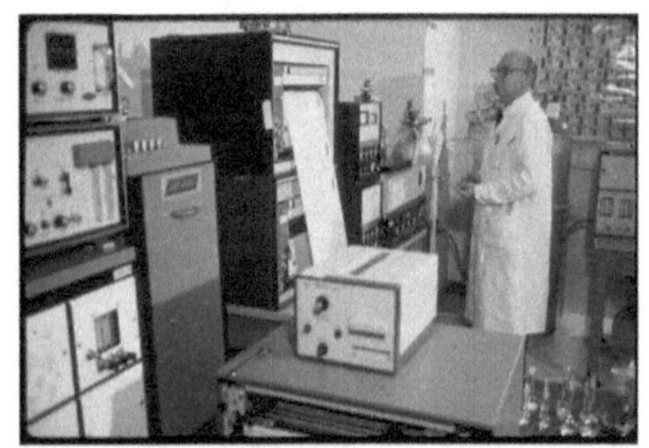

Flüssigkeitschromatographie
[i95]

Die Präanalytik spielt eine entscheidende Rolle für die Qualität der Diagnostik. Die Verwendung geeigneter Antikoagulanzien wie <u>EDTA</u> ist dabei von großer Bedeutung

[s478]. EDTA wird besonders in der hämatologischen Diagnostik eingesetzt, da es die Zellmorphologie optimal erhält und damit präzise Analysen ermöglicht. Bei der Blutentnahme ist daher die Verwendung des korrekten Probenröhrchens für die jeweilige Analyse unerlässlich.

Die Point-of-Care-Diagnostik gewinnt zunehmend an Bedeutung [s479]. Sie ermöglicht schnelle diagnostische Entscheidungen direkt am Patientenbett. Ein praktisches Beispiel ist die Analyse von Tränenflüssigkeit in der Augenheilkunde zur Diagnose des trockenen Auges oder zur Überwachung von Diabetespatienten. Diese patientennahe Diagnostik kann die Behandlungsqualität deutlich verbessern und unnötige Verzögerungen vermeiden. Die Qualitätssicherung in der biochemischen Diagnostik unterliegt strengen Regularien [s480]. Labore müssen nicht nur technische Standards erfüllen, sondern auch ein umfassendes Qualitätsmanagementsystem implementieren. Dies beinhaltet regelmäßige Kontrollen, Dokumentation und Personalschulungen. Besonders bei genetischen Tests ist zudem die informierte Einwilligung der Patienten von großer Bedeutung. Die Berichterstattung diagnostischer Ergebnisse erfordert höchste Sorgfalt [s481]. Berichte müssen klar, präzise und vollständig sein, da sie oft weitreichende Konsequenzen für Patienten und deren Familien haben können. Bei genetischen Tests sollten auch Empfehlungen zur genetischen Beratung enthalten sein, besonders wenn die Ergebnisse Auswirkungen auf Familienangehörige haben könnten. Laborentwickelte Tests (LDTs) spielen eine wichtige Rolle in der spezialisierten Diagnostik [s482]. Diese Tests müssen jedoch entsprechende Zulassungen erhalten und ihre Qualität muss kontinuierlich überwacht werden. Dies gilt besonders für Tests, die in klinischen Studien eingesetzt werden.

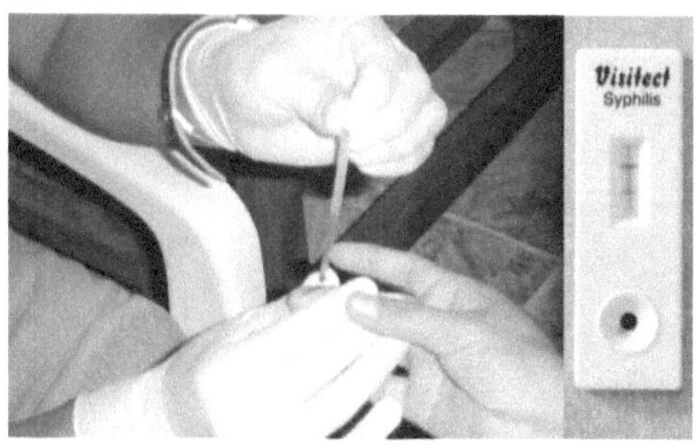

Point-of-Care-Diagnostik [i96]

Flüssigkeitschromatographie

Eine Kombination aus Trennung durch Flüssigkeitschromatographie und anschließender zweifacher massenspektrometrischer Analyse zur präzisen Stoffbestimmung

Acylcarnitin-Profilanalyse

Eine Untersuchungsmethode zur Erkennung von Störungen im Fettsäureabbau und anderen Stoffwechseldefekten

Ethylendiamintetraessigsäure

Eine chemische Verbindung, die Metallionen bindet und dadurch die Blutgerinnung verhindert, was für viele Laboranalysen wichtig ist

Glykosaminoglykane

Langkettige Zuckermoleküle, die wichtige Bestandteile des Bindegewebes sind und bei deren Störung schwere Krankheitsbilder entstehen können

Tandem-Massenspektrometrie

Eine fortgeschrittene Analysetechnik, bei der zwei Massenspektrometer hintereinander geschaltet werden, um Moleküle noch genauer zu identifizieren und zu quantifizieren

Mucopolysaccharidose

Eine Gruppe von erblichen Stoffwechselerkrankungen, bei der der Abbau bestimmter Zuckerverbindungen gestört ist und diese sich in Geweben anreichern

4. 3. 3. Lebensmitteltechnologie

ie Lebensmitteltechnologie stellt einen zentralen Bereich der angewandten Biochemie dar und verbindet wissenschaftliche Grundlagenforschung mit praktischer Anwendung bei der Herstellung und Verarbeitung von Nahrungsmitteln [s483]. Dabei kommen verschiedene biochemische und technologische Verfahren zum Einsatz, um Qualität, Sicherheit und Nährwert von Lebensmitteln zu optimieren [s484]. Ein Kernbereich ist die enzymatische Lebensmittelverarbeitung. Enzyme werden gezielt eingesetzt, um beispielsweise Backwaren durch Amylasen lockerer zu machen oder durch Proteasen Fleisch zarter werden zu lassen [s485]. Bei der Käseherstellung spielen Enzyme eine entscheidende Rolle für Reifung und Aromabildung - so sorgt etwa das Lab-Enzym <u>Chymosin</u> für die Gerinnung der Milch. Für optimale Ergebnisse müssen dabei Temperatur und pH-Wert genau kontrolliert werden.

Die Fermentation stellt einen weiteren wichtigen biochemischen Prozess dar [s486]. Hierbei wandeln Mikroorganismen organische Verbindungen gezielt um und erzeugen dabei charakteristische Geschmacks- und Aromastoffe. Ein Beispiel ist die alkoholische Gärung bei der Bierherstellung durch Hefen oder die Milchsäuregärung bei der Joghurtproduktion durch Milchsäurebakterien. Die präzise Steuerung

Fermentation [i97]

der Fermentationsbedingungen ist dabei entscheidend für die Produktqualität. Ein zunehmend wichtiger Aspekt ist die Entwicklung funktioneller Lebensmittel mit gesundheitsfördernden Eigenschaften [s487]. Durch gezielte Anreicherung mit bioaktiven Substanzen wie Vitaminen, Mineralstoffen oder sekundären Pflanzenstoffen können Mangelerscheinungen vorgebeugt werden. Ein Beispiel ist die Anreicherung von Getreideprodukten mit Folsäure zur Prävention von Neuralrohrdefekten. Die Lebensmittelsicherheit spielt eine zentrale Rolle [s484]. Moderne analytische Methoden ermöglichen die präzise Kontrolle von mikrobiologischen und chemischen Kontaminanten. Dabei kommen zunehmend auch molekularbiologische Techniken zum Einsatz, etwa PCRbasierte Nachweisverfahren für pathogene Keime. Ein praktisches Beispiel ist die Implementierung von <u>HACCP</u>-Konzepten (Hazard Analysis Critical Control Points) in der Produktion. Die Haltbarmachung von Lebensmitteln erfolgt durch verschiedene physikalische und chemische Verfahren [s488]. Neben klassischen Methoden wie Pasteurisierung oder Sterilisation gewinnen schonende Verfahren wie die Hochdruckbehandlung an Bedeutung. Diese ermöglichen es, Mikroorganismen zu inaktivieren und gleichzeitig wertgebende Inhaltsstoffe zu erhalten. Ein innovatives Forschungsfeld ist die <u>Nutrigenomik</u> [s488], die untersucht, wie Lebensmittelinhaltsstoffe die Genexpression beeinflussen können. Dies eröffnet neue Möglichkeiten für die Entwicklung personalisierter Ernährungskonzepte. Beispielsweise können bestimmte bioaktive Substanzen die Expression von Genen modulieren, die an Stoffwechselprozessen beteiligt sind.

Die Aromaforschung nutzt modernste analytische Methoden zur Identifizierung und Charakterisierung von Geschmacks- und Aromastoffen [s488]. Dabei werden sowohl erwünschte Aromakomponenten als auch Off-Flavors untersucht. Ein praktisches Beispiel ist die Entwicklung von Strategien zur Vermeidung von Fehlaromen während der Lagerung von Lebensmitteln. Zunehmende Bedeutung gewinnt auch die nachhaltige Lebensmittelproduktion [s489].

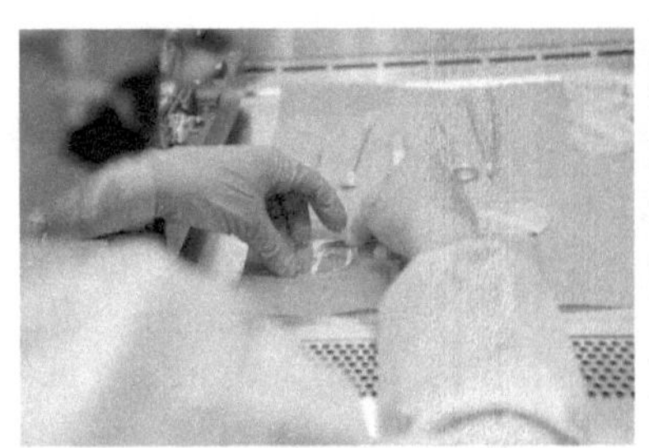

Aromaforschung [i98]

Neue Technologien wie die überkritische Fluidextraktion ermöglichen eine ressourcenschonende Gewinnung wertvoller Inhaltsstoffe. Ein Beispiel ist die Extraktion von Koffein aus Kaffeebohnen mit überkritischem CO_2 anstelle organischer Lösungsmittel.

Nachhaltige Lebensmittelproduktion [i99]

Glossar

Chymosin

Verdauungsenzym aus dem Labmagen junger Wiederkäuer, das spezifisch das Milchprotein Kappa-Casein spaltet und traditionell in der Käseherstellung verwendet wird

HACCP

Systematisches Konzept zur Identifizierung und Überwachung von Gefahrenpunkten bei der Lebensmittelherstellung, das international als Standard für Lebensmittelsicherheit gilt

Nutrigenomik

Wissenschaftszweig, der die Wechselwirkungen zwischen Ernährung und Genen erforscht, um individuelle Ernährungsempfehlungen basierend auf der genetischen Ausstattung eines Menschen zu entwickeln

4. 3. 4. Umweltbiotechnologie

ie Umweltbiotechnologie hat sich zu einem Schlüsselbereich der modernen Biotechnologie entwickelt und nutzt biologische Prozesse zur Lösung von Umweltproblemen [s490]. Ein zentraler Anwendungsbereich ist die biologische Abwasserbehandlung, bei der spezialisierte Mikroorganismen unter kontrollierten Bedingungen Schadstoffe abbauen und Nährstoffe aus dem Wasser entfernen [s491]. Besonders innovativ ist der Einsatz von <u>Biofilmsystemen</u>, in denen Mikroorganismen auf Trägermaterialien immobilisiert werden. Diese Systeme ermöglichen eine effiziente Dekontamination toxischer Substanzen und können durch die gezielte Auswahl und Optimierung der beteiligten Mikroorganismen an spezifische Anforderungen angepasst werden [s491]. Ein praktisches Beispiel ist die Behandlung industrieller Abwässer: Durch den Einsatz thermophiler Bakterien können auch bei hohen Temperaturen biologische Abbauprozesse stattfinden. Die anaerobe Abwasserbehandlung gewinnt zunehmend an Bedeutung, insbesondere in der Lebensmittelindustrie [s492]. Ein wichtiger Prozess ist dabei die <u>Granulation</u>, bei der sich Mikroorganismen zu kompakten Aggregaten zusammenschließen. Diese Granulate ermöglichen eine effiziente Biogasproduktion bei gleichzeitiger Abwasserreinigung. Die Stabilität der Granulate kann durch den Einsatz synthetischer oder natürlicher Polymere verbessert werden [s492].

Ein vielversprechender Ansatz ist die Integration von Mikroalgen in Abwasserbehandlungssysteme [s493]. Diese können nicht nur Nährstoffe aus dem Wasser entfernen, sondern produzieren dabei auch wertvolle Biomasse, die als Rohstoff für Biokraftstoffe oder andere Bioprodukte genutzt werden kann. Die Optimierung der Wachstumsbedingungen und die Selektion geeigneter Algenstämme sind dabei entscheidend für den Prozesserfolg.

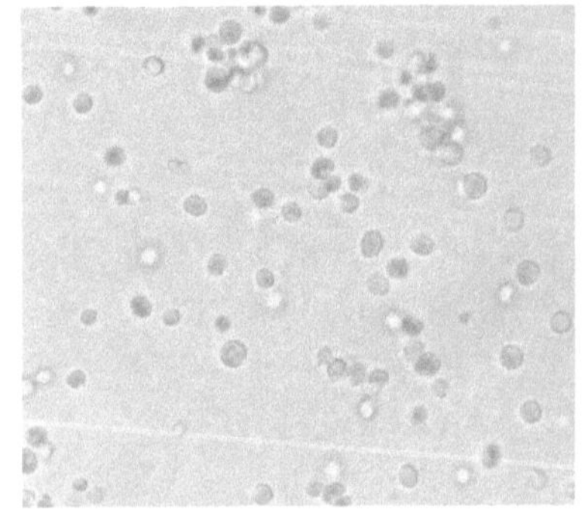

Mikroalgen [i100]

Die Ressourcenrückgewinnung spielt eine zunehmend wichtige Rolle [s494]. Moderne Bioraffinerien ermöglichen die Umwandlung von organischen Abfällen in Wertstoffe wie Biokraftstoffe oder Biopolymere. Ein konkretes Beispiel ist die Aquaponik, die Abwasserbehandlung mit der Produktion von Nahrungsmitteln verbindet und dabei zur Stickstoffrückgewinnung und Klimaschutz beiträgt. Die Überwachung und Kontrolle biologischer Prozesse erfolgt zunehmend

Aquaponik [i101]

durch moderne molekulare Werkzeuge [s490]. Diese ermöglichen ein besseres Verständnis der mikrobiellen Gemeinschaften und ihrer Aktivitäten. Online-Fluoreszenztechnologien erlauben dabei eine kontinuierliche Prozessüberwachung in Echtzeit [s495]. Ein wichtiges Forschungsfeld ist die Entwicklung kostengünstiger dezentraler Behandlungssysteme [s494]. Anaerobe Membranreaktoren kombinieren dabei die Vorteile der Membranfiltration mit biologischen Abbauprozessen. Diese Systeme sind besonders für ländliche Gebiete oder Entwicklungsländer interessant, wo keine zentrale Infrastruktur verfügbar ist. Die Bioremediation von kontaminierten Böden und Gewässern stellt einen weiteren wichtigen Anwendungsbereich dar [s496]. Dabei werden natürliche mikrobielle Abbauprozesse gezielt gefördert oder speziell adaptierte Mikroorganismen eingesetzt. Die Kenntnis der Umweltbedingungen und der mikrobiellen Stoffwechselwege ist dabei entscheidend für den Erfolg der Sanierungsmaßnahmen. Die Entwicklung nachhaltiger Lösungen zur Kontrolle invasiver Arten ist ein weiterer Aspekt der Umweltbiotechnologie [s493]. Dabei werden biologische Mechanismen untersucht, die zur umweltverträglichen Kontrolle dieser Organismen genutzt werden können. Die Identifizierung und Charakterisierung natürlicher Toxine spielt dabei eine wichtige Rolle.

Glossar

Aquaponik

Ein geschlossenes Kreislaufsystem, das Fischzucht mit
Pflanzenkultivierung verbindet, wobei die Ausscheidungen der
Fische als Nährstoffe für die Pflanzen dienen.

Biofilm

Eine organisierte Gemeinschaft von Mikroorganismen, die sich an
Oberflächen anheften und eine schützende Matrix aus selbst
produzierten Substanzen bilden.

Bioremediation

Ein natürlicher Reinigungsprozess, bei dem lebende Organismen
wie Bakterien, Pilze oder Pflanzen eingesetzt werden, um
Schadstoffe in Boden oder Wasser abzubauen oder unschädlich zu
machen.

Granulation

Ein biologischer Prozess, bei dem sich einzelne Mikroorganismen
zu kugelförmigen Strukturen zusammenschließen, die eine hohe
Stabilität und Aktivität aufweisen.

4. 3. 5. Biokraftstoffe

 iokraftstoffe stellen eine wichtige Alternative zu fossilen Brennstoffen dar und können einen bedeutenden Beitrag zur Reduzierung von Treibhausgasemissionen leisten [s497]. Die Herstellung erfolgt durch verschiedene Verfahren aus unterschiedlichen Biomassequellen, wobei sowohl thermochemische als auch biochemische Prozesse zum Einsatz kommen. Ein vielversprechender Ansatz ist die Produktion von erneuerbarem Benzin und Diesel. Diese Kraftstoffe sind chemisch identisch mit ihren fossilen Pendants und können daher problemlos in bestehenden Motoren und Infrastrukturen verwendet werden [s498] [s499]. Die Herstellung erfolgt über verschiedene Wege wie traditionelle Hydrierung, biologische Zuckeraufwertung oder katalytische Umwandlung von Zuckern. Ein praktisches Beispiel ist die Produktion von Renewable Diesel aus Fetten und Ölen, der in beliebigen Mischungsverhältnissen mit konventionellem Diesel eingesetzt werden kann. Besonders interessant ist die Nutzung von lignocellulosischer Biomasse als Rohstoff. Diese ist in großen Mengen kostengünstig verfügbar und steht nicht in Konkurrenz zur Nahrungsmittelproduktion [s500]. Die Umwandlung erfolgt in einer Zuckerplattform-Bioraffinerie durch drei Hauptschritte: physiko-chemische Vorbehandlung, enzymatische hydrolyse und Fermentation. Um die noch relativ hohen Enzymkosten zu senken, wird am "konsolidierten Bioprozessing" (CBP) geforscht, bei dem Enzymproduktion, Hydrolyse und Fermentation in einem einzigen Schritt integriert werden. Innovative Forschungsansätze konzentrieren sich auch auf die Integration von Algen-Systemen. Diese können nicht nur Biomasse für Biokraftstoffe produzieren, sondern gleichzeitig auch CO_2 aus der Atmosphäre binden [s501]. Ein weiterer Fokus liegt auf der Entwicklung von Techniken zur Wertschöpfung aus Lignin, einem bisher schwer nutzbaren Bestandteil pflanzlicher Biomasse. Hier werden neue Wege erforscht, um daraus nachhaltigen Flugkraftstoff herzustellen. Die Umwandlungsprozesse lassen sich grundsätzlich in Niedertemperatur- (unter 300°C) und Hochtemperaturverfahren (über 300°C) einteilen [s497]. Als besonders vielversprechend gilt die Pyrolyse, die bei moderaten Temperaturen bis 500°C arbeitet. Für eine nachhaltige Kreislaufwirtschaft wird zunehmend die Integration von hydrothermalen und biochemischen Verfahren untersucht. Die Bewertung der Umweltauswirkungen erfolgt durch Lebenszyklusanalysen (LCA), die die gesamte Produktionskette von der

Rohstoffgewinnung bis zur Nutzung betrachten [s497]. Diese umfassenden Analysen sind essentiell, um die tatsächlichen Umweltvorteile von Biokraftstoffen im Vergleich zu fossilen Brennstoffen zu quantifizieren. Aktuelle Forschungsschwerpunkte umfassen die Entwicklung effizienterer Enzyme für die Hydrolyse, leistungsfähigerer Mikroorganismen für die Fermentation sowie fortschrittlicher katalytischer Umwandlungsprozesse [s502]. Dabei spielt auch die Integration verschiedener Technologien in Bioraffinerien eine wichtige Rolle, um die Gesamteffizienz zu steigern und die Produktionskosten zu senken.

4. 3. 6. Enzymatische Synthesen

nzymatische Synthesen haben sich als Schlüsseltechnologie in der modernen Biochemie etabliert und bieten gegenüber klassischen chemischen Verfahren oft entscheidende Vorteile durch ihre hohe Selektivität und milde Reaktionsbedingungen [s503]. Die Anwendungen reichen von der Herstellung therapeutischer Moleküle bis zur Produktion wichtiger Biomoleküle unter umweltfreundlichen Bedingungen. Ein besonders eindrucksvolles Beispiel ist die enzymatische Synthese von L-Fucose aus L-Fuculose mittels einer spezifischen Isomerase [s504]. Dieser Prozess läuft bei moderaten Temperaturen von 30°C und neutralem pH-Wert ab und erreicht ein günstiges Gleichgewichtsverhältnis von etwa 9:1 zugunsten der L-Fucose. Das beteiligte Metalloenzym benötigt dabei Mn2+ als Cofaktor für optimale Aktivität. Diese Methode hat sich als deutlich effizienter und umweltschonender erwiesen als herkömmliche chemische oder extraktive Verfahren. Im Bereich der Nukleinsäure-Chemie spielen enzymatische Synthesen eine zentrale Rolle bei der Herstellung modifizierter RNA-Moleküle [s505]. Besonders interessant sind dabei Phosphorothiolat-Verknüpfungen, die als mechanistische Sonden dienen und einzigartige chemische Eigenschaften aufweisen. Diese Modifikationen ermöglichen wichtige Einblicke in enzymatische und nicht-enzymatische Phosphoryltransferreaktionen. Eine faszinierende Entwicklung ist die Entdeckung von Enzymen, die neuartige Epoxid-Transformationen katalysieren [s506]. Diese Enzyme können unter physiologischen Bedingungen komplexe Umlagerungen durchführen, wie beispielsweise die Bildung quaternärer Kohlenstoffzentren oder die Synthese von Ringsystemen. Besonders bemerkenswert ist dabei die Fähigkeit zur kationischen Epoxid-Umlagerung, die normalerweise starke Säuren erfordert. Im Bereich der Nukleosid-Analoga hat sich die enzymatische Synthese unter Verwendung von Purin-Nukleosid-Phosphorylasen (PNPs) als vielversprechender Ansatz erwiesen [s507]. Diese Enzyme ermöglichen die Herstellung fluoreszierender Ribofuranoside und verschiedener therapeutisch interessanter Nukleosid-Derivate. Ein praktisches Beispiel ist die Entwicklung von immobilisierten Enzym-Systemen für die gezielte Aktivierung von Prodrugs in der Krebstherapie. Für die Synthese komplexer Kohlenhydrate werden zunehmend chemo-enzymatische Strategien entwickelt [s508]. Diese zielen darauf ab, biomedizinisch relevante Glykane und Glykokonjugate effizient und kostengünstig herzustellen. Dabei werden innovative Methoden gesucht, die sowohl für die Laborforschung als auch für die industrielle Produktion geeignet sind. Die Integration verschiedener enzymatischer Syntheseschritte in einem chemo-enzymatischen Gesamtprozess stellt dabei eine besondere Herausforderung dar [s503]. Ziel ist es, das Repertoire der Enzymkatalyse kontinuierlich zu erweitern und neue Wege zur Produktion therapeutisch wichtiger Moleküle zu erschließen. Die Kombination von organischer Synthese, biochemischen Assays und molekularbiologischen Methoden ermöglicht dabei innovative Lösungsansätze.

Glossar

Glykokonjugat

Biomoleküle, bei denen Kohlenhydrate kovalent mit anderen Molekülklassen wie Proteinen oder Lipiden verbunden sind

Isomerase

Ein Enzym, das die Umwandlung eines Moleküls in sein Isomer katalysiert, also die Umlagerung von Atomen innerhalb eines Moleküls ohne Änderung der Summenformel

Metalloenzym

Ein Protein, das ein Metallion als wesentlichen Bestandteil für seine katalytische Aktivität benötigt und fest in seiner Struktur gebunden hat

Phosphorothiolat

Eine chemische Verbindung, bei der ein Sauerstoffatom in einer Phosphatgruppe durch ein Schwefelatom ersetzt wurde, was zu veränderten chemischen Eigenschaften führt

Prodrug

Ein zunächst inaktiver Arzneistoff, der erst im Körper durch biochemische Prozesse in seine wirksame Form umgewandelt wird

Zusammenfassung - 4. 3. Biochemische Anwendungen

- Die pharmazeutische Produktion nutzt transgene "Biopharm-Tiere" zur kostengünstigen Herstellung therapeutischer Proteine in ihrer Milch.

- Endotoxine aus gramnegativen Bakterien erfordern kontinuierliche Überwachung während der gesamten Produktion.

- Die Tandem-Massenspektrometrie ermöglicht simultane Analyse mehrerer Biomarker bei Mucopolysaccharidosen.

- LC-MS/MS hat sich als Goldstandard in der klinischen Proteomik etabliert.

- Das Lab-Enzym Chymosin ist entscheidend für die Gerinnung der Milch bei der Käseherstellung.

- HACCP-Konzepte gewährleisten systematische Lebensmittelsicherheit durch kritische Kontrollpunkte.

- Die Nutrigenomik erforscht den Einfluss von Lebensmittelinhaltsstoffen auf die Genexpression.

- Biofilmsysteme mit immobilisierten Mikroorganismen ermöglichen effiziente Dekontamination toxischer Substanzen.

- Granulation in der anaeroben Abwasserbehandlung führt zur Bildung kompakter mikrobieller Aggregate.

- Aquaponik verbindet Abwasserbehandlung mit Nahrungsmittelproduktion und Stickstoffrückgewinnung.

- Bioremediation nutzt mikrobielle Abbauprozesse zur Sanierung kontaminierter Böden.

- Lignocellulosische Biomasse wird in Zuckerplattform-Bioraffinerien durch enzymatische Hydrolyse verarbeitet.

- Pyrolyse arbeitet bei moderaten Temperaturen bis 500°C zur Biokraftstoffproduktion.

- Phosphorothiolat-Verknüpfungen dienen als mechanistische Sonden bei RNA-Modifikationen.

- Purin-Nukleosid-Phosphorylasen ermöglichen die Synthese fluoreszierender Ribofuranoside.

- Die Chromatographie ermöglicht durch Hochleistungsflüssigkeitschromatographie die Analyse von Vitaminen in Multivitaminpräparaten durch zeitlich versetzte Elution.

- Die Affinity-Monolith-Chromatographie nutzt biologische Erkennungsmechanismen für hochselektive Trennungen durch spezifische Bindungspartner wie Antikörper.

- Die Van-Deemter-Gleichung liefert theoretische Grundlagen für die Optimierung der chromatographischen Trennleistung.

- Die Raman-Spektroskopie ermöglicht durch inelastische Lichtstreuung die Online-Analyse von Metaboliten in Fermentationsprozessen.

- Die Atomabsorptionsspektroskopie kann Elementgehalte bis in den ppb-Bereich nachweisen.

- Die Kapillarelektrophorese erreicht durch minimalen Probenverbrauch und hohe Effizienz eine hochauflösende Trennung.

- Die micellare elektrokinetische Chromatographie ermöglicht durch Micellenbildung auch die Trennung ungeladener Moleküle.

- Die Tandem-Massenspektrometrie ermöglicht durch gezielte Fragmentierung eine detaillierte strukturelle Charakterisierung von Metaboliten.

- Die Ion Mobilitäts-Massenspektrometrie führt eine zusätzliche Trenndimension basierend auf der Molekülform ein.

- Die Scanning-Elektrochemische Mikroskopie ermöglicht label-freies Imaging von dreidimensionalen Zellkulturen.

- Die Nanopore-Sequenzierung revolutioniert durch Einzelmolekülanalyse in Echtzeit die genomische Forschung.

- Die Bisulfit-Sequenzierung ermöglicht als Goldstandard die präzise Kartierung von DNA-Methylierungsmustern.

- Die Photokristallographie ermöglicht die Verfolgung struktureller Änderungen während lichtinduzierter Prozesse.

- Die serielle Femtosekunden-Röntgenkristallographie analysiert Mikrokristalle unter nahezu physiologischen Bedingungen.

- Zinkfinger-Nukleasen ermöglichen eine besonders exakte Genommodifikation durch spezifische DNA-Bindung.

- Die Codonoptimierung steigert die Proteinausbeute durch Anpassung an den bevorzugten Codon-Gebrauch.

- Die Hybridnanoflower-Technologie verbessert durch organisch-anorganische Strukturen die enzymatische Aktivität.

- Die Nutrigenomik untersucht die Wechselwirkungen zwischen Ernährung und Genexpression für personalisierte Ernährungskonzepte.

- Die Aquaponik verbindet Fischzucht mit Pflanzenkultivierung in einem geschlossenen Nährstoffkreislauf.

- Die Pyrolyse wandelt bei moderaten Temperaturen bis 500°C Biomasse in Biokraftstoffe um.

Kostenlose Zusatzangebote in Planung

Wir freuen uns, Ihnen künftig ergänzende kostenlose Materialien zu diesem Buch anbieten zu können:

- Ein exklusives Bonuskapitel mit zusätzlichen Inhalten
- Eine kompakte Zusammenfassung des gesamten Buches im PDF-Format

Die Veröffentlichung dieser Materialien ist für Januar 2025 geplant.
Besuchen Sie gerne schon heute unsere Website. Sobald unser Newsletter-Service startet (voraussichtlich Januar 2025), können Sie sich dort für Updates registrieren und verpassen keine Neuigkeiten zu den kostenlosen Zusatzangeboten.

SaageBooks.com/de/chemie_des_lebens-bonus-275PUC

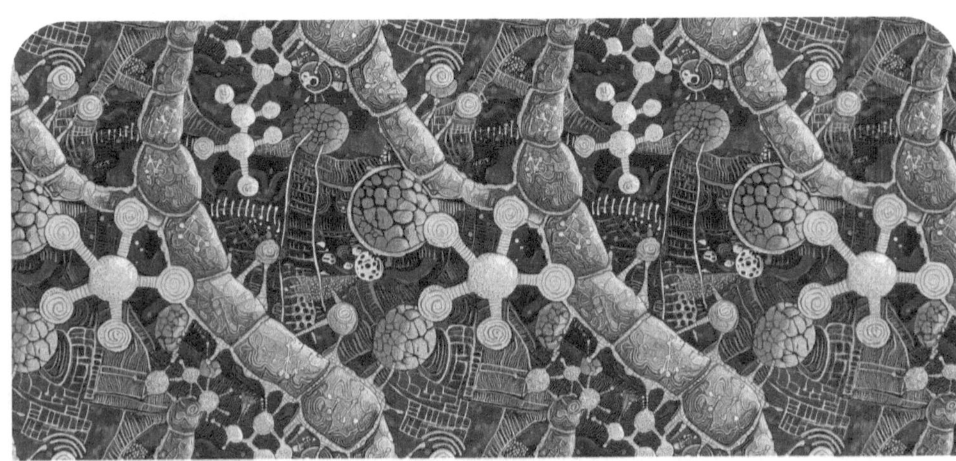

Liebe Leserinnen, liebe Leser,

Ich fühle mich sehr geehrt, dass Sie sich die Zeit genommen haben, mein Buch von Anfang bis Ende zu lesen. Als Autor ist es mein größter Wunsch, Ihnen wertvolle Erkenntnisse und praktische Hilfestellungen mit auf den Weg zu geben. Ihr Vertrauen in meine Arbeit bedeutet mir sehr viel. Ich hoffe, die Lektüre war für Sie bereichernd. Sollten Sie Fragen oder Anregungen haben, können Sie mich gerne über unsere Website kontaktieren.

Wenn Ihnen dieses Buch gefallen hat, würde ich mich sehr über eine ehrliche Rezension freuen. Ihre Meinung ist mir wichtig und hilft anderen Lesern bei ihrer Entscheidung. Sie können Ihre ehrliche Bewertung ganz einfach auf der Verkaufsplattform hinterlassen, über die Sie das Buch erworben haben.
Vielen Dank für Ihre Unterstützung!

Artemis Saage

Saage Media GmbH

SaageBooks.com/de

Entdecken Sie mehr! Auf unserer Verlagswebsite erwartet Sie eine vielfältige Auswahl an weiteren Büchern und spannenden Publikationen. Neben kostenlosen Inhalten und exklusiven Bonusmaterialien finden Sie dort auch vertiefende Informationen zu unseren Werken. Stöbern Sie durch unser umfangreiches digitales Angebot und lassen Sie sich von zusätzlichen Leseerlebnissen inspirieren. Als besonderen Service bieten wir Ihnen sowohl kostenfreie als auch kostenpflichtige Inhalte an, die Ihr Leseerlebnis perfekt ergänzen.

SaageBooks.com/de

Quellen

Mein aufrichtiger Dank gilt allen Autorinnen und Autoren der zitierten wissenschaftlichen und nicht-wissenschaftlichen Quellen, den Betreibern der referenzierten Internetseiten sowie den Urheberinnen und Urhebern der verwendeten Bilder, Grafiken und Studien, deren wertvolle Arbeiten wesentlich zur Entstehung dieses Buches beigetragen haben.
Für weitere Informationen empfehle ich Ihnen, die verlinkten Quellen-Websites zu besuchen.

Alle Quellen wurden zuletzt aufgerufen am: 2025-01-02

[s1] - https://openstax.org/books/biology-2e/pages/2-1-atoms-isotopes-ions-and-molecules-the-building-blocks
Autor:	OpenStax	**Titel:**	Biology 2e - 2.1 Atoms, Isotopes, Ions, and Molecules: The Building Blocks
Webseite:	OpenStax		

[s2] - https://opentextbc.ca/biology/chapter/2-1-the-building-blocks-of-molecules/
Autor:	Charles Molnar and Jane Gair	**Titel:**	Concepts of Biology 1st Canadian Edition
von:	BCcampus Open Education	**Erscheinungsdatum:**	2015
Webseite:	Open Text BC		

[s3] - https://pressbooks-dev.oer.hawaii.edu/lccbiology/chapter/the-building-blocks-of-molecules/
Autor:	OpenStax College	**Titel:**	The Building Blocks of Molecules
Webseite:	Pressbooks		

[s4] - https://openintrobiology.pressbooks.tru.ca/chapter/unit1-3-1/
Titel:	Introduction to Biology	**von:**	OpenIntro
Webseite:	OpenIntro Biology		

[s5] - https://medlineplus.gov/genetics/understanding/howgeneswork/protein/
Titel:	What are proteins and what do they do?	**von:**	National Library of Medicine
Erscheinungsdatum:	March 26, 2021	**Webseite:**	MedlinePlus
Publisher:	U.S. Department of Health and Human Services		

[s6] - https://www.britannica.com/science/amino-acid/Standard-amino-acids
Autor:	Michael K. Reddy	**Titel:**	Standard amino acids
von:	Encyclopaedia Britannica	**Erscheinungsdatum:**	Nov 27, 2024
Webseite:	Britannica	**Publisher:**	Encyclopaedia Britannica

[s7] - https://www.britannica.com/science/amino-acid
Titel:	Amino acid	Definition, Structure, Facts	**von:**	Encyclopaedia Britannica, Inc.
Webseite:	Britannica	**Publisher:**	Encyclopaedia Britannica, Inc.

[s8] - https://www.ncbi.nlm.nih.gov/books/NBK555990/
Autor:	Andrew LaPelusa; Ravi Kaushik	**Titel:**	Physiology, Proteins
von:	StatPearls Publishing	**Erscheinungsdatum:**	2024 Jan-
Webseite:	NCBI	**Publisher:**	National Library of Medicine, National Institutes of Health

[s9] - https://pubmed.ncbi.nlm.nih.gov/32761577/
Autor:	F Solano	**Titel:**	Metabolism and Functions of Amino Acids in the Skin
von:	University of Murcia	**Erscheinungsdatum:**	2020
Webseite:	PubMed	**Publisher:**	Adv Exp Med Biol

[s10] - https://www.nobelprize.org/uploads/2024/11/popular-chemistryprize2024.pdf
Autor:	Ann Fernholm	**Titel:**	The Nobel Prize in Chemistry 2024 - Popular Science Background
von:	Google DeepMind	**Erscheinungsdatum:**	2024-11
Webseite:	Nobel Prize	**Publisher:**	The Royal Swedish Academy of Sciences

[s11] - https://ipib.wisc.edu/2019/10/25/biochemistry-affiliate-works-to-develop-new-bioengineering-strategy/
Autor:	Andrew Buller	**Titel:**	Biochemistry Affiliate Works to Develop New Bioengineering Strategy
von:	University of WisconsinMadison	**Erscheinungsdatum:**	2019-10-25
Webseite:	Integrated Program in Biochemistry	**Publisher:**	Department of Chemistry, University of WisconsinMadison

[s12] - https://pubmed.ncbi.nlm.nih.gov/29083823/
Autor:	Julie E. Holesh, Sanah Aslam, Andrew Martin	**Titel:**	Physiology, Carbohydrates
von:	StatPearls Publishing	**Erscheinungsdatum:**	2024-01
Webseite:	StatPearls	**Publisher:**	StatPearls Publishing LLC

[s13] - https://openstax.org/books/biology-ap-courses/pages/3-2-carbohydrates
Titel:	3.2 Carbohydrates	**von:**	OpenStax
Webseite:	OpenStax		

[s14] - https://www.vvc.edu/sites/default/files/files/10.%20Carbohydrates%20for%20colored%20-%20revised%202012.pdf
Titel:	Molecules of Life: Carbohydrates	**von:**	Victor Valley College
Erscheinungsdatum:	2012	**Webseite:**	Victor Valley College

[s15] - https://old-ib.bioninja.com.au/standard-level/topic-2-molecular-biology/21-molecules-to-metabolism/organic-subunits.html
Autor:	Brent Cornell	**Titel:**	Organic Subunits
Webseite:	BioNinja		

[s16] - https://www.sugarnutritionresource.org/the-basics/what-are-carbohydrates-and-sugar
Titel: What are carbohydrates and sugar? **von:** Sugar Nutrition Resource Centre
Webseite: Sugar Nutrition Resource

[s17] - https://courses.lumenlearning.com/wm-biology1/chapter/reading-types-of-carbohydrates/
Titel: Structure and Function of Carbohydrates **von:** Lumen Learning
Webseite: Lumen Learning

[s18] - https://opentextbc.ca/biology/chapter/15-3-digestive-system-processes/
Titel: Digestive System Processes **von:** BCcampus Open Education
Webseite: Open Text BC

[s19] - https://www.ncbi.nlm.nih.gov/books/NBK459280/
Autor: Julie E. Holesh; Sanah Aslam; Andrew Martin **Titel:** Physiology, Carbohydrates
von: National Library of Medicine, National Institutes of Health **Erscheinungsdatum:** 2024 Jan-
Webseite: NCBI Bookshelf **Publisher:** StatPearls Publishing

[s20] - https://www.britannica.com/science/lipid
Titel: Lipid | Definition, Structure, Examples, Functions Types, Facts **von:** Encyclopaedia Britannica, Inc.
Webseite: Britannica **Publisher:** Encyclopaedia Britannica, Inc.

[s21] - https://lpi.oregonstate.edu/mic/other-nutrients/essential-fatty-acids
Titel: Essential Fatty Acids **von:** Oregon State University
Webseite: Linus Pauling Institute

[s22] - https://www.ncbi.nlm.nih.gov/books/NBK9928/
Autor: Cooper GM **Titel:** The Cell: A Molecular Approach
von: National Library of Medicine, National Institutes of Health **Erscheinungsdatum:** 2000
Webseite: NCBI **Publisher:** Sinauer Associates

[s23] - https://www.ncbi.nlm.nih.gov/books/NBK305896/
Autor: Kenneth R. Feingold, MD **Titel:** Introduction to Lipids and Lipoproteins
von: MDText.com, Inc. **Erscheinungsdatum:** January 14, 2024
Webseite: NCBI Bookshelf **Publisher:** National Library of Medicine, National Institutes of Health

[s24] - https://pubmed.ncbi.nlm.nih.gov/29767698/
Autor: E Madison Sullivan, Edward Ross Pennington, William D Green, Melinda A Beck, David A Brown, Saame Raza Shaikh **Titel:** Mechanisms by Which Dietary Fatty Acids Regulate Mitochondrial Structure-Function in Health and Disease
Erscheinungsdatum: 2018-05-01 **Webseite:** PubMed
Publisher: Adv Nutr

[s25] - https://chemistry.umbc.edu/undergraduate/chemistry-courses/
Titel: Chemistry Courses **von:** University of Maryland, Baltimore County (UMBC)
Webseite: UMBC Department of Chemistry Biochemistry

[s26]
https://bio.libretexts.org/Courses/University_of_Arkansas_Little_Rock/Genetics_BIOL3300_(Leacock)/Genetics_Textbook/01%3A_Chemistry_to_Chromosomes/1.01%3A__The_Structure_of_DNA
Autor: Stefanie West Leacock **Titel:** 1.1: The Structure of DNA
von: University of Arkansas at Little Rock **Erscheinungsdatum:** Wed, 02 Mar 2022 03:55:21 GMT
Webseite: LibreTexts

[s27] - https://www.britannica.com/science/nucleic-acid
Titel: Nucleic acid | Definition, Function, Structure, Types **von:** Encyclopaedia Britannica, Inc.
Webseite: Britannica **Publisher:** Encyclopaedia Britannica, Inc.

[s28] - https://rwu.pressbooks.pub/bio103/chapter/nucleotides-and-nucleic-acids/
Autor: Katherine R. Mattaini **Titel:** Chapter 5. Nucleotides Nucleic Acids
von: Pressbooks **Erscheinungsdatum:** 2020
Webseite: RWU Pressbooks

[s29] - https://epigeneticsandchromatin.biomedcentral.com/articles/10.1186/s13072-015-0040-6
Autor: Julie Nadel, Rodoniki Athanasiadou, Christophe Lemetre, N. Ari Wijetunga, Pilib O Broin, Hanae Sato, Zhengdong Zhang, Jeffrey Jeddeloh, Cristina Montagna, Aaron Golden, Cathal Seoighe, John M. Greally **Titel:** RNA:DNA hybrids in the human genome have distinctive nucleotide characteristics, chromatin composition, and transcriptional relationships
von: BMC (BioMed Central) **Erscheinungsdatum:** 2015-11-16
Webseite: Epigenetics Chromatin **Publisher:** BioMed Central

[s30] - https://pubmed.ncbi.nlm.nih.gov/16713250/
Autor: Carla A Theimer, Juli Feigon **Titel:** Structure and function of telomerase RNA
Erscheinungsdatum: 2006-05-18 **Webseite:** PubMed
Publisher: Curr Opin Struct Biol

[s31] - https://pubmed.ncbi.nlm.nih.gov/7662660/
Autor: E A Lesnik, S M Freier **Titel:** Relative thermodynamic stability of DNA, RNA, and DNA:RNA hybrid duplexes: relationship with base composition and structure
von: ISIS Pharmaceuticals **Erscheinungsdatum:** 1995-08-29
Webseite: PubMed **Publisher:** Biochemistry

[s32] - https://www.ncbi.nlm.nih.gov/books/NBK554545/
Autor: Alyssa L. Morris; Shamim S. Mohiuddin **Titel:** Biochemistry, Nutrients
von: StatPearls Publishing **Erscheinungsdatum:** 2024 Jan-
Webseite: NCBI **Publisher:** StatPearls Publishing

[s33] - https://isom.ca/wp-content/uploads/2012/12/Metabolic-Correction-A-Functional-Explanation-of-Orthomolecular-Medicine-27.1.pdf
Autor: Michael J. Gonzalez, DSc, PhD, FACN; Jorge R. Miranda Massari, PharmD **Titel:** Metabolic Correction: A Functional Explanation of Orthomolecular Medicine
Erscheinungsdatum: 2012 **Webseite:** isom.ca
Publisher: Journal of Orthomolecular Medicine

[s34] - https://www.scripps.org/sparkle-assets/documents/bcns_handout.pdf
Titel: Curriculum Overview for CNS Candidates **von:** Scripps Health
Webseite: Scripps Health

[s35] - https://pubmed.ncbi.nlm.nih.gov/27462078/
Autor: David W Gohara, Enrico Di Cera **Titel:** Molecular Mechanisms of Enzyme Activation by Monovalent Cations
von: Saint Louis University School of Medicine **Erscheinungsdatum:** 2016-07-26
Webseite: PubMed **Publisher:** The American Society for Biochemistry and Molecular Biology, Inc.

[s36] - https://public.csr.nih.gov/sites/default/files/2021-08/ENQUIRE_Cluster7_Newly_Formed.pdf
Titel: ENQUIRE Cluster 7 Molecular and Cellular **von:** National Institutes of Health (NIH)
Basic Sciences New Study Sections formed
Erscheinungsdatum: August 2021 **Webseite:** public.csr.nih.gov

[s37] - https://pubmed.ncbi.nlm.nih.gov/29382716/
Autor: ThirumalaiSelvi Ulaganathan, William Helbert, **Titel:** Structure-function analyses of a PL24 family
Moran Kopel, Ehud Banin, Miroslaw Cygler ulvan lyase reveal key features and suggest its
catalytic mechanism
Erscheinungsdatum: 2018-01-30 **Webseite:** PubMed
Publisher: The American Society for Biochemistry and
Molecular Biology, Inc.

[s38] - https://www.genome.gov/genetics-glossary/Cell-Membrane-Plasma-Membrane
Titel: Cell Membrane (Plasma Membrane) **von:** National Human Genome Research Institute
(NHGRI)
Erscheinungsdatum: December 23, 2024 **Webseite:** Genome.gov

[s39] - https://rwu.pressbooks.pub/bio103/chapter/membrane-transport/
Titel: Chapter 8. Membrane Transport **von:** Pressbooks
Webseite: rwu.pressbooks.pub

[s40] - https://opentextbc.ca/biology/chapter/3-5-passive-transport/
Titel: 3.5 Passive Transport **von:** BCcampus Open Education
Webseite: Open Text BC

[s41] - https://pubmed.ncbi.nlm.nih.gov/23819815/
Autor: Anna Frick, Michael Jrva, Mikael Ekvall, Povilas **Titel:** Mercury increases water permeability of a plant
Uzdavinys, Maria Nyblom, Susanna Tornroth- aquaporin through a non-cysteine-related m
Horsefield echanism
Erscheinungsdatum: 2013-09-15 **Webseite:** PubMed
Publisher: Biochemical Journal

[s42] - https://www.ncbi.nlm.nih.gov/books/NBK26815/
Autor: Bruce Alberts, Alexander Johnson, Julian Lewis, **Titel:** Molecular Biology of the Cell
Martin Raff, Keith Roberts, Peter Walter
von: Garland Science **Erscheinungsdatum:** 2002
Webseite: NCBI **Publisher:** Garland Science

[s43] - https://www.genome.gov/genetics-glossary/Mitochondria
Titel: Mitochondria **von:** National Human Genome Research Institute
(NHGRI)
Erscheinungsdatum: January 1, 2025 **Webseite:** Genome.gov

[s44] - https://pubmed.ncbi.nlm.nih.gov/24920675/
Autor: Toan Pham, Denis Loiselle, Amelia Power, **Titel:** Mitochondrial inefficiencies and anoxic ATP
Anthony J R Hickey hydrolysis capacities in diabetic rat heart
Erscheinungsdatum: 2014-06-11 **Webseite:** PubMed
Publisher: American Physiological Society

[s45] - https://www.osmosis.org/answers/cellular-respiration
Autor: Corinne Tarantino, MPH **Titel:** Cellular Respiration: What Is It, Its Purpose, and
More
von: Osmosis **Erscheinungsdatum:** Mar 17, 2022
Webseite: Osmosis

[s46] - https://www.ncbi.nlm.nih.gov/books/NBK9885/
Autor: Cooper GM **Titel:** The Cell: A Molecular Approach
von: National Library of Medicine, National Institutes **Erscheinungsdatum:** 2000
of Health
Webseite: NCBI Bookshelf **Publisher:** Sinauer Associates

[s47] - https://bmcbiol.biomedcentral.com/articles/10.1186/s12915-015-0201-x
Autor: Werner Khlbrandt **Titel:** Structure and function of mitochondrial
membrane protein complexes
von: BMC Biology **Erscheinungsdatum:** 29 October 2015
Webseite: BMC Biology

[s48] - https://pubmed.ncbi.nlm.nih.gov/11018072/
Autor: J J Lehman, P M Barger, A Kovacs, J E Saffitz, D **Titel:** Peroxisome proliferator-activated receptor
M Medeiros, D P Kelly gamma coactivator-1 promotes cardiac
mitochondrial biogenesis
von: Washington University School of Medicine **Erscheinungsdatum:** 2000-10
Webseite: PubMed **Publisher:** J Clin Invest

[s49] - https://pubmed.ncbi.nlm.nih.gov/26184462/
Autor: George B Stefano, Christopher Snyder, Richard **Titel:** Mitochondria, Chloroplasts in Animal and Plant
M Kream Cells: Significance of Conformational Matching
von: MitoGenetics Research Institute **Erscheinungsdatum:** 2015-07-17
Webseite: PubMed **Publisher:** Med Sci Monit

[s50] - https://training.seer.cancer.gov/anatomy/cells_tissues_membranes/cells/structure.html
Titel: Cell Structure **von:** National Cancer Institute
Webseite: SEER Training

[s51] - https://open.oregonstate.education/aandp/chapter/3-3-the-nucleus-and-dna-replication/
Autor: Lindsay M. Biga, Staci Bronson, Sierra Dawson, **Titel:** 3.3 The Nucleus and DNA Replication
Amy Harwell, Robin Hopkins, Joel Kaufmann,
Mike LeMaster, Philip Matern, Katie Morrison-
Graham, Kristen Oja, Devon Quick, Jon Runyeon
von: Oregon State University **Erscheinungsdatum:** 2019
Webseite: Open Oregon State **Publisher:** OpenStax

[s52] - https://www.genome.gov/genetics-glossary/Chromatin
Autor: Paul P. Liu, M.D., Ph.D. **Titel:** Chromatin
von: National Human Genome Research Institute **Erscheinungsdatum:** January 1, 2025
(NHGRI)
Webseite: Genome.gov

[s53] - https://www.ncbi.nlm.nih.gov/pmc/articles/PMC7028756/
Autor: Nicola Crosetto, Magda Bienko **Titel:** Radial Organization in the Mammalian Nucleus
von: Karolinska Institutet **Erscheinungsdatum:** 2020-02-12
Webseite: NCBI **Publisher:** Frontiers in Genetics

[s54] - https://commonfund.nih.gov/4DNucleome/highlights/archives
Autor: Erez Lieberman Aiden, Job Dekker, Clifford **Titel:** 4D Nucleome Science Highlights Archives
Brangwynne, Michael Levine, Leonid Mirny
von: National Institutes of Health **Webseite:** Common Fund
Publisher: National Institutes of Health

[s55] - https://pmc.ncbi.nlm.nih.gov/articles/PMC6440800/
Autor: Tyler J Kirby, Jan Lammerding
Titel: Emerging views of the nucleus as a cellular mechanosensor
von: Cornell University
Erscheinungsdatum: 2018 Feb 21
Webseite: PMC
Publisher: Nature Cell Biology

[s56] - https://www.bmb.colostate.edu/research/
Titel: Research in the Department of Biochemistry and Molecular Biology
von: Colorado State University
Webseite: Colorado State University - College of Natural Sciences

[s57] - https://www.britannica.com/science/endoplasmic-reticulum
Titel: Endoplasmic Reticulum
von: Encyclopaedia Britannica, Inc.
Webseite: Britannica
Publisher: Encyclopaedia Britannica, Inc.

[s58] - https://bscb.org/learning-resources/softcell-e-learning/endoplasmic-reticulum-rough-and-smooth/
Autor: British Society for Cell Biology
Titel: Endoplasmic Reticulum (Rough and Smooth)
Webseite: British Society for Cell Biology

[s59] - https://www.britannica.com/science/rough-endoplasmic-reticulum
Autor: Kara Rogers
Titel: Rough endoplasmic reticulum (RER) | Definition, Structure, Function
von: Encyclopaedia Britannica
Erscheinungsdatum: Nov 16, 2024
Webseite: Britannica
Publisher: Encyclopaedia Britannica, Inc.

[s60] - https://pubmed.ncbi.nlm.nih.gov/26433683/
Autor: Dianne S Schwarz, Michael D Blower
Titel: The endoplasmic reticulum: structure, function and response to cellular signaling
von: Massachusetts General Hospital, Harvard Medical School, New England Biolabs
Erscheinungsdatum: 2016-01
Webseite: PubMed
Publisher: Cellular and Molecular Life Sciences

[s61] - https://www.nature.com/articles/s41419-022-05444-x
Autor: Jian Zhang, Jiafu Guo, Nannan Yang, Yan Huang, Tingting Hu, Chaolong Rao
Titel: Endoplasmic reticulum stress-mediated cell death in liver injury
von: Nature Publishing Group
Erscheinungsdatum: 19 December 2022
Webseite: Nature
Publisher: Nature Publishing Group

[s62] - https://jbiomedsci.biomedcentral.com/articles/10.1186/s12929-017-0403-3
Autor: Yu-Tzu Shih, Yi-Ping Hsueh
Titel: The involvement of endoplasmic reticulum formation and protein synthesis efficiency in VCP- and ATL1-related neurological disorders
Webseite: Journal of Biomedical Science
Erscheinungsdatum: 08 January 2018
Publisher: BMC

[s63] - https://pubmed.ncbi.nlm.nih.gov/12360195/
Autor: Brad J Marsh, Kathryn E Howell
Titel: The mammalian Golgi--complex debates
Erscheinungsdatum: 2002-10
Webseite: PubMed
Publisher: Nature Reviews Molecular Cell Biology

[s64] - https://www.genome.gov/genetics-glossary/golgi-body
Titel: Golgi Body
von: National Human Genome Research Institute (NHGRI)
Erscheinungsdatum: January 1, 2025
Webseite: Genome.gov

[s65] - https://www.britannica.com/science/Golgi-apparatus
Titel: Golgi apparatus
von: Encyclopaedia Britannica, Inc.
Webseite: Britannica

[s66] - https://bscb.org/learning-resources/softcell-e-learning/endoplasmic-reticulum-rough-and-smooth/
Autor: British Society for Cell Biology
Titel: Endoplasmic Reticulum (Rough and Smooth)
Webseite: British Society for Cell Biology

[s67] - https://pubmed.ncbi.nlm.nih.gov/37566051/
Autor: Aurel George Mohan, Bogdan Calenic, Nicu Adrian Ghiurau, Roxana-Maria Duncea-Borca, Alexandra-Elena Constantinescu, Ileana Constantinescu
Titel: The Golgi Apparatus: A Voyage through Time, Structure, Function and Implication in Neurodegenerative Disorders
von: University of Oradea
Erscheinungsdatum: 2023-07-31
Webseite: pubmed.ncbi.nlm.nih.gov
Publisher: Cells

[s68] - https://www.ncbi.nlm.nih.gov/pmc/articles/PMC7995685/
Autor: Marcus Y Chin, Jether Amos Espinosa, Grace Pohan, Sarine Markossian, Michelle R Arkin
Titel: Reimagining dots and dashes: visualizing structure and function of organelles for high-content imaging analysis
von: University of California, San Francisco
Erscheinungsdatum: 2021-02-17
Webseite: NCBI
Publisher: Cell Chem Biol

[s69] - https://medlineplus.gov/genetics/gene/gba1/
Titel: GBA1 gene
von: National Library of Medicine
Webseite: MedlinePlus

[s70] - https://www.ncbi.nlm.nih.gov/books/NBK9953/
Autor: Geoffrey M. Cooper
Titel: The Cell: A Molecular Approach
von: National Library of Medicine
Erscheinungsdatum: 2000
Webseite: NCBI
Publisher: Sinauer Associates

[s71] - https://translationalneurodegeneration.biomedcentral.com/articles/10.1186/s40035-020-00196-0
Autor: Qiaoyun Song, Bo Meng, Haidong Xu, Zixu Mao
Titel: The emerging roles of vacuolar-type ATPase-dependent Lysosomal acidification in neurodegenerative diseases
von: BMC (BioMed Central)
Erscheinungsdatum: 2020-05-11
Webseite: Translational Neurodegeneration
Publisher: BioMed Central

[s72] - https://www.nature.com/articles/s41421-020-0141-7
Autor: Willa Wen-You Yim, Noboru Mizushima
Titel: Lysosome biology in autophagy
von: Nature Publishing Group
Erscheinungsdatum: 2020-02-11
Webseite: Nature
Publisher: Nature Publishing Group

[s73] - https://www.nature.com/articles/s41392-022-00966-4
Autor: Lin Zhao, Jia Zhao, Kunhong Zhong, Aiping Tong, Da Jia
Titel: Targeted protein degradation: mechanisms, strategies and application
von: Nature Publishing Group
Erscheinungsdatum: 2022-04-04
Webseite: Nature
Publisher: Signal Transduction and Targeted Therapy

[s74] - https://www.genome.gov/genetics-glossary/Lysosome
Titel: Lysosome
von: National Human Genome Research Institute (NHGRI)
Erscheinungsdatum: January 1, 2025
Webseite: Genome.gov

[s75] - https://courses.lumenlearning.com/suny-ap1/chapter/the-cytoplasm-and-cellular-organelles/
Titel: The Cytoplasm and Cellular Organelles
von: Lumen Learning
Webseite: Lumen Learning

[s76] - https://www.nature.com/articles/s12276-020-00503-9
Autor: Doo Sin Jo, Na Yeon Park, Dong-Hyung Cho | Titel: Peroxisome quality control and dysregulated lipid metabolism in neurodegenerative diseases
von: Nature Publishing Group | Erscheinungsdatum:2020-09-11
Webseite: Nature | Publisher: Nature Publishing Group

[s77] - https://www.ncbi.nlm.nih.gov/pmc/articles/PMC6857447/
Autor: Katelyn C Cook, Jorge A Moreno, Pierre M Jean Beltran, Ileana M Cristea | Titel: Peroxisome Plasticity at the VirusHost Interface
von: Princeton University | Erscheinungsdatum:2019 Nov 15
Webseite: NCBI | Publisher: Trends Microbiol

[s78] - https://pubmed.ncbi.nlm.nih.gov/35805150/
Autor: Ryan M Judy, Connor J Sheedy, Brooke M Gardner | Titel: Insights into the Structure and Function of the Pex1Pex6 AAA-ATPase in Peroxisome Homeostasis
Erscheinungsdatum:2022-06-29 | Webseite: PubMed
Publisher: MDPI

[s79] - https://pubmed.ncbi.nlm.nih.gov/30188767/
Autor: Francesca Di Cara, Margret H Blow, Andrew J Simmonds, Richard A Rachubinski | Titel: Dysfunctional peroxisomes compromise gut structure and host defense by increased cell death and Tor-dependent autophagy
Erscheinungsdatum:2018-11-01 | Webseite: PubMed
Publisher: Molecular Biology of the Cell

[s80] - https://www.nature.com/articles/s41419-024-06925-x
Autor: Marinella Pinelli, Stephanie Makdissi, Michal Scur, Brendon D. Parsons, Kristi Baker, Anthony Otley, Brad MacIntyre, Huong D. Nguyen, Peter K. Kim, Andrew W. Stadnyk, Francesca Di Cara | Titel: Peroxisomal cholesterol metabolism regulates yap-signaling, which maintains intestinal epithelial barrier function and is altered in Crohn's disease
von: Nature Publishing Group | Erscheinungsdatum:2024-07-28
Webseite: Nature | Publisher: Nature Publishing Group

[s81]
https://bio.libretexts.org/Bookshelves/Introductory_and_General_Biology/General_Biology_1e_(OpenStax)/2%3A_The_Cell/04%3A_Cell_Structure/4.5%3A_The_Cytoskeleton
Autor: OpenStax | Titel: 4.5: The Cytoskeleton
Erscheinungsdatum:Sat, 09 Apr 2022 18:40:30 GMT | Webseite: LibreTexts
Publisher: OpenStax

[s82] - https://www.nature.com/articles/eye1999115.pdf
Autor: R.A. Quinlan, A. Sandilands, J.E. Procter, A.R. Prescott, A.M. Hutcheson, R. Dahm, C. Gribbon, P. Wallace, J.M. Carter | Titel: The eye lens cytoskeleton
Erscheinungsdatum:1999 | Webseite: Nature
Publisher: Royal College of Ophthalmologists

[s83] - https://respiratory-research.biomedcentral.com/articles/10.1186/s12931-017-0544-7
Autor: Dale D. Tang, Brennan D. Gerlach | Titel: The roles and regulation of the actin cytoskeleton, intermediate filaments and microtubules in smooth muscle cell migration
Erscheinungsdatum:08 April 2017 | Webseite: Respiratory Research
Publisher: BMC

[s84] - https://pmc.ncbi.nlm.nih.gov/articles/PMC9748686/
Autor: Dolores Prez-Sala, Ming Guo | Titel: Editorial: Intermediate filaments structure, function, and clinical significance
von: Centro de Investigaciones Biologicas Margarita Salas, CSIC; Massachusetts Institute of Technology | Erscheinungsdatum:2022 Nov 30
Webseite: PMC | Publisher: Frontiers in Cell and Developmental Biology

[s85] - https://journals.aai.org/jimmunol/article/166/11/6640/43685/Rigidity-of-Circulating-Lymphocytes-Is-Primarily
Autor: Martin J. Brown, John A. Hallam, Emma Colucci-Guyon, Stephen Shaw | Titel: Rigidity of Circulating Lymphocytes Is Primarily Conferred by Vimentin Intermediate Filaments
von: National Cancer Institute, National Institutes of Health | Erscheinungsdatum:June 01 2001
Webseite: The Journal of Immunology | Publisher: American Association of Immunologists

[s86] - https://www.ncbi.nlm.nih.gov/pmc/articles/PMC3128530/
Autor: Oxana E Nekrasova, Melissa G Mendez, Ivan S Chernoivanenko, Pyotr A Tyurin-Kuzmin, Edward R Kuczmarski, Vladimir I Gelfand, Robert D Goldman, Alexander A Minin | Titel: Vimentin intermediate filaments modulate the motility of mitochondria
von: National Institutes of Health | Erscheinungsdatum:2011-07-01
Webseite: NCBI | Publisher: The American Society for Cell Biology

[s87] - https://events.faseb.org/event/cytoskeletal/summary
Titel: Cytoskeletal Structure, Dynamics, and Function | von: FASEB
Erscheinungsdatum:2025-07-13 | Webseite: events.faseb.org

[s88] - https://pubmed.ncbi.nlm.nih.gov/31392410/
Autor: Natasa Resnik, Andreja Erman, Peter Veranic, Mateja Erdani Kreft | Titel: Triple labelling of actin filaments, intermediate filaments and microtubules for broad application in cell biology: uncovering the cytoskeletal composition in tunneling nanotubes
von: Institute of Cell Biology, Faculty of Medicine, University of Ljubljana | Erscheinungsdatum:2019-08-08
Webseite: PubMed | Publisher: Histochemistry and Cell Biology

[s89] - https://bmcplantbiol.biomedcentral.com/articles/10.1186/s12870-018-1625-6
Autor: Tapan Kumar Mohanta, Abdul Latif Khan, Abeer Hashem, Elsayed Fathi Abd_ Allah, Dhananjay Yadav, Ahmed Al-Harrasi | Titel: Genomic and evolutionary aspects of chloroplast tRNA in monocot plants
von: BMC Plant Biology | Erscheinungsdatum:22 January 2019
Webseite: BMC Plant Biology | Publisher: BioMed Central

[s90] - https://pubmed.ncbi.nlm.nih.gov/15028209/
Autor: Torsten Kleffmann, Doris Russenberger, Anne von Zychlinski, Wayne Christopher, Kimmen Sjlander, Wilhelm Gruissem, Sacha Baginsky | Titel: The Arabidopsis thaliana chloroplast proteome reveals pathway abundance and novel protein functions
von: Swiss Federal Institute of Technology (ETH Zurich) | Erscheinungsdatum:2004-03-09
Webseite: PubMed | Publisher: Current Biology

[s91] - https://www.britannica.com/science/chloroplast
Titel: Chloroplast | von: Encyclopaedia Britannica
Webseite: Britannica | Publisher: Encyclopaedia Britannica

[s92] - https://www.ncbi.nlm.nih.gov/pmc/articles/PMC8383295/
Autor: Kalyan Mahapatra, Samrat Banerjee, Sayanti De, Mehali Mitra, Pinaki Roy, Sujit Roy
Titel: An Insight Into the Mechanism of Plant Organelle Genome Maintenance and Implications of Organelle Genome in Crop Improvement: An Update
von: The University of Burdwan
Erscheinungsdatum: 2021-08-10
Webseite: NCBI
Publisher: Frontiers in Cell and Developmental Biology

[s93] - https://pmc.ncbi.nlm.nih.gov/articles/PMC6601204/
Autor: Imen Bouchnak, Sabine Brugire, Lucas Moyet, Sophie Le Gall, Daniel Salvi, Marcel Kuntz, Marianne Tardif, Norbert Rolland
Titel: Unraveling Hidden Components of the Chloroplast Envelope Proteome: Opportunities and Limits of Better MS Sensitivity
von: University Grenoble Alpes, INRA, CNRS, CEA
Erscheinungsdatum: 2019-04-08
Webseite: PMC
Publisher: The American Society for Biochemistry and Molecular Biology, Inc.

[s94] - https://pubmed.ncbi.nlm.nih.gov/34440792/
Autor: Abdul Hameed, Muhammad Zaheer Ahmed, Tabassum Hussain, Irfan Aziz, Niaz Ahmad, Bilquees Gul, Brent L Nielsen
Titel: Effects of Salinity Stress on Chloroplast Structure and Function
Erscheinungsdatum: 2021-08-07
Webseite: PubMed
Publisher: MDPI

[s95] - https://prl.natsci.msu.edu/news-and-events/news/2024-09-uncovering-protein-complex-between-er-chloroplasts.aspx
Autor: Kara Headley
Titel: Uncovering protein complex between ER and chloroplasts
von: Michigan State University
Erscheinungsdatum: 2024-09-05
Webseite: Michigan State University - Department of Energy Plant Research Laboratory
Publisher: Nature Communications

[s96] - https://www.nextgenscience.org/dci-arrangement/ms-ls1-molecules-organisms-structures-and-processes
Titel: MS-LS1 From Molecules to Organisms: Structures and Processes
von: Next Generation Science Standards
Webseite: Next Generation Science Standards

[s97] - https://www.osmosis.org/answers/cellular-respiration
Autor: Corinne Tarantino, MPH
Titel: Cellular Respiration: What Is It, Its Purpose, and More
von: Osmosis
Erscheinungsdatum: Mar 17, 2022
Webseite: Osmosis

[s98] - https://www.ncbi.nlm.nih.gov/books/NBK546695/
Autor: Erica A. Melkonian; Mark P. Schury
Titel: Biochemistry, Anaerobic Glycolysis
von: StatPearls Publishing
Erscheinungsdatum: 2024 Jan
Webseite: NCBI Bookshelf
Publisher: National Library of Medicine, National Institutes of Health

[s99] - https://pubmed.ncbi.nlm.nih.gov/21985671/
Autor: Sophia Y Lunt, Matthew G Vander Heiden
Titel: Aerobic glycolysis: meeting the metabolic requirements of cell proliferation
von: Koch Institute for Integrative Cancer Research, Massachusetts Institute of Technology
Erscheinungsdatum: 2011
Webseite: PubMed
Publisher: Annual Review of Cell and Developmental Biology

[s100] - https://www.nature.com/articles/emm201385
Autor: Miran Jang, Sung Soo Kim, Jinhwa Lee
Titel: Cancer cell metabolism: implications for therapeutic targets
von: Nature Publishing Group
Erscheinungsdatum: 04 October 2013
Webseite: nature.com
Publisher: Nature Publishing Group

[s101] - https://www.nature.com/articles/s41598-019-48676-2
Autor: Bahar Yetkin-Arik, Ilse M. C. Vogels, Patrycja Nowak-Sliwinska, Andrea Weiss, Riekelt H. Houtkooper, Cornelis J. F. Van Noorden, Ingeborg Klaassen, Reinier O. Schlingemann
Titel: The role of glycolysis and mitochondrial respiration in the formation and functioning of endothelial tip cells during angiogenesis
von: Nature Research
Erscheinungsdatum: 30 August 2019
Webseite: Nature
Publisher: Scientific Reports

[s102] - https://www.cancer.gov/research/key-initiatives/ras/news-events/dialogue-blog/2021/vander-heiden-warburg-effect
Autor: Alba Luengo, Zhaoqi Li, Matthew Vander Heiden
Titel: New Clarity on the Warburg Effect
von: National Cancer Institute
Erscheinungsdatum: January 13, 2021
Webseite: cancer.gov
Publisher: National Cancer Institute

[s103] - https://www.ncbi.nlm.nih.gov/sites/books/n/statpearls/article-23952/
Autor: Tamim O. Alabduladhem; Bruno Bordoni
Titel: Physiology, Krebs Cycle
von: StatPearls Publishing
Erscheinungsdatum: 2024 Jan
Webseite: StatPearls
Publisher: StatPearls Publishing

[s104] - https://pubmed.ncbi.nlm.nih.gov/24068518/
Autor: Muhammad Akram
Titel: Citric acid cycle and role of its intermediates in metabolism
Erscheinungsdatum: 2014-04
Webseite: PubMed
Publisher: Cell Biochemistry and Biophysics

[s105] - https://www.britannica.com/science/tricarboxylic-acid-cycle
Autor: The Editors of Encyclopaedia Britannica
Titel: Tricarboxylic acid cycle
von: Encyclopaedia Britannica
Erscheinungsdatum: Dec 6, 2024
Webseite: Britannica
Publisher: Encyclopaedia Britannica

[s106] - https://pmc.ncbi.nlm.nih.gov/articles/PMC1930152/
Autor: Ryan J Mailloux, Robin Briault, Joseph Lemire, Ranji Singh, Daniel R Chnier, Robert D Hamel, Vasu D Appanna
Titel: The Tricarboxylic Acid Cycle, an Ancient Metabolic Network with a Novel Twist
von: Laurentian University
Erscheinungsdatum: 2007 Aug 1
Webseite: PMC
Publisher: PLoS One

[s107] - https://www.ttuhsc.edu/medicine/academic-affairs/documents/sakai-files/bct/10_Pyruvate_Oxid_Tricarb_Acid_Cycle_Notes_Ganapathy.pdf
Autor: Vadivel Ganapathy, Ph.D.
Titel: Biology of Cells and Tissues: Tricarboxylic Acid Cycle Notes
von: Texas Tech University Health Sciences Center
Webseite: Texas Tech University Health Sciences Center

[s108] - https://pubmed.ncbi.nlm.nih.gov/27432878/
Autor: Eunsook S Jin, A Dean Sherry, Craig R Malloy   **Titel:** An Oral Load of [13C3]Glycerol and Blood NMR Analysis Detect Fatty Acid Esterification, Pentose Phosphate Pathway, and Glycerol Metabolism through the Tricarboxylic Acid Cycle in Human Liver
von: University of Texas Southwestern Medical Center   **Erscheinungsdatum:** 2016-07-18
Webseite: PubMed   **Publisher:** The American Society for Biochemistry and Molecular Biology, Inc.

[s109] - https://pubmed.ncbi.nlm.nih.gov/15347677/
Autor: Shawn C Burgess, Natasha Hausler, Matthew Merritt, F Mark H Jeffrey, Charles Storey, Angela Milde, Seena Koshy, Jill Lindner, Mark A Magnuson, Craig R Malloy, A Dean Sherry   **Titel:** Impaired tricarboxylic acid cycle activity in mouse livers lacking cytosolic phosphoenolpyruvate carboxykinase
Erscheinungsdatum: 2004-09-03   **Webseite:** PubMed
Publisher: J Biol Chem

[s110] - https://www.nature.com/articles/s41467-017-02591-0
Autor: Greg Springsteen, Jayasudhan Reddy Yerabolu, Julia Nelson, Chandler Joel Rhea, Ramanarayanan Krishnamurthy   **Titel:** Linked cycles of oxidative decarboxylation of glyoxylate as protometabolic analogs of the citric acid cycle
von: Nature Communications   **Erscheinungsdatum:** 08 January 2018
Webseite: nature.com   **Publisher:** Nature Publishing Group

[s111] - https://www.nature.com/articles/s41598-018-36265-8
Autor: Fredrick J. Rosario, Madhulika B. Gupta, Leslie Myatt, Theresa L. Powell, Jeremy P. Glenn, Laura Cox, Thomas Jansson   **Titel:** Mechanistic Target of Rapamycin Complex 1 Promotes the Expression of Genes Encoding Electron Transport Chain Proteins and Stimulates Oxidative Phosphorylation in Primary Human Trophoblast Cells by Regulating Mitochondrial Biogenesis
von: Nature Publishing Group   **Erscheinungsdatum:** 22 January 2019
Webseite: Nature   **Publisher:** Scientific Reports

[s112] - https://reactome.org/content/detail/R-HSA-611105
Autor: B. Jassal   **Titel:** Respiratory electron transport
von: Reactome   **Erscheinungsdatum:** 2025
Webseite: Reactome

[s113] - https://pmc.ncbi.nlm.nih.gov/articles/PMC1302273/
Autor: Qusheng Jin, Craig M Bethke   **Titel:** Kinetics of electron transfer through the respiratory chain
von: University of Illinois   **Erscheinungsdatum:** 2002-10
Webseite: National Center for Biotechnology Information   **Publisher:** Biophysical Journal

[s114] - https://www.nature.com/articles/s41416-019-0651-y
Autor: Vittoria Raimondi, Francesco Ciccarese, Vincenzo Ciminale   **Titel:** Oncogenic pathways and the electron transport chain: a dangeROS liaison
von: Nature Publishing Group   **Erscheinungsdatum:** 2019-12-10
Webseite: Nature   **Publisher:** British Journal of Cancer

[s115] - https://pubmed.ncbi.nlm.nih.gov/18249146/
Autor: Limor Minai, Jelena Martinovic, Dominique Chretien, Franoise Dumez, Frecht Razavi, Arnold Munnich, Agns Rtig   **Titel:** Mitochondrial respiratory chain complex assembly and function during human fetal development
von: INSERM U781 and Service de Gntique, Hpital Necker-Enfants Malades   **Erscheinungsdatum:** 2008-01-30
Webseite: PubMed   **Publisher:** Molecular Genetics and Metabolism

[s116] - https://pubmed.ncbi.nlm.nih.gov/9305864/
Autor: T I Gudz, K Y Tserng, C L Hoppel   **Titel:** Direct inhibition of mitochondrial respiratory chain complex III by cell-permeable ceramide
von: Case Western Reserve University   **Erscheinungsdatum:** 1997-09-26
Webseite: PubMed   **Publisher:** Journal of Biological Chemistry

[s117] - https://secure-media.collegeboard.org/digitalServices/pdf/ap/apcentral/ap13_biology_q4.pdf
Titel: AP Biology 2013 Scoring Guidelines   **von:** The College Board
Erscheinungsdatum: 2013   **Webseite:** www.collegeboard.org

[s118] - https://meshb.nlm.nih.gov/record/ui?ui=D010788
Titel: Photosynthesis MeSH Descriptor Data   **von:** National Library of Medicine
Erscheinungsdatum: 2025   **Webseite:** https:meshb.nlm.nih.gov

[s119] - https://www.uwyo.edu/molb2210_lect/lecture/info/exam3review_f13.pdf
Titel: Exam #3 Review   **von:** University of Wyoming
Webseite: University of Wyoming

[s120] - https://pmc.ncbi.nlm.nih.gov/articles/PMC3091116/
Autor: Karl-Josef Dietz, Thomas Pfannschmidt   **Titel:** Novel Regulators in Photosynthetic Redox Control of Plant Metabolism and Gene Expression
Erscheinungsdatum: 2010 Dec 30   **Webseite:** National Center for Biotechnology Information
Publisher: American Society of Plant Biologists

[s121] - https://prl.natsci.msu.edu/research-and-tech/department-of-energy-projects/project-c-the-chloroplast-in-the-cellular-context.aspx
Titel: Project C: The chloroplast in the cellular context   **von:** Michigan State University
Webseite: Michigan State University Plant Research Laboratory

[s122] - https://courses.lumenlearning.com/suny-biology1/chapter/the-calvin-cycle/
Autor: Open Stax   **Titel:** The Calvin Cycle
Webseite: Lumen Learning

[s123] - https://openoregon.pressbooks.pub/mhccmajorsbio/chapter/calvin-cycle/
Titel: The Light Independent Reactions (aka the Calvin Cycle)   **von:** Open Oregon
Webseite: Open Oregon Pressbooks

[s124] - https://pubmed.ncbi.nlm.nih.gov/27784776/
Autor: Matthew P Johnson   **Titel:** Photosynthesis
Erscheinungsdatum: 2016-10-31   **Webseite:** PubMed
Publisher: Essays in Biochemistry

[s125] - https://www.ncbi.nlm.nih.gov/books/NBK26850/
Autor: Alberts B, Johnson A, Lewis J, et al.   **Titel:** Molecular Biology of the Cell
von: National Library of Medicine, National Institutes of Health   **Erscheinungsdatum:** 2002
Webseite: NCBI   **Publisher:** Garland Science

[s126] - https://atdbio.com/nucleic-acids-book/Transcription-Translation-and-Replication
Titel: Transcription, Translation and Replication   **von:** ATDBio Ltd
Webseite: ATDBio

[s127] - https://www.bnl.gov/newsroom/news.php?a=111809
Autor: Huilin Li
Titel: Scientists Propose Pumpjack Mechanism for Splitting and Copying DNA
von: Brookhaven National Laboratory
Erscheinungsdatum: February 8, 2016
Webseite: Brookhaven National Laboratory

[s128] - https://elifesciences.org/articles/06562
Autor: Divya Nandakumar, Manjula Pandey, Smita S Patel
Titel: Cooperative base pair melting by helicase and polymerase positioned one nucleotide from each other
von: Rutgers-Robert Wood Johnson Medical School
Erscheinungsdatum: May 13, 2015
Webseite: eLife

[s129] - https://pubmed.ncbi.nlm.nih.gov/32970141/
Autor: Zuanning Yuan, Huilin Li
Titel: Molecular mechanisms of eukaryotic origin initiation, replication fork progression, and chromatin maintenance
von: Van Andel Institute
Erscheinungsdatum: 2020-09-30
Webseite: PubMed
Publisher: Portland Press Limited on behalf of the Biochemical Society

[s130] - https://bmcsystbiol.biomedcentral.com/articles/10.1186/1752-0509-3-2
Autor: Robert Modre-Osprian, Ingrid Osprian, Bernhard Tilg, Gnter Schreier, Klaus M Weinberger, Armin Graber
Titel: Dynamic simulations on the mitochondrial fatty acid Beta-oxidation network
von: BMC
Erscheinungsdatum: 06 January 2009
Webseite: BMC Systems Biology
Publisher: BMC

[s131] - https://reactome.org/content/detail/R-HSA-77289
Autor: Gillespie, ME
Titel: Mitochondrial Fatty Acid Beta-Oxidation
von: Reactome
Erscheinungsdatum: 2003-09-19
Webseite: Reactome

[s132] - https://pubmed.ncbi.nlm.nih.gov/16683009/
Autor: Y Liu
Titel: Fatty acid oxidation is a dominant bioenergetic pathway in prostate cancer
von: University of Medicine Dentistry of New Jersey
Erscheinungsdatum: 2006-05-09
Webseite: PubMed
Publisher: Prostate Cancer Prostatic Dis.

[s133] - http://www.idph.state.il.us/healthwellness/fs/mcad.htm
Titel: MCAD and Other Fatty Acid Oxidation Disorders Information for Physicians and Other Health Care Providers
von: Illinois Department of Public Health
Webseite: Illinois Department of Public Health

[s134] - https://www.ncbi.nlm.nih.gov/pmc/articles/PMC7521971/
Autor: Ronald JA Wanders, Gepke Visser, Sacha Ferdinandusse, Frdric M Vaz, Riekelt H Houtkooper
Titel: Mitochondrial Fatty Acid Oxidation Disorders: Laboratory Diagnosis, Pathogenesis, and the Complicated Route to Treatment
von: Amsterdam UMC, University of Amsterdam
Erscheinungsdatum: 2020-09-22
Webseite: NCBI
Publisher: The Korean Society of Lipid and Atherosclerosis

[s135] - https://pubmed.ncbi.nlm.nih.gov/19782765/
Autor: Liyan Zhang, Wendy Keung, Victor Samokhvalov, Wei Wang, Gary D Lopaschuk
Titel: Role of fatty acid uptake and fatty acid beta-oxidation in mediating insulin resistance in heart and skeletal muscle
Webseite: PubMed
Erscheinungsdatum: 2009 Sep 24
Publisher: Biochim Biophys Acta

[s136] - https://www.ncbi.nlm.nih.gov/pmc/articles/PMC9921405/
Autor: V A Shiva Ayyadurai, Prabhakar Deonikar, Christine Fields
Titel: Mechanistic Understanding of D-Glucaric Acid to Support Liver Detoxification Essential to Muscle Health Using a Computational Systems Biology Approach
von: CytoSolve, Inc.
Erscheinungsdatum: 2023-02-01
Webseite: NCBI
Publisher: MDPI

[s137] - https://news.nutrilink.co.uk/2023/10/10/biotransformation-the-key-to-detoxification-and-optimal-health/
Titel: Biotransformation: The Key to Detoxification and Optimal Health
von: Nutri-Link
Erscheinungsdatum: 2023-10-10
Webseite: Nutri-Link News

[s138] - https://www.niaaa.nih.gov/publications/alcohol-metabolism
Titel: Alcohol Metabolism
von: National Institute on Alcohol Abuse and Alcoholism
Erscheinungsdatum: May 2022
Webseite: niaaa.nih.gov

[s139] - https://pubmed.ncbi.nlm.nih.gov/1749210/
Autor: D M Grant
Titel: Detoxification pathways in the liver
von: Hospital for Sick Children
Erscheinungsdatum: 1991
Webseite: PubMed
Publisher: J Inherit Metab Dis

[s140] - https://pmc.ncbi.nlm.nih.gov/articles/PMC5468616/
Autor: Pahriya Ashrap, Guomao Zheng, Yi Wan, Tong Li, Wenxin Hu, Wenjuan Li, Hong Zhang, Zhaobin Zhang, Jianying Hu
Titel: Discovery of a widespread metabolic pathway within and among phenolic xenobiotics
von: Peking University
Erscheinungsdatum: 2017-05-23
Webseite: National Center for Biotechnology Information
Publisher: Proceedings of the National Academy of Sciences

[s141] - https://www.nature.com/articles/s41598-022-20572-2
Autor: Jeffry C. Granados, Kian Falah, Imhoi Koo, Ethan W. Morgan, Gary H. Perdew, Andrew D. Patterson, Neema Jamshidi, Sanjay K. Nigam
Titel: AHR is a master regulator of diverse pathways in endogenous metabolism
von: Nature Publishing Group
Erscheinungsdatum: 2022-10-05
Webseite: Nature
Publisher: Scientific Reports

[s142] - https://biology-assets.anu.edu.au/hosted_sites/BillsLab/papers/Marsh%20et%20al%202006%20(Detox%20Limits).pdf
Autor: Karen J. Marsh, Ian R. Wallis, Rose L. Andrew, William J. Foley
Titel: The Detoxification Limitation Hypothesis: Where Did it Come From and Where is it Going?
Webseite: Australian National University
Erscheinungsdatum: 23 May 2006
Publisher: Springer Science + Business Media, Inc.

[s143] - https://training.seer.cancer.gov/anatomy/digestive/
Titel: Introduction to the Digestive System
von: National Cancer Institute
Webseite: SEER Training

[s144] - https://www.ncbi.nlm.nih.gov/books/NBK544242/
Autor: Justin J. Patricia; Amit S. Dhamoon
Titel: Physiology, Digestion
von: StatPearls Publishing
Erscheinungsdatum: 2024 Jan
Webseite: NCBI Bookshelf
Publisher: StatPearls Publishing

[s145] - https://pubmed.ncbi.nlm.nih.gov/29083823/
Autor: Julie E. Holesh, Sanah Aslam, Andrew Martin **Titel:** Physiology, Carbohydrates
von: StatPearls Publishing **Erscheinungsdatum:** 2024-01
Webseite: StatPearls **Publisher:** StatPearls Publishing LLC

[s146] - https://sugar.ca/sugars-health/carbohydrate-digestion-and-absorption
Autor: Dr. David Kitts **Titel:** Carbohydrate Digestion and Absorption
von: Canadian Sugar Institute **Webseite:** Sugar.ca

[s147] - https://openoregon.pressbooks.pub/nutritionscience/chapter/6d-protein-digestion-absorption/
Titel: Protein Digestion and Absorption **von:** Open Oregon Educational Resources
Webseite: Open Oregon Pressbooks

[s148] - https://courses.lumenlearning.com/suny-ap2/chapter/lipid-metabolism/
Titel: Lipid Metabolism **von:** Lumen Learning
Webseite: Lumen Learning

[s149] - https://sdmiramar.edu/sites/default/files/2024-05/%2312%20Digestive%20Anat%20Lect%20Notes.pdf
Titel: Anatomy Lecture Notes Section 5: The Digestive **von:** San Diego Miramar College
System
Webseite: sdmiramar.edu

[s150] - https://www.niaaa.nih.gov/publications/alcohol-metabolism
Titel: Alcohol Metabolism **von:** National Institute on Alcohol Abuse and
Alcoholism
Erscheinungsdatum: May 2022 **Webseite:** NIAAA

[s151] - https://opentextbc.ca/biology/chapter/15-3-digestive-system-processes/
Titel: Digestive System Processes **von:** BCcampus Open Education
Webseite: Open Text BC

[s152] - https://pubmed.ncbi.nlm.nih.gov/34985746/
Autor: Blake J Rasor, Bastian Vgeli, Michael C Jewett, **Titel:** Cell-Free Protein Synthesis for High-Throughput
Ashty S Karim Biosynthetic Pathway Prototyping
von: Northwestern University **Erscheinungsdatum:** 2022
Webseite: https:pubmed.ncbi.nlm.nih.gov34985746 **Publisher:** Springer Science+Business Media, LLC, part of
Springer Nature

[s153] - https://www.genome.jp/kegg/pathway.html
Autor: Kanehisa Lab **Titel:** KEGG PATHWAY Database
Erscheinungsdatum: December 26, 2024 **Webseite:** KEGG

[s154] - https://cancerandmetabolism.biomedcentral.com/articles/10.1186/s40170-015-0128-2
Autor: Christopher S Ahn, Christian M Metallo **Titel:** Mitochondria as biosynthetic factories for cancer
proliferation
Erscheinungsdatum: 25 January 2015 **Webseite:** Cancer Metabolism
Publisher: BMC

[s155] - https://elifesciences.org/articles/07999
Autor: Matthew A Mitsche, Jeffrey G McDonald, Helen **Titel:** Flux analysis of cholesterol biosynthesis in vivo
H Hobbs, Jonathan C Cohen reveals multiple tissue and cell-type specific pat
hways
von: University of Texas Southwestern Medical **Erscheinungsdatum:** Jun 26, 2015
Center, Howard Hughes Medical Institute
Webseite: eLife

[s156] - https://www.nature.com/articles/ncomms15526
Autor: Tyler P. Korman, Paul H. Opgenorth, James U. **Titel:** A synthetic biochemistry platform for cell free pr
Bowie oduction of monoterpenes from glucose
Erscheinungsdatum: 24 May 2017 **Webseite:** Nature Communications
Publisher: Nature Publishing Group

[s157] - https://www.nature.com/articles/cr201533
Autor: Linchong Sun, Libing Song, Qianfen Wan, **Titel:** cMyc-mediated activation of serine biosynthesis
Gongwei Wu, Xinghua Li, Yinghui Wang, Jin pathway is critical for cancer progression under
Wang, Zhaoji Liu, Xiuying Zhong, Xiaoping He, nutrient deprivation conditions
Shengqi Shen, Xin Pan, Ailing Li, Yulan Wang,
Ping Gao, Huiru Tang, Huafeng Zhang
von: Nature Publishing Group **Erscheinungsdatum:** 2015-03-20
Webseite: Nature **Publisher:** Nature Publishing Group

[s158] - https://www.nature.com/articles/ncomms15828
Autor: Thomas Walther, Christopher M. Topham, R **Titel:** Construction of a synthetic metabolic pathway
omain Irague, Clment Auriol, Audrey Baylac, for biosynthesis of the non-natural methionine
Hlne Cordier, Clmentine Dressaire, Luce Lozano- precursor 2,4-dihydroxybutyric acid
Huguet, Nathalie Tarrat, Nelly Martineau, Marion
Stodel, Yannick Malbert, Marc Maestracci,
Robert Huet, Isabelle Andr, Magali Remaud-
Simon, Jean Marie Franois
von: Nature Publishing Group **Erscheinungsdatum:** 20 June 2017
Webseite: Nature Communications **Publisher:** Nature Publishing Group

[s159] - https://pubmed.ncbi.nlm.nih.gov/31744820/
Autor: Irem Kaymak, Carina R Maier, Werner Schmitz, **Titel:** Mevalonate Pathway Provides Ubiquinone to
Andrew D Campbell, Beatrice Dankworth, Carste Maintain Pyrimidine Synthesis and Survival in p5
n P Ade, Susanne Walz, Madelon Paauwe, Charis 3-Deficient Cancer Cells Exposed to Metabolic
Kalogirou, Hecham Marouf, Mathias T Rosenfel Stress
dt, David M Gay, Grace H McGregor, Owen J
Sansom, Almut Schulze
von: Cancer Research UK Beatson Institute **Erscheinungsdatum:** 2020-01-15
Webseite: https:pubmed.ncbi.nlm.nih.gov31744820 **Publisher:** American Association for Cancer Research

[s160] - https://pubmed.ncbi.nlm.nih.gov/32830223/
Autor: Ayesha Judge, Michael S Dodd **Titel:** Metabolism
von: Coventry University **Erscheinungsdatum:** 2020-10-08
Webseite: PubMed **Publisher:** Essays in Biochemistry

[s161] - https://www.ncbi.nlm.nih.gov/books/NBK546695/
Autor: Erica A. Melkonian; Mark P. Schury **Titel:** Biochemistry, Anaerobic Glycolysis
von: StatPearls Publishing **Erscheinungsdatum:** 2024 Jan
Webseite: NCBI Bookshelf **Publisher:** National Library of Medicine, National Institutes
of Health

[s162] - https://www.ncbi.nlm.nih.gov/books/NBK560564/
Autor: Michael Edwards; Shamim S. Mohiuddin **Titel:** Biochemistry, Lipolysis
von: StatPearls Publishing **Erscheinungsdatum:** 2024 Jan
Webseite: NCBI Bookshelf **Publisher:** StatPearls Publishing LLC

[s163] - https://www.nature.com/articles/s41467-020-20123-1
Autor: Roberta Sartori, Vanina Romanello, Marco Sandri **Titel:** Mechanisms of muscle atrophy and hypertrophy:
implications in health and disease
von: Nature Communications **Erscheinungsdatum:** 12 January 2021
Webseite: nature.com **Publisher:** Nature Publishing Group

[s164] - https://www.niaaa.nih.gov/publications/alcohol-metabolism
Titel: Alcohol Metabolism
von: National Institute on Alcohol Abuse and Alcoholism
Erscheinungsdatum:May 2022
Webseite: NIAAA

[s165] - https://elifesciences.org/articles/93855
Autor: Astrid Katharina Maria Stubbusch, Johannes M Keegstra, Julia Schwartzman, Sammy Pontrelli, Estelle E Clerc, Samuel Charlton, Roman Stocker, Cara Magnabosco, Olga T Schubert, Martin Ackermann, Glen G DSouza
Titel: Polysaccharide breakdown products drive degradation-dispersal cycles of foraging bacteria through changes in metabolism and motility
von: eLife Sciences Publications, Ltd.
Erscheinungsdatum:October 21, 2024
Webseite: eLife
Publisher: eLife Sciences Publications, Ltd.

[s166] - https://www.nature.com/articles/s41419-024-06893-2
Autor: Charles L. Bidgood, Lisa K. Philp, Anja Rockstroh, Melanie Lehman, Colleen C. Nelson, Martin C. Sadowski, Jennifer H. Gunter
Titel: Targeting valine catabolism to inhibit metabolic reprogramming in prostate cancer
von: Nature Publishing Group
Erscheinungsdatum:18 July 2024
Webseite: nature.com
Publisher: Nature Publishing Group

[s167] - https://pubmed.ncbi.nlm.nih.gov/15647514/
Autor: Bryan Winchester
Titel: Lysosomal metabolism of glycoproteins
Erscheinungsdatum:2005-01-12
Webseite: PubMed
Publisher: Oxford University Press

[s168] - https://pubmed.ncbi.nlm.nih.gov/19946617/
Autor: Michaela Stettler, Simona Eicke, Tabea Mettler, Gaelle Messerli, Stefan Hrtensteiner, Samuel C Zeeman
Titel: Blocking the metabolism of starch breakdown products in Arabidopsis leaves triggers chloroplast degradation
von: ETH Zurich
Erscheinungsdatum:2009-11
Webseite: PubMed
Publisher: Molecular Plant

[s169] - https://www.betterhealth.vic.gov.au/health/conditionsandtreatments/hormonal-endocrine-system
Titel: Hormonal (endocrine) system
von: Better Health Channel
Erscheinungsdatum:2014-03-31
Webseite: Better Health Channel

[s170] - https://www.epa.gov/endocrine-disruption/overview-endocrine-system
Titel: Overview of the Endocrine System
von: Environmental Protection Agency (EPA)
Erscheinungsdatum:February 22, 2024
Webseite: EPA
Publisher: Environmental Protection Agency

[s171] - https://www.ncbi.nlm.nih.gov/pmc/articles/PMC9095790/
Autor: Tiemin Liu, Yong Xu, Chun-Xia Yi, Qingchun Tong, Dongsheng Cai
Titel: The hypothalamus for whole-body physiology: from metabolism to aging
Erscheinungsdatum:2021-04-07
Webseite: NCBI
Publisher: Protein Cell

[s172] - https://pubmed.ncbi.nlm.nih.gov/22298654/
Autor: Aline Martin, Valentin David, L Darryl Quarles
Titel: Regulation and function of the FGF23klotho endocrine pathways
Erscheinungsdatum:2012-01
Webseite: PubMed
Publisher: Physiological Reviews

[s173] - https://link.springer.com/chapter/10.1007/978-3-031-36494-5_2
Autor: Roberta Rizzo, Daria Bortolotti, Sabrina Rizzo, Giovanna Schiuma
Titel: Cellular Mechanisms of Endocrine Disruption
von: Springer
Erscheinungsdatum:11 November 2023
Webseite: Springer
Publisher: Springer

[s174] - https://pubmed.ncbi.nlm.nih.gov/21865642/
Autor: Michael A Valentino, Jieru E Lin, Adam E Snook, Peng Li, Gilbert W Kim, Glen Marszalowicz, Michael S Magee, Terry Hyslop, Stephanie Schulz, Scott A Waldman
Titel: A uroguanylin-GUCY2C endocrine axis regulates feeding in mice
von: Thomas Jefferson University
Erscheinungsdatum:2011-08-25
Webseite: PubMed
Publisher: J Clin Invest

[s175] - https://pubmed.ncbi.nlm.nih.gov/17343430/
Autor: Ronald C W Ma, Alice P S Kong, Norman Chan, Peter C Y Tong, Juliana C N Chan
Titel: Drug-induced endocrine and metabolic disorders
Erscheinungsdatum:2007
Webseite: PubMed
Publisher: Drug Safety

[s176] - https://www.nature.com/articles/s41398-020-0756-3
Autor: Mehdi Farokhnia, Gray R. McDiarmid, Matthew N. Newmeyer, Vikas Munjal, Osama A. Abulseoud, Marilyn A. Huestis, Lorenzo Leggio
Titel: Effects of oral, smoked, and vaporized cannabis on endocrine pathways related to appetite and metabolism: a randomized, double-blind, placebo-controlled, human laboratory study
von: Nature Publishing Group
Erscheinungsdatum:19 February 2020
Webseite: Nature
Publisher: Nature Publishing Group

[s177] - https://pmc.ncbi.nlm.nih.gov/articles/PMC128563/
Autor: Geoffrey B West, William H Woodruff, James H Brown
Titel: Allometric scaling of metabolic rate from molecules and mitochondria to cells and mammals
von: Los Alamos National Laboratory
Erscheinungsdatum:2002-02-19
Webseite: National Center for Biotechnology Information
Publisher: National Academy of Sciences

[s178] - https://pubmed.ncbi.nlm.nih.gov/8376370/
Autor: T Ishikawa, F Ali-Osman
Titel: Glutathione-associated cis-diamminedichloroplatinum(II) metabolism and ATP-dependent efflux from leukemia cells. Molecular characterization of glutathione-platinum complex and its biological significance
Erscheinungsdatum:1993-09-25
Webseite: PubMed
Publisher: J Biol Chem

[s179] - https://pubmed.ncbi.nlm.nih.gov/27124460/
Autor: Denis V Titov, Valentin Cracan, Russell P Goodman, Jun Peng, Zenon Grabarek, Vamsi K Mootha
Titel: Complementation of mitochondrial electron transport chain by manipulation of the NAD+NADH ratio
von: Howard Hughes Medical Institute
Erscheinungsdatum:2016-04-08
Webseite: Science
Publisher: American Association for the Advancement of Science

[s180] - https://www.nature.com/articles/s41556-024-01402-1
Autor: Christopher Chidley, Alicia M. Darnell, Benjamin L. Gaudio, Evan C. Lien, Anna M. Barbeau, Matthew G. Vander Heiden, Peter K. Sorger **Titel:** A CRISPRia screening platform to study cellular nutrient transport in diverse microenvironments
von: Nature Publishing Group **Erscheinungsdatum:** 2024-04-11
Webseite: Nature **Publisher:** Nature Publishing Group

[s181] - https://www.bu.edu/academics/eng/courses/
Autor: Boston University **Titel:** Boston University Academics
Webseite: Boston University

[s182] - https://metabolism.uchicago.edu/faculty/brandon-faubert-phd
Autor: Brandon Faubert, PhD **Titel:** Assistant Professor of Medicine
von: University of Chicago **Webseite:** https:metabolism.uchicago.edu

[s183] - https://grants.nih.gov/grants/guide/pa-files/PA-95-087.html
Titel: Full Text PA-95-087 METABOLIC ENGINEERING **von:** National Institutes of Health
Erscheinungsdatum: September 1, 1995 **Webseite:** NIH Guide

[s184] - https://molpharm.wisc.edu/what-makes-us-different-from-other-programs/
Titel: What Makes Us Different? **von:** University of WisconsinMadison
Webseite: Molecular and Cellular Pharmacology Training Program

[s185] - https://pubmed.ncbi.nlm.nih.gov/30556637/
Autor: Jean-Marc Zingg **Titel:** Vitamin E: Regulatory Role on Signal Transduction
Erscheinungsdatum: 2019-04 **Webseite:** PubMed
Publisher: International Union of Biochemistry and Molecular Biology

[s186] - https://www.colorado.edu/scr/signaling-and-cellular-regulation-home
Autor: Natalie G. Ahn, PhD **Titel:** Graduate Training Program in Signaling and Cellular Regulation
von: University of Colorado Boulder **Webseite:** University of Colorado Boulder
Publisher: Regents of the University of Colorado

[s187] - https://www.colorado.edu/biochemistry/graduate-program/interdisciplinary-training-programs
Titel: Interdisciplinary Training Programs **von:** University of Colorado Boulder
Webseite: colorado.edu

[s188] - https://www.nature.com/articles/4400728
Autor: B Brne, O Cantoni **Titel:** Nitric oxide-mediated redox reactions in pathology, biochemistry and medicine
von: Nature Publishing Group **Erscheinungsdatum:** 28 September 2000
Webseite: nature.com **Publisher:** Nature Publishing Group

[s189] - https://pubmed.ncbi.nlm.nih.gov/34032212/
Autor: Raphael Mheust, Shuo Huang, Rafael Rivera-Lugo, Jillian F Banfield, Samuel H Light **Titel:** Post-translational flavinylation is associated with diverse extracytosolic redox functionalities throughout bacterial life
Erscheinungsdatum: 2021-05-25 **Webseite:** eLife
Publisher: eLife Sciences Publications

[s190] - https://www.uwyo.edu/molb2210_lect/lecture/info/exam3review_f13.pdf
Titel: Exam #3 Review **von:** University of Wyoming
Webseite: University of Wyoming

[s191] - https://pubmed.ncbi.nlm.nih.gov/34435953/
Autor: Michael I Barton, Stuart A MacGowan, Mikhail A Kutuzov, Omer Dushek, Geoffrey John Barton, P Anton van der Merwe **Titel:** Effects of common mutations in the SARS-CoV-2 Spike RBD and its ligand, the human ACE2 receptor on binding affinity and kinetics
Erscheinungsdatum: 2021-08-26 **Webseite:** PubMed
Publisher: eLife

[s192] - https://elifesciences.org/articles/70658
Autor: Michael I Barton, Stuart A MacGowan, Mikhail A Kutuzov, Omer Dushek, Geoffrey John Barton, P Anton van der Merwe **Titel:** Effects of common mutations in the SARS-CoV-2 Spike RBD and its ligand, the human ACE2 receptor on binding affinity and kinetics
von: eLife Sciences Publications, Ltd. **Erscheinungsdatum:** August 26, 2021
Webseite: eLife **Publisher:** eLife Sciences Publications, Ltd.

[s193] - https://pubmed.ncbi.nlm.nih.gov/18991400/
Autor: Linda Whittaker, Caili Hao, Wen Fu, Jonathan Whittaker **Titel:** High-affinity insulin binding: insulin interacts with two receptor ligand binding sites
von: Case Western Reserve University **Erscheinungsdatum:** 2008-12-02
Webseite: PubMed **Publisher:** American Chemical Society

[s194] - https://pmc.ncbi.nlm.nih.gov/articles/PMC1299830/
Autor: S E Chesla, P Selvaraj, C Zhu **Titel:** Measuring two-dimensional receptor-ligand binding kinetics by micropipette
von: Georgia Institute of Technology **Erscheinungsdatum:** 1998-09
Webseite: National Center for Biotechnology Information **Publisher:** Biophysical Journal

[s195] - https://pmc.ncbi.nlm.nih.gov/articles/PMC5767850/
Autor: Li Zhou, Viktor Todorovic, Steve Kakavas, Bernhard Sielaff, Limary Medina, Leyu Wang, Ramkrishna Sadhukhan, Henning Stockmann, Paul L Richardson, Enrico DiGiammarino, Chaohong Sun, Victoria Scott **Titel:** Quantitative ligand and receptor binding studies reveal the mechanism of interleukin-36 (IL-36) pathway activation
von: AbbVie Inc. **Erscheinungsdatum:** 2018-01-12
Webseite: NCBI **Publisher:** The American Society for Biochemistry and Molecular Biology, Inc.

[s196] - https://modbase.compbio.ucsf.edu/allosmod/html/file/Goodey_NatChemBiol_2008_rev.pdf
Autor: Nina M Goodey, Stephen J Benkovic **Titel:** Allosteric regulation and catalysis emerge via a common route
Erscheinungsdatum: 18 July 2008 **Webseite:** Nature Chemical Biology
Publisher: Nature Publishing Group

[s197] - https://elifesciences.org/articles/18432
Autor: Moutusi Manna, Miia Niemel, Joona Tynkkynen, Matti Javanainen, Waldemar Kulig, Dániel J Mler, Tomasz Rog, Ilpo Vattulainen **Titel:** Mechanism of allosteric regulation of 2-adrenergic receptor by cholesterol
von: eLife Sciences Publications, Ltd. **Erscheinungsdatum:** November 29, 2016
Webseite: eLife **Publisher:** eLife Sciences Publications, Ltd.

[s198] - https://pmc.ncbi.nlm.nih.gov/articles/PMC3174156/
Autor: Simon Mitternacht, Igor N Berezovsky **Titel:** Binding Leverage as a Molecular Basis for Allosteric Regulation
Erscheinungsdatum: 2011 Sep 15 **Webseite:** National Center for Biotechnology Information
Publisher: PLoS Computational Biology

[s199] - https://www.ncbi.nlm.nih.gov/pmc/articles/PMC7148312/
Autor: Pengkai Sun, Tuya Bai, Tengfei Ma, Jianping Ding   **Titel:** Molecular mechanism of the dual regulatory roles of ATP on the gamma; heterodimer of human NAD-dependent isocitrate dehydrogenase
von: Chinese Academy of Sciences   **Erscheinungsdatum:** 2020-04-10
Webseite: NCBI   **Publisher:** Scientific Reports

[s200] - https://www.nature.com/articles/srep35449
Autor: Kien Xuan Ngo, Nobuhisa Umeki, Saku T. Kijima, Noriyuki Kodera, Hiroaki Ueno, Nozomi Furutani-Umezu, Jun Nakajima, Taro Q. P. Noguchi, Akira Nagasaki, Kiyotaka Tokuraku, Taro Q. P. Uyeda   **Titel:** Allosteric regulation by cooperative conformational changes of actin filaments drives mutually exclusive binding with cofilin and myosin
von: Nature Publishing Group   **Erscheinungsdatum:** 20 October 2016
Webseite: Nature   **Publisher:** Scientific Reports

[s201] - https://pubmed.ncbi.nlm.nih.gov/10686099/
Autor: A E Aleshin, C Kirby, X Liu, G P Bourenkov, H D Bartunik, H J Fromm, R B Honzatko   **Titel:** Crystal structures of mutant monomeric hexokinase I reveal multiple ADP binding sites and conformational changes relevant to allosteric regulation
von: Iowa State University   **Erscheinungsdatum:** 2000-03-03
Webseite: PubMed   **Publisher:** Academic Press

[s202] - https://profiles.wustl.edu/en/publications/biophysical-mechanism-of-allosteric-regulation-of-actin-capping-p
Autor: Olivia L. Mooren, Melissa D. Stuchell-Brereton, Patrick McConnell, Chenbo Yan, Emily M. Wilkerson, Dennis Goldfarb, John A. Cooper, David Sept, Andrea Soranno   **Titel:** Biophysical Mechanism of Allosteric Regulation of Actin Capping Protein
von: Washington University School of Medicine   **Erscheinungsdatum:** 2023-12-15
Webseite: Research Profiles at Washington University School of Medicine   **Publisher:** Elsevier Ltd

[s203] - https://pubmed.ncbi.nlm.nih.gov/16768451/
Autor: Vladi V Heredia, Jim Thomson, David Nettleton, Shaoxian Sun   **Titel:** Glucose-induced conformational changes in glucokinase mediate allosteric regulation: transient kinetic analysis
von: Pfizer Global Research and Development   **Erscheinungsdatum:** 2006-06-20
Webseite: PubMed   **Publisher:** Biochemistry

[s204] - https://www.ncbi.nlm.nih.gov/pmc/articles/PMC7801801/
Autor: Brandon Charles Seychell, Tobias Beck   **Titel:** Molecular basis for proteinprotein interactions
von: Universitt Hamburg   **Erscheinungsdatum:** 2021-01-04
Webseite: NCBI   **Publisher:** Beilstein Journal of Organic Chemistry

[s205] - https://home.sandiego.edu/~josephprovost/Biochem%20Lab%20Intro%20to%20Protein%20Interactions.pdf
Autor: Joseph Provost   **Titel:** Introduction to Protein-Protein Interactions
von: University of San Diego   **Erscheinungsdatum:** September 2021
Webseite: University of San Diego

[s206] - https://elifesciences.org/articles/56110
Autor: Charlotte F Kelley, Thomas Litschel, Stephanie Schumacher, Dirk Dedden, Petra Schwille, Naoko Mizuno   **Titel:** Phosphoinositides regulate force-independent interactions between talin, vinculin, and actin
von: Max Planck Institute of Biochemistry; National Institutes of Health   **Erscheinungsdatum:** Jul 13, 2020
Webseite: eLife   **Publisher:** eLife Sciences Publications, Ltd.

[s207] - https://faculty-directory.dartmouth.edu/paul-robustelli
Autor: Paul Robustelli   **von:** Dartmouth College
Webseite: Dartmouth College Faculty Directory

[s208] - https://pmc.ncbi.nlm.nih.gov/articles/PMC4491776/
Autor: Prakash B Palde, Kate S Carroll   **Titel:** A universal entropy-driven mechanism for thioredoxintarget recognition
von: The Scripps Research Institute   **Erscheinungsdatum:** 2015-06-30
Webseite: PMC   **Publisher:** Proceedings of the National Academy of Sciences

[s209] - https://www.nature.com/articles/s41392-020-00315-3
Autor: Haiying Lu, Qiaodan Zhou, Jun He, Zhongliang Jiang, Cheng Peng, Rongsheng Tong, Jianyou Shi   **Titel:** Recent advances in the development of proteinprotein interactions modulators: mechanisms and clinical trials
von: Nature Publishing Group   **Erscheinungsdatum:** 2020-09-23
Webseite: Nature   **Publisher:** Signal Transduction and Targeted Therapy

[s210] - https://pubmed.ncbi.nlm.nih.gov/15485829/
Autor: Bing Han, Xiao-Hui Bai, Monika Lodyga, Jing Xu, Burton B Yang, Shaf Keshavjee, Martin Post, Mingyao Liu   **Titel:** Conversion of mechanical force into biochemical signaling
von: University Health Network   **Erscheinungsdatum:** 2004-10-14
Webseite: PubMed   **Publisher:** Journal of Biological Chemistry

[s211] - https://biochem.med.ufl.edu/research/interests/
Titel: Research Interests   **von:** University of Florida
Webseite: Department of Biochemistry and Molecular Biology

[s212] - https://pmc.ncbi.nlm.nih.gov/articles/PMC1170874/
Autor: M D Allen, K Yamasaki, M Ohme-Takagi, M Tateno, M Suzuki   **Titel:** A novel mode of DNA recognition by a beta-sheet revealed by the solution structure of the GCC-box binding domain in complex with DNA.
von: AIST-NIBHT Plant Molecular Biology Laboratory   **Erscheinungsdatum:** 1998-09-15
Webseite: National Center for Biotechnology Information   **Publisher:** EMBO Journal

[s213] - https://pmc.ncbi.nlm.nih.gov/articles/PMC2715281/
Autor: Fang Fang Yin, Scott Bailey, C Axel Innis, Mihai Ciubotaru, Satwik Kamtekar, Thomas A Steitz, David G Schatz   **Titel:** Structure of the RAG1 nonamer-binding domain with DNA reveals a dimer that mediates DNA synapsis
von: Yale University   **Erscheinungsdatum:** 2009 Apr 26
Webseite: National Center for Biotechnology Information   **Publisher:** Nature Structural Molecular Biology

[s214] - https://pmc.ncbi.nlm.nih.gov/articles/PMC5731820/
Autor: Gemma LM Fisher, Csar L Pastrana, Victoria A Higman, Alan Koh, James A Taylor, Annika Butterer, Timothy Craggs, Frank Sobott, Heath Murray, Matthew P Crump, Fernando Moreno-Herrero, Mark S Dillingham   **Titel:** The structural basis for dynamic DNA binding and bridging interactions which condense the bacterial centromere
Erscheinungsdatum: 2017-12-15   **Webseite:** NCBI
Publisher: eLife

[s215] - https://pubmed.ncbi.nlm.nih.gov/36124719/
Autor: Malwina Hyjek-Skladanowska, Brooke A And
erson, Vitaliy Mykhaylyk, Christian Orr, Armin
Wagner, Jaroslaw T Poznanski, Krzysztof Sko
wronek, Punit Seth, Marcin Nowotny
Titel: Structures of annexin A2-PS DNA complexes show dominance of hydrophobic interactions in phosphorothioate binding
von: Ionis Pharmaceuticals, Inc.
Erscheinungsdatum: 2023-02-22
Webseite: Nucleic Acids Research
Publisher: Oxford University Press

[s216] - https://pubmed.ncbi.nlm.nih.gov/28035002/
Autor: Mikael Bedard, Vincent Roy, Martin Montagne, Pierre Lavigne
Titel: Structural Insights into c-Myc-interacting Zinc Finger Protein-1 (Miz-1) Delineate Domains Required for DNA Scanning and Sequence-specific Binding
von: American Society for Biochemistry and Molecular Biology, Inc.
Erscheinungsdatum: 2017-02-24
Webseite: PubMed
Publisher: Journal of Biological Chemistry

[s217] - https://mcb.illinois.edu/directory/profile/leckband
Autor: Deborah E. Leckband
von: University of Illinois
Webseite: School of Molecular Cellular Biology

[s218] - https://www.nature.com/articles/320445a0
Autor: Gregory J. Cole, Arleen Loewy, Luis Glaser
Titel: Neuronal cellcell adhesion depends on interactions of N-CAM with heparin-like molecules
von: Springer Nature
Erscheinungsdatum: 03 April 1986
Webseite: Nature
Publisher: Nature Publishing Group

[s219] - https://pmc.ncbi.nlm.nih.gov/articles/PMC2770955/
Autor: E Camilla Forsberg, Stephanie Smith-Berdan
Titel: Parsing the niche code: the molecular mechanisms governing hematopoietic stem cell adhesion and differentiation
von: University of California Santa Cruz
Erscheinungsdatum: 2009-11
Webseite: National Center for Biotechnology Information
Publisher: Ferrata Storti Foundation

[s220] - https://ashpublications.org/blood/article/98/5/1469/106078/Homophilic-adhesion-of-human-CEACAM1-involves-N
Autor: Suzanne M. Watt, Ana M. Teixeira, Guang-Qian Zhou, Regis Doyonnas, Youyi Zhang, Fritz Grun ert, Richard S. Blumberg, Motomu Kuroki, Keith M. Skubitz
Titel: Homophilic adhesion of human CEACAM1 involves N-terminal domain interactions: structural analysis of the binding site
von: National Blood Service, Nuffield Department of Clinical and Laboratory Sciences, MRC Molec ular Haematology Unit, Institute of Molecular Medicine, Oxford, United Kingdom; Faculdade de Ciencias do Desporto e Educacao Fisica da Universidade de Coimbra, Coimbra, Portugal; G ENOVAC AG, Freiburg, Germany; Gastroente rology Division, Brigham and Womens Hospital, Harvard Medical School, Boston, MA; First De partment of Biochemistry, School of Medicine, Fukuoka University, Fukuoka, Japan; Hematolo gy, Oncology and Transplantation, University of Minnesota Medical School, Minneapolis, MN; Biomolecular Modelling Laboratory, Imperial Cancer Research Fund, London, United Kingdom
Erscheinungsdatum: September 1, 2001
Webseite: Blood Journal
Publisher: American Society of Hematology

[s221] - https://cbe.seas.upenn.edu/faculty-labs/
Titel: CBE Faculty Research Groups
von: University of Pennsylvania
Webseite: University of Pennsylvania - Chemical and Biomolecular Engineering

[s222] - https://pubmed.ncbi.nlm.nih.gov/25873380/
Autor: Katty V Y Goossens, Francesco S Ielasi, Intawat Nookaew, Ingeborg Stals, Livan Alonso-Sarduy, Luk Daenen, Sebastiaan E Van Mulders, Catherin e Stassen, Rudy G E van Eijsden, Verena Siewers, Freddy R Delvaux, Sandor Kasas, Jens Nielsen, Bart Devreese, Ronnie G Willaert
Titel: Molecular mechanism of flocculation self-recognition in yeast and its role in mating and s urvival
Erscheinungsdatum: 2015-04-14
Webseite: mBio
Publisher: American Society for Microbiology

[s223] - https://www.nature.com/articles/s41392-021-00687-0
Autor: Danyang Li, Minghua Wu
Titel: Pattern recognition receptors in health and diseas es
von: Nature Publishing Group
Erscheinungsdatum: 2021-08-04
Webseite: Nature
Publisher: Signal Transduction and Targeted Therapy

[s224] - https://www.ncbi.nlm.nih.gov/pmc/articles/PMC6914667/
Autor: Oliver Pabst, Emma Slack
Titel: IgA and the intestinal microbiota: the importance of being specific
Erscheinungsdatum: 2019 Nov 18
Webseite: NCBI
Publisher: Nature Publishing Group

[s225] - https://pubmed.ncbi.nlm.nih.gov/18689687/
Autor: Petra Verdino, Caroline Aldag, Donald Hilvert, Ian A Wilson
Titel: Closely related antibody receptors exploit fundamentally different strategies for steroid recognition
von: The Scripps Research Institute
Erscheinungsdatum: 2008-08-19
Webseite: PubMed
Publisher: Proceedings of the National Academy of Sciences of the United States of America

[s226] - https://journals.aai.org/jimmunol/article/191/3/993/40120/Antibody-Polyreactivity-in-Health-and-Disease
Autor: Jordan D. Dimitrov, Cyril Planchais, Lubka T. Roumenina, Tchavdar L. Vassilev, Srinivas V. Kaveri, Sebastien Lacroix-Desmazes
Titel: Antibody Polyreactivity in Health and Disease: Statu Variabilis
von: INSERM, Unit 872, Centre de Recherche des Cordeliers
Erscheinungsdatum: August 01, 2013
Webseite: The Journal of Immunology
Publisher: American Association of Immunologists

[s227] - https://pubmed.ncbi.nlm.nih.gov/32189312/
Autor: A Brenda Kapingidza, Krzysztof Kowal, Ma ksymilian Chruszcz
Titel: Antigen-Antibody Complexes
Erscheinungsdatum: 2020
Webseite: PubMed
Publisher: Springer

[s228] - https://www.nature.com/articles/nri2056
Autor: Paul R. Crocker, James C. Paulson, Ajit Varki
Titel: Siglecs and their roles in the immune system
von: Nature Reviews Immunology
Erscheinungsdatum: April 2007
Webseite: Nature
Publisher: Nature Publishing Group

[s229] - https://pmc.ncbi.nlm.nih.gov/articles/PMC11621052/
Autor: Maya Haus-Cohen, Yoram Reiter
Titel: Harnessing antibody-mediated recognition of the intracellular proteome with T cell receptor-like specificity
von: Technion Israel Institute of Technology
Erscheinungsdatum: 2024 Nov 22
Webseite: PMC
Publisher: Frontiers in Immunology

[s230] - https://www.nature.com/articles/s41380-022-01806-1
Autor: Gabriel R. Fries, Valeria A. Saldana, Johannes Finnstein, Theo Rein
Titel: Molecular pathways of major depressive disorder converge on the synapse
von: Nature Publishing Group
Erscheinungsdatum: 2022-10-06
Webseite: Nature
Publisher: Nature Publishing Group

[s231] - https://aepi.biomedcentral.com/articles/10.1186/s42494-023-00137-0
Autor: Komang Trisna Sumadewi, Saktivi Harkitasari, David Christopher Tjandra
Titel: Biomolecular mechanisms of epileptic seizures and epilepsy: a review
Erscheinungsdatum: 15 November 2023
Webseite: Acta Epileptologica

[s232] - https://www.ncbi.nlm.nih.gov/pmc/articles/PMC8326283/
Autor: Bin Wang, Lei Zhang, Tong Dai, Ziran Qin, Huasong Lu, Long Zhang, Fangfang Zhou
Titel: Liquidliquid phase separation in human health and diseases
Erscheinungsdatum: 2021-08-02
Webseite: NCBI
Publisher: Nature Publishing Group

[s233] - https://vivo.weill.cornell.edu/display/cwid-haw2002
Autor: Harel Weinstein
von: Weill Cornell Medical College
Webseite: VIVOWeill Cornell Medical College

[s234] - https://medschool.umich.edu/departments/biological-chemistry/research/regulation-gene-expression
Titel: Regulation of Gene Expression
von: University of Michigan
Webseite: Michigan Medicine

[s235] - https://www.nature.com/articles/s41392-022-00899-y
Autor: Francesca Fagiani, Daniele Di Marino, Alice Romagnoli, Cristina Travelli, Davide Voltan, Lorenzo Di Cesare Mannelli, Marco Racchi, Stefano Govoni, Cristina Lanni
Titel: Molecular regulations of circadian rhythm and implications for physiology and diseases
von: Nature Publishing Group
Erscheinungsdatum: 2022-02-08
Webseite: Nature
Publisher: Signal Transduction and Targeted Therapy

[s236] - https://science.psu.edu/bmb/people/jcr8
Autor: Joseph C. Reese
von: The Pennsylvania State University
Webseite: Penn State Eberly College of Science

[s237] - https://www.embl.org/groups/krebs/
Autor: Arnaud Krebs
Titel: Decoding gene regulation using single-molecule genomics
von: European Molecular Biology Laboratory
Webseite: EMBL

[s238] - https://pubmed.ncbi.nlm.nih.gov/11285313/
Autor: S D Clarke
Titel: Polyunsaturated fatty acid regulation of gene transcription: a molecular mechanism to improve the metabolic syndrome
Erscheinungsdatum: 2001-04
Webseite: PubMed
Publisher: J Nutr

[s239] - https://www.nature.com/articles/nrm1488
Autor: Ftima Gebauer, Matthias W. Hentze
Titel: Molecular mechanisms of translational control
von: Nature Reviews Molecular Cell Biology
Erscheinungsdatum: 01 October 2004
Webseite: Nature
Publisher: Nature Publishing Group

[s240] - https://www.nature.com/articles/4401179
Autor: M M Kavurma, L M Khachigian
Titel: Signaling and transcriptional control of Fas ligand gene expression
von: Nature Publishing Group
Erscheinungsdatum: 25 March 2003
Webseite: nature.com
Publisher: Nature Publishing Group

[s241] - https://courses.lumenlearning.com/suny-biology1/chapter/control-of-the-cell-cycle/
Titel: Control of the Cell Cycle
von: Lumen Learning
Webseite: Lumen Learning

[s242] - https://bio.libretexts.org/Courses/Lumen_Learning/Biology_for_Non-Majors_I_(Lumen)/07%3A_Cell_Division/7.04%3A_Cell_Cycle_Checkpoints
Autor: Shelli Carter
Titel: 7.4: Cell Cycle Checkpoints
von: Lumen Learning
Erscheinungsdatum: Sat, 30 Jul 2022 22:42:53 GMT
Webseite: LibreTexts
Publisher: Lumen Learning

[s243] - https://pubmed.ncbi.nlm.nih.gov/23880895/
Autor: Masatoshi Kitagawa, Kyoko Kitagawa, Yojiro Kotake, Hiroyuki Niida, Tatsuya Ohhata
Titel: Cell cycle regulation by long non-coding RNAs
von: Hamamatsu University School of Medicine
Erscheinungsdatum: 2013-07-24
Webseite: PubMed
Publisher: Springer

[s244] - https://mls.indiana.edu/about/faculty/calvi-brian.html
Autor: Brian Calvi
Titel: About Brian Calvi
von: Indiana University
Webseite: Indiana University Bloomington

[s245] - https://pmc.ncbi.nlm.nih.gov/articles/PMC3203453/
Autor: Petra Langerak, Paul Russell
Titel: Regulatory networks integrating cell cycle control with DNA damage checkpoints and double-strand break repair
von: The Scripps Research Institute
Erscheinungsdatum: 2011-12-27
Webseite: National Center for Biotechnology Information
Publisher: The Royal Society

[s246] - https://www.nature.com/articles/s41418-022-00988-z
Autor: Kurt Engeland
Titel: Cell cycle regulation: p53-p21-RB signaling
von: Nature Publishing Group
Erscheinungsdatum: 31 March 2022
Webseite: Nature
Publisher: Nature Publishing Group

[s247] - https://biology.indiana.edu/about/faculty/calvi-brian.html
Autor: Brian Calvi
Titel: About Brian Calvi
von: Indiana University Bloomington
Erscheinungsdatum: 2024
Webseite: Indiana University Department of Biology
Publisher: The Trustees of Indiana University

[s248] - https://public.csr.nih.gov/sites/default/files/2021-08/ENQUIRE_Cluster7_Newly_Formed.pdf
Titel: ENQUIRE Cluster 7 Molecular and Cellular Basic Sciences New Study Sections formed
von: National Institutes of Health (NIH)
Erscheinungsdatum: August 2021
Webseite: public.csr.nih.gov

[s249] - https://ccr.cancer.gov/staff-directory/deborah-k-morrison
Autor: Deborah K. Morrison, Ph.D.
von: National Cancer Institute
Webseite: Cancer.gov

[s250] - https://biosignaling.biomedcentral.com/articles/10.1186/s12964-015-0118-6
Autor: Claudia Lennicke, Jette Rahn, Rudolf Lic **Titel:** Hydrogen peroxide production, fate and role in re
htenfels, Ludger A. Wessjohann, Barbara Seliger dox signaling of tumor cells
Erscheinungsdatum: 2015-09-14 **Webseite:** BMC Cell Communication and Signaling
Publisher: BioMed Central

[s251] - https://pubmed.ncbi.nlm.nih.gov/8608588/
Autor: B M Gumbiner **Titel:** Cell adhesion: the molecular basis of tissue archi
tecture and morphogenesis
von: Memorial Sloan-Kettering Cancer Center **Erscheinungsdatum:** 1996-02-09
Webseite: PubMed **Publisher:** Cell

[s252] - https://www.explorationpub.com/Journals/em/Article/1001185
von: Exploration of Medicine **Webseite:** Exploration Pub

[s253] - https://pubmed.ncbi.nlm.nih.gov/30556637/
Autor: Jean-Marc Zingg **Titel:** Vitamin E: Regulatory Role on Signal Tra
nsduction
Erscheinungsdatum: 2019-04 **Webseite:** PubMed
Publisher: International Union of Biochemistry and
Molecular Biology

[s254]
https://bio.libretexts.org/Bookshelves/Human_Biology/Human_Biology_(Wakim_and_Grewal)/10%3A_Introduction_to_the_Human_Body/1
0.7%3A_Homeostasis_and_Feedback
Autor: Delmar Larsen **Titel:** 10.7: Homeostasis and Feedback
von: LibreTexts **Erscheinungsdatum:** Sat, 04 Sep 2021 11:09:58 GMT
Webseite: LibreTexts

[s255] - https://www.albert.io/blog/positive-negative-feedback-loops-biology/
Autor: The Albert Team **Titel:** Positive and Negative Feedback Loops in
Biology
von: Albert.io **Erscheinungsdatum:** May 10, 2023
Webseite: Albert.io

[s256] - https://www.britannica.com/science/homeostasis
Titel: Homeostasis **von:** Encyclopaedia Britannica
Webseite: Britannica

[s257] - https://pubmed.ncbi.nlm.nih.gov/34157301/
Autor: Harikesh S Wong, Kyemyung Park, Anita Gola, **Titel:** A local regulatory T cell feedback circuit maintai
Antonio P Baptista, Christine H Miller, Deeksha ns immune homeostasis by pruning self-activated
Deep, Meng Lou, Lisa F Boyd, Alexander Y T cells
Rudensky, Peter A Savage, Grgoire Altan-Bonnet,
John S Tsang, Ronald N Germain
von: National Institutes of Health **Erscheinungsdatum:** 2021-06-21
Webseite: PubMed **Publisher:** Elsevier Inc.

[s258] - https://www.betterhealth.vic.gov.au/health/conditionsandtreatments/hormonal-endocrine-system
Titel: Hormonal (endocrine) system **von:** Better Health Channel
Erscheinungsdatum: 2014-03-31 **Webseite:** Better Health Channel

[s259] - https://pubmed.ncbi.nlm.nih.gov/18478531/
Autor: Alexander Y Mitrophanov, Eduardo A Groisman **Titel:** Positive feedback in cellular control systems
von: Howard Hughes Medical Institute **Erscheinungsdatum:** 2008-06
Webseite: PubMed **Publisher:** Bioessays

[s260] - https://www.lifescied.org/doi/abs/10.1187/cbe.21-04-0092
Autor: Andrea Kiesewetter, Philipp Schmiemann, **Titel:** Understanding Homeostatic Regulation: The
Jeffrey Schinske Role of Relationships and Conditions in
Feedback Loop Reasoning
Erscheinungsdatum: 23 Aug 2022 **Webseite:** Life Sciences Education
Publisher: American Society for Cell Biology

[s261] - https://www.britannica.com/science/homeostasis
Titel: Homeostasis **von:** Encyclopaedia Britannica
Webseite: Britannica

[s262] - https://www.ncbi.nlm.nih.gov/books/NBK507838/
Autor: Eva V. Osilla; Jennifer L. Marsidi; Karlie R. **Titel:** Physiology, Temperature Regulation
Shumway; Sandeep Sharma
von: StatPearls Publishing **Erscheinungsdatum:** 2024 Jan-
Webseite: NCBI Bookshelf **Publisher:** National Library of Medicine, National Institutes
of Health

[s263] - https://www.jefferson.edu/academics/colleges-schools-institutes/life-sciences/faculty-staff/faculty/soniat.html
Autor: Michael Soniat, PhD **Titel:** Assistant Professor, Department of Biochemistry
Molecular Biology
von: Thomas Jefferson University **Webseite:** jefferson.edu

[s264] - https://sc.edu/study/colleges_schools/chemistry_and_biochemistry/our_people/directory/outten_caryn.php
Autor: Caryn E. Outten **Titel:** Faculty and Staff Directory - Caryn E. Outten
von: University of South Carolina **Webseite:** University of South Carolina

[s265] - https://pubmed.ncbi.nlm.nih.gov/28387022/
Autor: George Papanikolaou, Kostas Pantopoulos **Titel:** Systemic iron homeostasis and erythropoiesis
Erscheinungsdatum: 2017-04-06 **Webseite:** IUBMB Life
Publisher: International Union of Biochemistry and
Molecular Biology

[s266] - https://link.springer.com/article/10.1007/s44194-024-00032-x
Autor: Xiaoyu Li, Ou Jiang, Mo Chen, Songlin Wang **Titel:** Mitochondrial homeostasis: shaping health and
disease
von: Springer **Erscheinungsdatum:** 15 April 2024
Webseite: SpringerLink **Publisher:** Springer

[s267] - https://arthritis-research.biomedcentral.com/articles/10.1186/ar2592
Autor: Mary B Goldring, Kenneth B Marcu **Titel:** Cartilage homeostasis in health and rheumatic
diseases
Erscheinungsdatum: 19 May 2009 **Webseite:** Arthritis Research Therapy

[s268] - https://www.nature.com/articles/s41418-024-01378-3
Autor: Rita A. Avelar, Riya Gupta, Grace Carvette, **Titel:** Integrated stress response plasticity governs norm
Felipe da Veiga Leprevost, Medhasri Jasti, Jose al cell adaptation to chronic stress via the PP2A-
Colina, Jessica Teifel, Alexey I. Nesvizhskii, C TFE3-ATF4 pathway
aitlin M. O'Connor, Maria Hatzoglou, Shirish
Shenolikar, Peter Arvan, Goutham Narla, Analisa
DiFeo
von: Nature Publishing Group **Erscheinungsdatum:** 30 September 2024
Webseite: Nature **Publisher:** Nature Publishing Group

[s269] - https://bmcgenomics.biomedcentral.com/articles/10.1186/s12864-022-08611-8
Autor: Grace Afumwaa Boamah, Zekun Huang, Yawei **Titel:** Transcriptome analysis reveals fluid shear stress (FSS) and atherosclerosis pathway as a candidate molecular mechanism of short-term low salinity stress tolerance in abalone
Shen, Yisha Lu, Zhixuan Wang, Ying Su, Changan Xu, Xuan Luo, Caihuan Ke, Weiwei You
von: BMC **Erscheinungsdatum:** 2022-05-23
Webseite: BMC Genomics **Publisher:** BMC

[s270] - https://molecular-cancer.biomedcentral.com/articles/10.1186/s12943-017-0648-1
Autor: Yang Zhao, Xingbin Hu, Yajing Liu, Shumin **Titel:** ROS signaling under metabolic stress: cross-talk between AMPK and AKT pathway
Dong, Zhaowei Wen, Wanming He, Shuyi Zhang, Qiong Huang, Min Shi
von: BMC (BioMed Central) **Erscheinungsdatum:** 2017-04-13
Webseite: Molecular Cancer **Publisher:** BioMed Central

[s271] - https://pmc.ncbi.nlm.nih.gov/articles/PMC3576806/
Autor: Sergio Giannattasio, Nicoletta Guaragnella, Masa **Titel:** Molecular mechanisms of Saccharomyces ce revisiae stress adaptation and programmed cell death in response to acetic acid
Zdralevic, Ersilia Marra
von: Istituto di Biomembrane e Bioenergetica, **Erscheinungsdatum:** 2013-02-20
Consiglio Nazionale delle Ricerche
Webseite: PMC **Publisher:** Frontiers in Microbiology

[s272] - https://www.ncbi.nlm.nih.gov/books/NBK9885/
Autor: Cooper GM **Titel:** The Cell: A Molecular Approach
von: National Library of Medicine, National Institutes **Erscheinungsdatum:** 2000
of Health
Webseite: NCBI Bookshelf **Publisher:** Sinauer Associates

[s273] - https://www.ncbi.nlm.nih.gov/books/NBK553192/
Autor: Ojas A. Deshpande; Shamim S. Mohiuddin **Titel:** Biochemistry, Oxidative Phosphorylation
von: StatPearls Publishing **Erscheinungsdatum:** 2024 Jan-
Webseite: NCBI Bookshelf **Publisher:** StatPearls Publishing

[s274] - https://www.osmosis.org/answers/cellular-respiration
Autor: Corinne Tarantino, MPH **Titel:** Cellular Respiration: What Is It, Its Purpose, and More
von: Osmosis **Erscheinungsdatum:** Mar 17, 2022
Webseite: Osmosis

[s275] - https://www.nature.com/articles/s41392-024-01839-8
Autor: Yao Zong, Hao Li, Peng Liao, Long Chen, Yao **Titel:** Mitochondrial dysfunction: mechanisms and advances in therapy
Pan, Yongqiang Zheng, Changqing Zhang, Delin Liu, Minghao Zheng, Junjie Gao
von: Nature Publishing Group **Erscheinungsdatum:** 2024-05-15
Webseite: Nature **Publisher:** Signal Transduction and Targeted Therapy

[s276] - https://pubmed.ncbi.nlm.nih.gov/18710878/
Autor: Mariana G Rosca, Edwin J Vazquez, Janos **Titel:** Cardiac mitochondria in heart failure: decrease in respirasomes and oxidative phosphorylation
Kerner, William Parland, Margaret P Chandler, William Stanley, Hani N Sabbah, Charles L Ho ppel
Erscheinungsdatum: 2008-10-01 **Webseite:** PubMed
Publisher: Cardiovascular Research

[s277] - https://www.nature.com/articles/s41598-018-36265-8
Autor: Fredrick J. Rosario, Madhulika B. Gupta, Leslie **Titel:** Mechanistic Target of Rapamycin Complex 1 Promotes the Expression of Genes Encoding Electron Transport Chain Proteins and Stimulates Oxidative Phosphorylation in Primary Human Trophoblast Cells by Regulating Mitochondrial Biogenesis
Myatt, Theresa L. Powell, Jeremy P. Glenn, Laura Cox, Thomas Jansson
von: Nature Research **Erscheinungsdatum:** 22 January 2019
Webseite: Nature **Publisher:** Scientific Reports

[s278]
https://bio.libretexts.org/Bookshelves/Introductory_and_General_Biology/General_Biology_(Boundless)/07%3A_Cellular_Respiration/7.11%3A_Oxidative_Phosphorylation_-_Electron_Transport_Chain
Titel: 7.11: Oxidative Phosphorylation - Electron **von:** LibreTexts
Transport Chain
Webseite: LibreTexts

[s279] - https://www.ncbi.nlm.nih.gov/books/NBK9885/
Autor: Cooper GM **Titel:** The Cell: A Molecular Approach
von: National Library of Medicine, National Institutes **Erscheinungsdatum:** 2000
of Health
Webseite: NCBI Bookshelf **Publisher:** Sinauer Associates

[s280] - https://www.nature.com/articles/s41416-019-0651-y
Autor: Vittoria Raimondi, Francesco Ciccarese, **Titel:** Oncogenic pathways and the electron transport chain: a dangeROS liaison
Vincenzo Ciminale
von: Nature Publishing Group **Erscheinungsdatum:** 2019-12-10
Webseite: Nature **Publisher:** British Journal of Cancer

[s281] - https://www.ncbi.nlm.nih.gov/books/NBK546695/
Autor: Erica A. Melkonian; Mark P. Schury **Titel:** Biochemistry, Anaerobic Glycolysis
von: StatPearls Publishing **Erscheinungsdatum:** 2024 Jan
Webseite: NCBI Bookshelf **Publisher:** National Library of Medicine, National Institutes of Health

[s282] - https://pubmed.ncbi.nlm.nih.gov/14607783/
Autor: Iyalla E Peterside, Mary A Selak, Rebecca A **Titel:** Impaired oxidative phosphorylation in hepatic mitochondria in growth-retarded rats
Simmons
Erscheinungsdatum: 2003-12 **Webseite:** PubMed
Publisher: American Journal of Physiology - Endocrinology and Metabolism

[s283] - https://pubmed.ncbi.nlm.nih.gov/27758862/
Autor: Gargi Mahapatra, Ashwathy Varughese, Qinqin **Titel:** Phosphorylation of Cytochrome c Threonine 28 Regulates Electron Transport Chain Activity in Kidney: IMPLICATIONS FOR AMP KINASE
Ji, Icksoo Lee, Jenney Liu, Asmita Vaishnav, C hristopher Sinkler, Alexandr A Kapralov, Carlos T Moraes, Thomas H Sanderson, Timothy L St emmler, Lawrence I Grossman, Valerian E Kagan, Joseph S Brunzelle, Arthur R Salomon, Brian F P Edwards, Maik Httemann
Erscheinungsdatum: 2017-01-06 **Webseite:** PubMed
Publisher: The American Society for Biochemistry and Molecular Biology, Inc.

[s284] - https://www.britannica.com/science/cellular-respiration
Autor: The Editors of Encyclopaedia Britannica **Titel:** Cellular respiration
von: Encyclopaedia Britannica, Inc. **Erscheinungsdatum:** Dec 21, 2024
Webseite: Britannica **Publisher:** Encyclopaedia Britannica, Inc.

[s285] - https://www.ncbi.nlm.nih.gov/books/NBK9885/
Autor: Cooper GM **Titel:** The Cell: A Molecular Approach
von: National Library of Medicine, National Institutes **Erscheinungsdatum:** 2000
of Health
Webseite: NCBI Bookshelf **Publisher:** Sinauer Associates

[s286] - https://pubmed.nlm.nih.gov/10666039/
Autor: P R Territo, V K Mootha, S A French, R S **Titel:** Ca(2+) activation of heart mitochondrial
Balaban oxidative phosphorylation: role of the F(0)F(1)-A
TPase
von: National Institutes of Health **Erscheinungsdatum:** 2000-02
Webseite: PubMed **Publisher:** American Journal of Physiology - Cell Ph
ysiology

[s287] - https://pubmed.ncbi.nlm.nih.gov/18279015/
Autor: Mary-Ellen Harper, Erin L Seifert **Titel:** Thyroid hormone effects on mitochondrial
energetics
Erscheinungsdatum: 2008-02 **Webseite:** PubMed
Publisher: Thyroid

[s288] - https://www.nature.com/articles/s41419-021-03627-6
Autor: Faye L. Styles, Moza M. Al-Owais, Jason L. **Titel:** Kv1.3 voltage-gated potassium channels link
Scragg, Eulashini Chuntharpursat-Bon, Nishani T cellular respiration to proliferation through a non-
, Hettiarachchi, Jonathan D. Lippiat, Aisling conducting mechanism
Minard, Robin S. Bon, Karen Porter, Piruthivi
Sukumar, Chris Peers, Lee D. Roberts
von: Nature Publishing Group **Erscheinungsdatum:** 2021-04-07
Webseite: nature.com **Publisher:** Nature Publishing Group

[s289]
https://www.oecd.org/content/dam/oecd/en/publications/reports/2022/12/uncoupling-of-oxidative-phosphorylation-leading-to-growth-inhibitio
n-via-decreased-cell-proliferation_86e8b88c/f20867c1-en.pdf
Autor: You Song, Daniel L. Villeneuve **Titel:** Uncoupling of oxidative phosphorylation leading
to growth inhibition via decreased cell pr
oliferation
von: OECD **Erscheinungsdatum:** 2022-12
Webseite: OECD **Publisher:** OECD Publishing

[s290] - https://www.nature.com/articles/s41392-024-01839-8
Autor: Yao Zong, Hao Li, Peng Liao, Long Chen, Yao **Titel:** Mitochondrial dysfunction: mechanisms and
Pan, Yongqiang Zheng, Changqing Zhang, Delin advances in therapy
Liu, Minghao Zheng, Junjie Gao
von: Nature Publishing Group **Erscheinungsdatum:** 2024-05-15
Webseite: Nature **Publisher:** Signal Transduction and Targeted Therapy

[s291] - https://www.osmosis.org/answers/cellular-respiration
Autor: Corinne Tarantino, MPH **Titel:** Cellular Respiration: What Is It, Its Purpose, and
More
von: Osmosis **Erscheinungsdatum:** Mar 17, 2022
Webseite: Osmosis

[s292] - https://www.ttuhsc.edu/medicine/academic-affairs/documents/sakai-files/bct/7_Glycolysis_Notes_Ganapathy.pdf
Autor: Vadivel Ganapathy, Ph.D. **Titel:** Glycolysis Notes
von: Texas Tech University Health Sciences Center **Webseite:** Texas Tech University Health Sciences Center

[s293]
https://bio.libretexts.org/Bookshelves/Biochemistry/Book%3A_Biochemistry_Free_and_Easy_(Ahern_and_Rajagopal)/02%3A_Energy/2.06%
3A_Cellular_Phosphorylations
Autor: Kevin Ahern Indira Rajagopal **Titel:** 2.6: Cellular Phosphorylations
von: Oregon State University **Erscheinungsdatum:** Thu, 31 Aug 2023 19:29:15 GMT
Webseite: LibreTexts

[s294] - https://pubmed.ncbi.nlm.nih.gov/19527071/
Autor: Darci Phillips, Angel M Aponte, Stephanie A **Titel:** Succinyl-CoA synthetase is a phosphate target for
French, David J Chess, Robert S Balaban the activation of mitochondrial metabolism
von: National Institutes of Health **Erscheinungsdatum:** 2009-08-04
Webseite: PubMed **Publisher:** American Chemical Society

[s295] - https://pubmed.ncbi.nlm.nih.gov/30909720/
Autor: Christos Chinopoulos, Thomas N Seyfried **Titel:** Mitochondrial Substrate-Level Phosphorylation
as Energy Source for Glioblastoma: Review and
Hypothesis
Erscheinungsdatum: 2018 **Webseite:** ASN Neuro

[s296] - https://www.ncbi.nlm.nih.gov/pmc/articles/PMC4992975/
Autor: Kimberly L James, Luis A Ríos-Hernndez, Neil Q **Titel:** Pyrophosphate-Dependent ATP Formation from
Wofford, Housna Mouttaki, Jessica R Sieber, Acetyl Coenzyme A in Syntrophus acidi
Cody S Sheik, Hong H Nguyen, Yanan Yang, trophicus, a New Twist on ATP Formation
Yongming Xie, Jonathan Erde, Lars Rohlin,
Elizabeth A Karr, Joseph A Loo, Rachel R Ogorz
alek Loo, Gregory B Hurst, Robert P Gunsalus,
Luke I Szweda, Michael J McInerney
von: University of Oklahoma, University of California **Erscheinungsdatum:** 2016-08-16
Los Angeles, Oak Ridge National Laboratory,
Oklahoma Medical Research Foundation
Webseite: NCBI **Publisher:** American Society for Microbiology

[s297] - https://www.britannica.com/science/adenosine-triphosphate
Autor: The Editors of Encyclopaedia Britannica **Titel:** Adenosine triphosphate (ATP) | Definition,
Structure, Function, Facts
von: Encyclopaedia Britannica, Inc. **Erscheinungsdatum:** Nov 9, 2024
Webseite: Britannica **Publisher:** Encyclopaedia Britannica, Inc.

[s298] - https://www.globalchange.umich.edu/globalchange1/current/lectures/kling/energyflow/PSN_primer.html
Autor: Prof. Melvin Calvin **Titel:** A Primer on Photosynthesis and the Functioning
of Cells
von: University of Michigan **Webseite:** Global Change at the University of Michigan

[s299] - https://rwu.pressbooks.pub/bio103/chapter/cellular-respiration/
Titel: Cellular Respiration **von:** RWU Pressbooks
Webseite: RWU Pressbooks

[s300] - https://www.britannica.com/science/cellular-respiration
Autor: The Editors of Encyclopaedia Britannica **Titel:** Cellular respiration
von: Encyclopaedia Britannica, Inc. **Erscheinungsdatum:** Dec 21, 2024
Webseite: Britannica **Publisher:** Encyclopaedia Britannica, Inc.

[s301] - https://www.ncbi.nlm.nih.gov/books/NBK553175/
Autor: Jacob Dunn; Michael H. Grider
von: StatPearls Publishing
Webseite: NCBI Bookshelf
Titel: Physiology, Adenosine Triphosphate
Erscheinungsdatum: 2024 Jan
Publisher: StatPearls Publishing

[s302] - https://www.genome.gov/genetics-glossary/Mitochondria
Titel: Mitochondria
von: National Human Genome Research Institute (NHGRI)
Erscheinungsdatum: January 1, 2025
Webseite: Genome.gov

[s303] - https://www.walshmedicalmedia.com/open-access/biothermodynamics-energy-flow-and-changes-in-biological-systems.pdf
Autor: Tobback Robber
Titel: Biothermodynamics: Energy Flow and Changes in Biological Systems
Erscheinungsdatum: 19-May-2023
Webseite: Walsh Medical Media
Publisher: J Bio Energetics

[s304] - https://tbiomed.biomedcentral.com/articles/10.1186/s12976-015-0024-z
Autor: Umberto Lucia
Titel: Bioengineering thermodynamics of biological cells
Erscheinungsdatum: 01 December 2015
Webseite: Theoretical Biology and Medical Modelling
Publisher: BioMed Central

[s305] - https://pmc.ncbi.nlm.nih.gov/articles/PMC1947950/
Autor: Richard D Feinman, Eugene J Fine
Titel: Nonequilibrium thermodynamics and energy efficiency in weight loss diets
von: State University of New York Downstate Medical Center, Albert Einstein College of Medicine
Erscheinungsdatum: 2007 Jul 30
Webseite: PMC
Publisher: BioMed Central Ltd

[s306] - https://pubmed.ncbi.nlm.nih.gov/39195431/
Autor: Umberto Lucia, Giulia Grisolia
Titel: Thermodynamic Considerations on the Biophysical Interaction between Low-Energy Electromagnetic Fields and Biosystems
von: Politecnico di Torino
Webseite: PubMed
Erscheinungsdatum: 2024-08-22
Publisher: Membranes (Basel)

[s307] - https://pubmed.ncbi.nlm.nih.gov/39267793/
Autor: Werner E G Mller, Hadrian Schepler, Meik Neufurth, Rita Dobmeyer, Renato Batel, Heinz C Schrder, Xiaohong Wang
Titel: Energy level as a theranostic factor for successful therapy of tissue injuries with polyphosphate: the triad metabolic energy - mechanical energy - heat
von: Galenus GH AG
Webseite: PubMed
Erscheinungsdatum: 2024-08-19
Publisher: Theranostics

[s308] - http://www.eolss.net/sample-chapters/c17/e6-58-01-05.pdf
Autor: Horst W. Doelle
von: Encyclopedia of Life Support Systems (EOLSS)
Titel: Cell Thermodynamics and Energy Metabolism

[s309] - https://shao.hms.harvard.edu/research
Titel: Mechanisms to maintain protein and cellular homeostasis
von: Harvard Medical School
Webseite: Shao Lab

[s310] - https://journals.iucr.org/paper?id5003
Autor: Abid Javed, John Christodoulou, Lisa D. Cabrita, Elena V. Orlova
Titel: The ribosome and its role in protein folding: looking through a magnifying glass
von: Institute of Structural and Molecular Biology, Birkbeck College, University College London (UCL)
Erscheinungsdatum: 31 May 2017
Webseite: IUCr Journals
Publisher: International Union of Crystallography (IUCr)

[s311] - https://biosignaling.biomedcentral.com/articles/10.1186/s12964-024-01791-8
Autor: Oliwia Koszla, Przemyslaw Solek
Titel: Misfolding and aggregation in neurodegenerative diseases: protein quality control machinery as potential therapeutic clearance pathways
von: BMC (BioMed Central)
Webseite: BMC Cell Communication and Signaling
Erscheinungsdatum: 30 August 2024
Publisher: BioMed Central

[s312] - https://pmc.ncbi.nlm.nih.gov/articles/PMC10152985/
Autor: Qian Zhong, Xina Xiao, Yijie Qiu, Zhiqiang Xu, Chunyu Chen, Baochen Chong, Xinjun Zhao, Shan Hai, Shuangqing Li, Zhenmei An, Lunzhi Dai
Titel: Protein posttranslational modifications in health and diseases: Functions, regulatory mechanisms, and therapeutic implications
von: Sichuan International Medical Exchange Promotion Association (SCIMEA)
Webseite: PMC
Erscheinungsdatum: 2023 May 2
Publisher: John Wiley Sons Australia, Ltd.

[s313] - https://pubmed.ncbi.nlm.nih.gov/9930704/
Autor: H P Harding, Y Zhang, D Ron
Titel: Protein translation and folding are coupled by an endoplasmic-reticulum-resident kinase
Erscheinungsdatum: 1999-01-21
Webseite: PubMed
Publisher: Nature

[s314] - https://pubmed.ncbi.nlm.nih.gov/7862665/
Autor: A N Fedorov, T O Baldwin
Titel: Contribution of cotranslational folding to the rate of formation of native protein structure
von: Texas AM University
Webseite: PubMed
Erscheinungsdatum: 1995-02-14
Publisher: Proceedings of the National Academy of Sciences of the United States of America

[s315] - https://www.aimspress.com/article/doi/10.3934/biophy.2016.4.456?viewType=HTML
Autor: Timothy Jan Bergmann, Giorgia Brambilla Pisoni, Maurizio Molinari
Titel: Quality control mechanisms of protein biogenesis: proteostasis dies hard
von: AIMS Press
Webseite: AIMS Biophysics
Erscheinungsdatum: 24 October 2016
Publisher: AIMS Press

[s316] - https://biotechnologyforbiofuels.biomedcentral.com/articles/10.1186/1754-6834-7-7
Autor: Helge Jans Janen, Alexander Steinbchel
Titel: Fatty acid synthesis in Escherichia coli and its applications towards the production of fatty acid based biofuels
Erscheinungsdatum: 09 January 2014
Webseite: Biotechnology for Biofuels
Publisher: BMC

[s317] - https://elifesciences.org/articles/58041
Autor: Sara M Nowinski, Ashley Solmonson, Scott F Rusin, J Alan Maschek, Claire L Bensard, Sarah Fogarty, Mi-Young Jeong, Sandra Lettlova, Jordan A Berg, Jeffrey T Morgan, Yeyun Ouyang, Bradley C Naylor, Joao A Paulo, Katsuhiko Funai, James E Cox, Steven P Gygi, Dennis R Winge, Ralph J DeBerardinis, Jared Rutter
Titel: Mitochondrial fatty acid synthesis coordinates oxidative metabolism in mammalian mitochondria
von: eLife Sciences Publications, Ltd.
Webseite: eLife
Erscheinungsdatum: August 17, 2020
Publisher: eLife Sciences Publications, Ltd.

[s318] - https://www.ncbi.nlm.nih.gov/books/NBK560564/
Autor: Michael Edwards; Shamim S. Mohiuddin
von: StatPearls Publishing
Webseite: NCBI Bookshelf
Titel: Biochemistry, Lipolysis
Erscheinungsdatum: 2024 Jan
Publisher: StatPearls Publishing

[s319] - https://www.nature.com/articles/s41416-019-0650-z
Autor: Nikos Koundouros, George Poulogiannis
Titel: Reprogramming of fatty acid metabolism in cancer
Erscheinungsdatum: 10 December 2019
Webseite: Nature
Publisher: British Journal of Cancer

[s320] - https://www.ncbi.nlm.nih.gov/pmc/articles/PMC6927283/
Autor: Li Che, Panagiotis Paliogiannis, Antonio Cigliano, Maria G Pilo, Xin Chen, Diego F Calvisi
Titel: Pathogenetic, Prognostic, and Therapeutic Role of Fatty Acid Synthase in Human Hepatocellular Carcinoma
von: National Institutes of Health
Webseite: NCBI
Erscheinungsdatum: 2019 Dec 11
Publisher: Frontiers in Oncology

[s321] - https://www.ncbi.nlm.nih.gov/pmc/articles/PMC148988/
Autor: Ross F Waller, Stuart A Ralph, Michael B Reed, Vanessa Su, James D Douglas, David E Minnikin, Alan F Cowman, Gurdyal S Besra, Geoffrey I McFadden
Titel: A Type II Pathway for Fatty Acid Biosynthesis Presents Drug Targets in Plasmodium falciparum
von: American Society for Microbiology
Webseite: NCBI
Erscheinungsdatum: 2003-01

[s322] - https://pubmed.ncbi.nlm.nih.gov/12036955/
Autor: Min You, Monika Fischer, Mark A Deeg, David W Crabb
Titel: Ethanol induces fatty acid synthesis pathways by activation of sterol regulatory element-binding protein (SREBP)
von: Indiana University School of Medicine and Richard Roudebush Veterans Affairs Medical Center
Erscheinungsdatum: 2002-05-29
Webseite: PubMed
Publisher: Journal of Biological Chemistry

[s323] - https://pubmed.ncbi.nlm.nih.gov/33247734/
Autor: David Legouis, Anna Faivre, Pietro E Cippà, Sophie de Seigneux
Titel: Renal gluconeogenesis: an underestimated role of the kidney in systemic glucose metabolism
von: University Hospitals of Geneva
Erscheinungsdatum: 2022-07-26
Webseite: PubMed
Publisher: Oxford University Press

[s324]
https://bio.libretexts.org/Bookshelves/Biochemistry/Fundamentals_of_Biochemistry_(Jakubowski_and_Flatt)/02%3A_Unit_II-_Bioenergetics_and_Metabolism/13%3A_Glycolysis_Gluconeogenesis_and_the_Pentose_Phosphate_Pathway/13.03%3A_Gluconeogenesis
Autor: Henry Jakubowski and Patricia Flatt
von: College of St. Benedict St. Johns University and Western Oregon University
Webseite: LibreTexts
Titel: 13.3: Gluconeogenesis
Erscheinungsdatum: Thu, 05 Oct 2023 10:02:53 GMT

[s325] - https://pubmed.ncbi.nlm.nih.gov/11724664/
Autor: S Khani, J A Tayek
Titel: Cortisol increases gluconeogenesis in humans: its role in the metabolic syndrome
Erscheinungsdatum: 2001-12
Webseite: PubMed
Publisher: Clinical Science

[s326] - https://www.nature.com/articles/s41467-023-37142-3
Autor: Qian Ye, Yi Liu, Guiji Zhang, Haijun Deng, Xiaojun Wang, Lin Tuo, Chang Chen, Xuanming Pan, Kang Wu, Jiangao Fan, Qin Pan, Kai Wang, Ailong Huang, Ni Tang
Titel: Deficiency of gluconeogenic enzyme PCK1 promotes metabolic-associated fatty liver disease through PI3KAKTPDGF axis activation in male mice
von: Nature Communications
Webseite: Nature
Erscheinungsdatum: 2023-03-14
Publisher: Nature Publishing Group

[s327] - https://pubmed.ncbi.nlm.nih.gov/8923861/
Autor: K Cusi, A Consoli, R A DeFronzo
Titel: Metabolic effects of metformin on glucose and lactate metabolism in noninsulin-dependent diabetes mellitus
Erscheinungsdatum: 1996-11
Webseite: PubMed
Publisher: J Clin Endocrinol Metab

[s328] - https://jhoonline.biomedcentral.com/articles/10.1186/s13045-022-01263-x
Autor: Huai-liang Wu, Yue Gong, Peng Ji, Yi-fan Xie, Yi-Zhou Jiang, Guang-yu Liu
Titel: Targeting nucleotide metabolism: a promising approach to enhance cancer immunotherapy
von: BMC
Webseite: Journal of Hematology Oncology
Erscheinungsdatum: 2022-04-27
Publisher: BioMed Central

[s329] - https://www.nature.com/articles/s41589-023-01354-x
Autor: Lulu Chen, Qi Zhou, Pingfeng Zhang, Wei Tan, Yingge Li, Ziwen Xu, Junfeng Ma, Gary M. Kupfer, Yanxin Pei, Qibin Song, Huadong Pei
Titel: Direct stimulation of de novo nucleotide synthesis by O-GlcNAcylation
von: Nature Publishing Group
Webseite: Nature Chemical Biology
Erscheinungsdatum: 2023-06-12
Publisher: Nature Publishing Group

[s330] - https://www.nature.com/articles/s41467-024-45852-5
Autor: Quanyuan Wan, Leah Tavakoli, Ting-Yu Wang, Andrew J. Tucker, Ruiting Zhou, Qizhi Liu, Shu Feng, Dongwon Choi, Zhiheng He, Michaela U. Gack, Jun Zhao
Titel: Hijacking of nucleotide biosynthesis and deamidation-mediated glycolysis by an oncogenic herpesvirus
von: Nature Communications
Webseite: nature.com
Erscheinungsdatum: 16 February 2024
Publisher: Nature Publishing Group

[s331] - https://cancerandmetabolism.biomedcentral.com/articles/10.1186/s40170-015-0128-2
Autor: Christopher S Ahn, Christian M Metallo
Titel: Mitochondria as biosynthetic factories for cancer proliferation
Erscheinungsdatum: 25 January 2015
Webseite: Cancer Metabolism
Publisher: BMC

[s332] - https://pubmed.ncbi.nlm.nih.gov/31337706/
Autor: Teresa W M Fan, Ronald C Bruntz, Ye Yang, Huan Song, Yelena Chernyavskaya, Pan Deng, Yan Zhang, Parag P Shah, Levi J Beverly, Zhen Qi, Angela L Mahan, Richard M Higashi, Chi V Dang, Andrew N Lane
Titel: De novo synthesis of serine and glycine fuels purine nucleotide biosynthesis in human lung cancer tissues
von: University of Kentucky, University of Louisville, Ludwig Institute for Cancer Research, Wistar Institute
Erscheinungsdatum: 2019-09-06
Webseite: PubMed
Publisher: J Biol Chem

[s333] - https://www.ncbi.nlm.nih.gov/pmc/articles/PMC8209110/
Autor: Tingting Jiang, Francisco J Snchez-Rivera, Yadira M Soto-Feliciano, Qiyuan Yang, Chun-Qing Song, Arjun Bhuatkar, Cole M Haynes, Michael T Hemann, Wen Xue
Titel: Targeting de novo purine synthesis pathway via ADSL depletion impairs liver cancer growth by perturbing mitochondrial function
von: University of Massachusetts Medical School, Massachusetts Institute of Technology, Memorial Sloan Kettering Cancer Center, Westlake University
Erscheinungsdatum: 2021-07-12
Webseite: NCBI
Publisher: Hepatology

[s334] - https://pubmed.ncbi.nlm.nih.gov/22474184/
Autor: Sandra Witz, Benjamin Jung, Sarah Frst, Torsten Mhlmann
Titel: De novo pyrimidine nucleotide synthesis mainly occurs outside of plastids, but a previously undiscovered nucleobase importer provides substrates for the essential salvage pathway in Arabidopsis
von: Technische Universitt Kaiserslautern
Erscheinungsdatum: 2012-04-03
Webseite: PubMed
Publisher: Plant Cell

[s335] - https://www.ncbi.nlm.nih.gov/pmc/articles/PMC5448083/
Autor: Matthew R Wilson, Li Zha, Emily P Balskus
Titel: Natural product discovery from the human microbiome
von: Harvard University
Erscheinungsdatum: 2017-04-07
Webseite: NCBI
Publisher: The American Society for Biochemistry and Molecular Biology, Inc.

[s336] - https://pubmed.ncbi.nlm.nih.gov/25477512/
Autor: Joseph T Jarrett
Titel: The biosynthesis of thiol- and thioether-containing cofactors and secondary metabolites catalyzed by radical S-adenosylmethionine enzymes
Erscheinungsdatum: 2015-02-13
Webseite: PubMed
Publisher: The American Society for Biochemistry and Molecular Biology, Inc.

[s337] - https://pubmed.ncbi.nlm.nih.gov/34523946/
Autor: Min Jin Kwon, Charlotte Steiniger, Timothy C Cairns, Jennifer H Wisecaver, Abigail L Lind, Carsten Pohl, Carmen Regner, Antonis Rokas, Vera Meyer
Titel: Beyond the Biosynthetic Gene Cluster Paradigm: Genome-Wide Coexpression Networks Connect Clustered and Unclustered Transcription Factors to Secondary Metabolic Pathways
von: Technische Universitt Berlin, Purdue University, Vanderbilt University, Gladstone Institute for Data Science and Biotechnology
Erscheinungsdatum: 2021-10-31
Webseite: PubMed
Publisher: Microbiology Spectrum

[s338] - https://pmc.ncbi.nlm.nih.gov/articles/PMC5395296/
Autor: Qing Yan, Benjamin Philmus, Jeff H Chang, Joyce E Loper
Titel: Novel mechanism of metabolic co-regulation coordinates the biosynthesis of secondary metabolites in Pseudomonas protegens
von: Oregon State University
Erscheinungsdatum: 2017-03-06
Webseite: NCBI
Publisher: eLife

[s339] - https://pubmed.ncbi.nlm.nih.gov/28513415/
Autor: Neil A R Gow, Jean-Paul Latge, Carol A Munro
Titel: The Fungal Cell Wall: Structure, Biosynthesis, and Function
Erscheinungsdatum: 2017-05
Webseite: PubMed
Publisher: Microbiology Spectrum

[s340] - https://mcb.uconn.edu/person/wolf-dieter-reiter/
Autor: Wolf-Dieter Reiter
von: University of Connecticut
Webseite: University of Connecticut Department of Molecular and Cell Biology

[s341] - https://pubmed.ncbi.nlm.nih.gov/32737163/
Autor: Sang-Jin Kim, Balakumaran Chandrasekar, Anne C Rea, Linda Danhof, Starla Zemelis-Durfee, Nicholas Thrower, Zachary S Shepard, Markus Pauly, Federica Brandizzi, Kenneth Keegstra
Titel: The synthesis of xyloglucan, an abundant plant cell wall polysaccharide, requires CSLC function
von: Michigan State University
Erscheinungsdatum: 2020-08-18
Webseite: PubMed
Publisher: Proceedings of the National Academy of Sciences of the United States of America (PNAS)

[s342] - https://www.ncbi.nlm.nih.gov/pmc/articles/PMC7590259/
Autor: Ashley Brown, Rebecca Gordon, Stephen Hyland, M Sloan Siegrist, Catherine L Grimes
Titel: Chemical Biology Tools for examining the bacterial cell wall
Erscheinungsdatum: 2021-08-20
Webseite: NCBI
Publisher: Cell Chem Biol

[s343] - https://www.nature.com/articles/s41467-017-00783-2
Autor: Carlos Contreras-Martel, Alexandre Martins, Chantal Ecobichon, Daniel Maragno Trindade, Pierre-Jean Matte, Samia Hicham, Pierre Hardouin, Meriem El Ghachi, Ivo G. Boneca, Andra Dessen
Titel: Molecular architecture of the PBP2MreC core bacterial cell wall synthesis complex
von: Nature Communications
Erscheinungsdatum: 03 October 2017
Webseite: nature.com
Publisher: Nature Publishing Group

[s344] - https://pmc.ncbi.nlm.nih.gov/articles/PMC3243631/
Autor: Yoshikazu Kawai, Jon Marles-Wright, Robert M Cleverley, Robyn Emmins, Shu Ishikawa, Masayoshi Kuwano, Nadja Heinz, Nhat Khai Bui, Christopher N Hoyland, Naotake Ogasawara, Richard J Lewis, Waldemar Vollmer, Richard A Daniel, Jeff Errington
Titel: A widespread family of bacterial cell wall assembly proteins
von: Newcastle University, Nara Institute of Science and Technology
Erscheinungsdatum: 2011-09-30
Webseite: PMC
Publisher: European Molecular Biology Organization

[s345] - https://pmc.ncbi.nlm.nih.gov/articles/PMC5567671/
Autor: Amy M Whitaker, Matthew A Schaich, Mallory S Smith, Tony S Flynn, Bret D Freudenthal
Titel: Base excision repair of oxidative DNA damage: from mechanism to disease
von: University of Kansas Medical Center
Erscheinungsdatum: 2017 Mar 1
Webseite: PMC
Publisher: Front Biosci (Landmark Ed)

[s346] - https://www.ncbi.nlm.nih.gov/books/NBK26879/
Autor: Bruce Alberts, Alexander Johnson, Julian Lewis, Martin Raff, Keith Roberts, Peter Walter
Titel: Molecular Biology of the Cell
von: National Library of Medicine, National Institutes of Health
Erscheinungsdatum: 2002
Webseite: NCBI
Publisher: Garland Science

[s347] - https://www.nature.com/articles/cr2007115
Autor: Guo-Min Li — **Titel:** Mechanisms and functions of DNA mismatch repair
von: Nature Publishing Group — **Erscheinungsdatum:** 24 December 2007
Webseite: Nature — **Publisher:** Nature Publishing Group

[s348] - https://pubmed.ncbi.nlm.nih.gov/37832947/
Autor: Stephanie Panier, Siyao Wang, Bjrn Schumacher — **Titel:** Genome Instability and DNA Repair in Somatic and Reproductive Aging
von: Max Planck Institute for Biology of Ageing, University of Cologne, University Hospital of Cologne, Center for Molecular Medicine Cologne, Institute of Molecular Biology — **Erscheinungsdatum:** 2023 Oct 13
Webseite: PubMed — **Publisher:** Annual Review of Pathology

[s349] - https://www.med.unc.edu/gmb/people/cyrus-vaziri-phd/
Autor: Cyrus Vaziri, PhD — **Titel:** Cyrus Vaziri, PhD Genetics and Molecular Biology Curriculum
von: UNC School of Medicine — **Webseite:** UNC School of Medicine

[s350] - https://molecularbiosci.utexas.edu/directory/kyle-m-miller
Autor: Kyle M. Miller — **Titel:** Kyle M. Miller - Professor, Benjamin Clayton Centennial Professorship in Biochemistry
von: The University of Texas at Austin — **Webseite:** utexas.edu

[s351] - https://grants.nih.gov/grants/guide/notice-files/NOT-CA-23-060.html
Titel: Notice of Special Interest (NOSI): RNA Modifications in Cancer Biology — **von:** National Cancer Institute (NCI)
Erscheinungsdatum: April 17, 2023 — **Webseite:** NIH Grants

[s352] - https://molecular-cancer.biomedcentral.com/articles/10.1186/s12943-020-01166-w
Autor: Weicheng Liang, Zexiao Lin, Cong Du, Dongbo Qiu, Qi Zhang — **Titel:** mRNA modification orchestrates cancer stem cell fate decisions
Erscheinungsdatum: 26 February 2020 — **Webseite:** Molecular Cancer
Publisher: BMC

[s353] - https://cancerci.biomedcentral.com/articles/10.1186/s12935-022-02452-x
Autor: Shanshan Wang, Wei Lv, Tao Li, Shubing Zhang, Huihui Wang, Xuemei Li, Lianzi Wang, Dongyue Ma, Yan Zang, Jilong Shen, Yuanhong Xu, Wei Wei — **Titel:** Dynamic regulation and functions of mRNA m6A modification
von: BMC — **Erscheinungsdatum:** 2022-01-29
Webseite: Cancer Cell International — **Publisher:** BMC

[s354] - https://www.med.upenn.edu/apps/faculty/index.php/g275/p8336378
Autor: Kristen W. Lynch, PhD — **Titel:** Kristen W. Lynch - Faculty Profile
von: University of Pennsylvania — **Erscheinungsdatum:** 01262023
Webseite: Perelman School of Medicine — **Publisher:** The Trustees of the University of Pennsylvania

[s355] - https://www.grc.org/post-transcriptional-gene-regulation-conference/2024/
Titel: Post-Transcriptional Gene Regulation — **von:** Gordon Research Conferences
Erscheinungsdatum: July 14 - 19, 2024 — **Webseite:** Gordon Research Conferences

[s356] - https://profiles.umassmed.edu/display/133171
Autor: C. Robert Matthews PhD — **Titel:** Professor Emeritus
von: UMass Chan Medical School — **Webseite:** UMass Medical School Profiles

[s357] - https://pubmed.ncbi.nlm.nih.gov/38597675/
Autor: Alan R Fersht — **Titel:** From covalent transition states in chemia to noncovalent in biologia: from - to Phi- value analysis of proteinum folding
Erscheinungsdatum: 2024-03-20 — **Webseite:** PubMed
Publisher: Cambridge University Press

[s358] - https://elifesciences.org/articles/25642
Autor: Ting Su, Jingdong Cheng, Daniel Sohmen, Rickard Hedman, Otto Berninghausen, Gunnar von Heijne, Daniel N Wilson, Roland Beckmann — **Titel:** The force-sensing peptide VemP employs extreme compaction and secondary structure formation to induce ribosomal stalling
von: Ludwig Maximilian University of Munich, Germany; Stockholm University, Sweden; Science for Life Laboratory Stockholm University, Sweden; University of Hamburg, Germany — **Erscheinungsdatum:** May 30, 2017
Webseite: eLife

[s359] - https://elifesciences.org/articles/41803
Autor: Robin A Corey, Zainab Ahdash, Anokhi Shah, Euan Pyle, William J Allen, Tomas Fessl, Janet E Lovett, Argyris Politis, Ian Collinson — **Titel:** ATP-induced asymmetric pre-protein folding as a driver of protein translocation through the Sec machinery
von: eLife Sciences Publications, Ltd. — **Erscheinungsdatum:** January 2, 2019
Webseite: eLife — **Publisher:** eLife Sciences Publications, Ltd.

[s360] - https://ccr.cancer.gov/staff-directory/yawen-bai
Autor: Yawen Bai, Ph.D. — **Titel:** Senior Investigator, Laboratory of Biochemistry and Molecular Biology
von: National Cancer Institute — **Webseite:** Cancer.gov

[s361] - http://www.ncbi.nlm.nih.gov/books/NBK7286/
Autor: Andrei A Tokarev, Aixa Alfonso, Nava Segev — **Titel:** Trafficking Inside Cells: Pathways, Mechanisms and Regulation
von: Landes Bioscience — **Erscheinungsdatum:** 2000-2013
Webseite: NCBI Bookshelf — **Publisher:** Springer Science+Business Media

[s362] - https://pubmed.ncbi.nlm.nih.gov/29410531/
Autor: Marko Kaksonen, Aurlien Roux — **Titel:** Mechanisms of clathrin-mediated endocytosis
Erscheinungsdatum: 2018-02-07 — **Webseite:** PubMed
Publisher: Nature Reviews Molecular Cell Biology

[s363] - https://nba.uth.tmc.edu/neuroscience/m/s1/chapter10.html
Autor: Jack C. Waymire, Ph.D. — **Titel:** Transport and the Molecular Mechanism of Secretion (Section 1, Chapter 10)
von: The University of Texas Medical School at Houston — **Webseite:** Neuroscience Online
Publisher: Department of Neurobiology and Anatomy, McGovern Medical School

[s364] - https://www.ncbi.nlm.nih.gov/pmc/articles/PMC9313035/
Autor: Sumiko Mochida — **Titel:** Mechanisms of Synaptic Vesicle Exo- and Endocytosis
von: Tokyo Medical University — **Erscheinungsdatum:** 2022 Jul 4
Webseite: NCBI — **Publisher:** MDPI, Basel, Switzerland

[s365] - https://pubmed.ncbi.nlm.nih.gov/10660521/
Autor: M Rubino, M Miaczynska, R Lipp, M Zerial — **Titel:** Selective membrane recruitment of EEA1 suggests a role in directional transport of clathrin-coated vesicles to early endosomes
von: European Molecular Biology Laboratory (EMBL) — **Erscheinungsdatum:** 2000-02-11
Webseite: PubMed — **Publisher:** Journal of Biological Chemistry

[s366] - https://pubmed.ncbi.nlm.nih.gov/10798388/
Autor: W A Catterall — **Titel:** From ionic currents to molecular mechanisms: the structure and function of voltage-gated sodium channels
Webseite: PubMed
Erscheinungsdatum: 2000-04
Publisher: Neuron

[s367] - https://www.med.upenn.edu/bmbgrad/bbcb_faculty.html
Titel: Biochemistry Biophysics Chemical Biology — **von:** University of Pennsylvania
Faculty
Webseite: Perelman School of Medicine

[s368] - https://pmc.ncbi.nlm.nih.gov/articles/PMC10017353/
Autor: Allen L Hsu, Manu Ben-Johny — **Titel:** Ion channel chameleons: Switching ion selectivity by alternative splicing
von: Columbia University — **Erscheinungsdatum:** 2023-01-24
Webseite: National Center for Biotechnology Information — **Publisher:** Journal of Biological Chemistry

[s369] - https://public.csr.nih.gov/sites/default/files/2021-08/ENQUIRE_Cluster7_Newly_Formed.pdf
Titel: ENQUIRE Cluster 7 Molecular and Cellular — **von:** National Institutes of Health (NIH)
Basic Sciences New Study Sections formed
Erscheinungsdatum: August 2021 — **Webseite:** public.csr.nih.gov

[s370] - https://www.med.upenn.edu/apps/faculty/index.php/g275/p9688
Autor: J. Kevin Foskett, PhD — **Titel:** Research Interests and Expertise of J. Kevin Foskett
von: University of Pennsylvania — **Webseite:** University of Pennsylvania

[s371] - https://pubmed.ncbi.nlm.nih.gov/1702937/
Autor: C F Zorumski, K E Isenberg — **Titel:** Insights into the structure and function of GABA-benzodiazepine receptors: ion channels and psychiatry
von: Washington University School of Medicine — **Erscheinungsdatum:** 1991-02
Webseite: PubMed — **Publisher:** American Journal of Psychiatry

[s372] - https://www.brandeis.edu/biochemistry/faculty/miller-chris.html
Autor: Chris Miller — **Titel:** Professor Emeritus of Biochemistry
von: Brandeis University — **Webseite:** Brandeis University

[s373] - https://biosignaling.biomedcentral.com/articles/10.1186/s12964-022-00880-w
Autor: Rebar N. Mohammed, Mohsen Khosravi, Heshu Sulaiman Rahman, Ali Adili, Navid Kamali, Pavel Petrovich Soloshenkov, Lakshmi Thangavelu, Hossein Saeedi, Navid Shomali, Rozita Tamjidifar, Alireza Isazadeh, Ramin Aslaminabad, Morteza Akbari — **Titel:** Anastasis: cell recovery mechanisms and potential role in cancer
von: BMC — **Erscheinungsdatum:** 03 June 2022
Webseite: BMC Cell Communication and Signaling — **Publisher:** BioMed Central

[s374] - https://pubmed.ncbi.nlm.nih.gov/12604411/
Autor: Davide Rossi, Gianluca Gaidano — **Titel:** Messengers of cell death: apoptotic signaling in health and disease
Erscheinungsdatum: 2003-02 — **Webseite:** PubMed
Publisher: Haematologica

[s375] - https://www.med.upenn.edu/apps/faculty/index.php/g275/p9559968
Autor: Cornelius Y Taabazuing, Ph.D. — **von:** University of Pennsylvania
Webseite: Perelman School of Medicine

[s376] - https://molecular-cancer.biomedcentral.com/articles/10.1186/1476-4598-10-69
Autor: Jean H Overmeyer, Ashley M Young, Haymanti Bhanot, William A Maltese — **Titel:** A chalcone-related small molecule that induces methuosis, a novel form of non-apoptotic cell death, in glioblastoma cells
von: BMC (BioMed Central) — **Erscheinungsdatum:** 06 June 2011
Webseite: Molecular Cancer — **Publisher:** BioMed Central

[s377] - https://prosep-ltd.com/chromatography/
Titel: Fundamental Principles of Chromatography — **von:** ProSep Ltd
Webseite: ProSep Ltd

[s378] - https://pressbooks.bccampus.ca/chem1114langaracollege/chapter/1-3-laboratory-techniques-for-separation-of-mixtures/
Autor: Shirley Wacowich-Sgarbi — **Titel:** 1.4 Laboratory Techniques for Separation of Mixtures
von: BCCampus — **Erscheinungsdatum:** 2018
Webseite: Pressbooks

[s379] - https://pubmed.ncbi.nlm.nih.gov/33396544/
Autor: Gregor Marolt, Mitja Kolar — **Titel:** Analytical Methods for Determination of Phytic Acid and Other Inositol Phosphates: A Review
Erscheinungsdatum: 2020-12-31 — **Webseite:** PubMed
Publisher: Molecules

[s380]
https://chem.libretexts.org/Bookshelves/Analytical_Chemistry/Supplemental_Modules_(Analytical_Chemistry)/Instrumentation_and_Analysis/Chromatography/Gas_Chromatography
Titel: Gas Chromatography — **von:** LibreTexts
Erscheinungsdatum: 2023-08-29 — **Webseite:** LibreTexts

[s381] - https://pmc.ncbi.nlm.nih.gov/articles/PMC3578177/
Autor: Erika L Pfaunmiller, Marie Laura Paulemond, Courtney M Dupper, David S Hage — **Titel:** Affinity monolith chromatography: A review of principles and recent analytical applications
von: University of Nebraska — **Erscheinungsdatum:** 2013-03
Webseite: PMC — **Publisher:** Anal Bioanal Chem

[s382] - https://link.springer.com/article/10.1007/s44211-022-00190-8
Autor: Mohamed E. I. Badawy, Mahmoud A. M. El-Nouby, Paul K. Kimani, Lee W. Lim, Entsar I. Rabea — **Titel:** A review of the modern principles and applications of solid-phase extraction techniques in chromatographic analysis
von: Springer — **Erscheinungsdatum:** 2022-10-05
Webseite: SpringerLink — **Publisher:** Springer

[s383] - https://www.aknu.edu.in/Academics/links/Syllabus/PG/SCIENCE/analytical%20chem%20syllabus%202016-17ab.pdf
Autor: Adikavi Nannaya University — **Titel:** M.Sc. (Final) Chemistry Syllabus for III-Semester Specialization: Analytical Chemistry
Erscheinungsdatum: 2016-17 — **Webseite:** Adikavi Nannaya University

[s384] - https://pubmed.ncbi.nlm.nih.gov/9884186/
Autor: W R Baeyens, S G Schulman, A C Calokerinos, Y Zhao, A M García Campaa, K Nakashima, D De Keukeleire
Titel: Chemiluminescence-based detection: principles and analytical applications in flowing streams and in immunoassays
Erscheinungsdatum: 1998-09-01
Webseite: PubMed
Publisher: J Pharm Biomed Anal

[s385] - https://chem.tufts.edu/academics/courses
Titel: Courses
von: Tufts University
Webseite: Tufts University Department of Chemistry

[s386] - https://catalog.uconn.edu/graduate/courses/chem/chem.pdf
Titel: Chemistry (CHEM) Course Catalog
von: University of Connecticut
Webseite: University of Connecticut Catalog

[s387] - https://catalog.iit.edu/undergraduate/courses/chem/
Titel: Academic Catalog 2024-2025
von: Illinois Institute of Technology
Webseite: Illinois Institute of Technology

[s388] - https://bulletin.gwu.edu/courses/chem/
Titel: Chemistry Courses
von: George Washington University
Webseite: George Washington University Bulletin

[s389] - https://www.chem.ufl.edu/graduate/resources/course-listings/
Titel: Graduate Resources Course Listings
von: University of Florida
Webseite: University of Florida

[s390] - https://kimia.fsm.undip.ac.id/chemical-separation-pemkim/
Autor: Drs. Abdul Haris, Msi; Dr. M. Cholid Djunaidi, MSi; Gunawan, Msi, Ph.D
Titel: Chemical Separation (Pemkim)
Webseite: kimia.fsm.undip.ac.id

[s391] - https://link.springer.com/book/10.1007/978-3-030-77252-9
Autor: Ana Valria Colnaghi Simionato
Titel: Separation Techniques Applied to Omics Sciences
von: Springer Cham
Erscheinungsdatum: 09 October 2021
Webseite: Springer
Publisher: Springer Nature Switzerland AG

[s392] - https://pubmed.ncbi.nlm.nih.gov/18392581/
Autor: Gerhard K E Scriba, Arndt Psurek
Titel: Separation of peptides by capillary electrophoresis
Erscheinungsdatum: 2008
Webseite: PubMed
Publisher: Methods in Molecular Biology

[s393] - https://pubmed.ncbi.nlm.nih.gov/12880135/
Autor: Hermann Wtzig, Stefan Gnter
Titel: Capillary electrophoresis-a high performance analytical separation technique
von: Technical University Braunschweig
Erscheinungsdatum: 2003-06
Webseite: PubMed
Publisher: Clin Chem Lab Med

[s394] - https://pubmed.ncbi.nlm.nih.gov/22941176/
Autor: Serena Orlandini, Sergio Pinzauti, Sandra Furlanetto
Titel: Application of quality by design to the development of analytical separation methods
Erscheinungsdatum: 2012-09-02
Webseite: PubMed
Publisher: Anal Bioanal Chem

[s395] - https://www.chemistry.wvu.edu/directory/professors/lisa-holland
Autor: Lisa Holland, Ph.D.
Titel: Lisa Holland - Professor
von: West Virginia University
Webseite: West Virginia University Department of Chemistry

[s396] - https://chemistry.oregonstate.edu/research/analytical-chemistry
Titel: Analytical Chemistry
von: Oregon State University
Webseite: Oregon State University Department of Chemistry

[s397] - https://experts.illinois.edu/en/publications/single-cell-measurements-with-mass-spectrometry-2
Autor: Eric B. Monroe, John C. Jurchen, Stanislav S. Rubakhin, Jonathan V. Sweedler
Titel: Single-Cell Measurements with Mass Spectrometry
von: University of Illinois at Urbana-Champaign
Erscheinungsdatum: 2006-08-24
Webseite: Illinois Experts
Publisher: John Wiley Sons, Ltd.

[s398] - https://pubmed.ncbi.nlm.nih.gov/19224008/
Autor: James J Pitt
Titel: Principles and applications of liquid chromatography-mass spectrometry in clinical biochemistry
von: Murdoch Childrens Research Institute
Erscheinungsdatum: 2009-02
Webseite: PubMed
Publisher: Clin Biochem Rev

[s399] - https://www.med.unc.edu/corefacilities/find-a-core-facility/metabolomics-and-proteomics/
Titel: Metabolomics and Proteomics
von: UNC School of Medicine
Webseite: UNC School of Medicine

[s400] - https://chemrxiv.org/engage/chemrxiv/article-details/6580490ae9ebbb4db931472d
Autor: Damon Griffiths, Malcolm Anderson, Keith Richardson, Satomi Inaba-Inoue, William J. Allen, Ian Collinson, Konstantinos Beis, Michael Morris, Kevin Giles, Argyris Politis
Titel: Cyclic ion mobility for hydrogendeuterium exchange-mass spectrometry applications
von: Waters Corporation
Erscheinungsdatum: 20 December 2023
Webseite: ChemRxiv
Publisher: Cambridge Open Engage

[s401] - https://pubmed.ncbi.nlm.nih.gov/34142202/
Autor: Sven Heiles
Titel: Advanced tandem mass spectrometry in metabolomics and lipidomics-methods and applications
von: Justus Liebig University Giessen
Erscheinungsdatum: 2021-06-18
Webseite: PubMed
Publisher: Anal Bioanal Chem

[s402] - http://ncats.nih.gov/about/jobs/postdoctoral-mass-spectrometry-position-09-03-2024
Titel: Postdoctoral Mass Spectrometry Position, Division of Preclinical Innovation, Analytical Chemistry Core Facility
von: National Institutes of Health
Erscheinungsdatum: September 13, 2024
Webseite: NCATS

[s403] - https://hcbi.fas.harvard.edu/external-microscopy-courses
Titel: Microscopy Courses
von: Harvard Center for Biological Imaging
Webseite: Harvard University

[s404] - https://www.eurekalert.org/news-releases/1055484
Autor: Sebastian Deindl
Titel: New approach for profiling complex dynamics at the single-molecule level
von: Uppsala University
Erscheinungsdatum: 23-Aug-2024
Webseite: EurekAlert
Publisher: American Association for the Advancement of Science (AAAS)

[s405] - https://www.nature.com/articles/s41598-018-34629-8
Autor: Gopal Venkatesh Babu, Palani Perumal, Sakthivel Muthu, Sridhar Pichai, Karthik Sankar Narayan, Sathuvan Malairaj — **Titel:** Enhanced method for High Spatial Resolution surface imaging and analysis of fungal spores using Scanning Electron Microscopy
Erscheinungsdatum: 02 November 2018 — **Webseite:** Nature
Publisher: Scientific Reports

[s406] - https://www.atsdr.cdc.gov/toxprofiles/tp61-c7.pdf
Titel: Asbestos Toxicological Profile — **von:** Centers for Disease Control and Prevention (CDC)
Webseite: ATSDR

[s407] - https://pubmed.ncbi.nlm.nih.gov/30869520/
Autor: Liang Zhao, Mi Shi, Yang Liu, Xiaonan Zheng, Jidong Xiu, Yingying Liu, Lu Tian, Hongjuan Wang, Meiqin Zhang, Xueji Zhang — **Titel:** Systematic Analysis of Different Cell Spheroids with a Microfluidic Device Using Scanning Electrochemical Microscopy and Gene Expression Profiling
von: University of Science and Technology Beijing — **Erscheinungsdatum:** 2019-04-02
Webseite: pubmed.ncbi.nlm.nih.gov — **Publisher:** Analytical Chemistry

[s408] - https://docs.lib.purdue.edu/dissertations/AAI3719289/
Autor: Emma L Kerian — **Titel:** Polarization-dependent nonlinear optical microscopy methods for the analysis of crystals and biological tissues
von: Purdue University — **Webseite:** Purdue University Digital Commons

[s409] - https://pubmed.ncbi.nlm.nih.gov/36163504/
Autor: Yi-Lun Ying, Zheng-Li Hu, Shengli Zhang, Yujia Qing, Alessio Fragasso, Giovanni Maglia, Amit Meller, Hagan Bayley, Cees Dekker, Yi-Tao Long — **Titel:** Nanopore-based technologies beyond DNA sequencing
Erscheinungsdatum: 2022-09-26 — **Webseite:** PubMed
Publisher: Springer Nature Limited

[s410] - https://www.wadsworth.org/senior-staff/theresa-hattenrath
Autor: Theresa K. Hattenrath, PhD — **Titel:** Chief, Laboratory of Environmental Biology
von: New York State Department of Health, Wadsworth Center — **Webseite:** Wadsworth Center

[s411] - https://pmc.ncbi.nlm.nih.gov/articles/PMC9680810/
Autor: Auste Kanapeckaite, Neringa Burokiene, Asta Mazeikiene, Graeme S Cottrell, Darius Widera — **Titel:** Biophysics is reshaping our perception of the epigenome: from DNA-level to high-throughput studies
von: Algorithm379 — **Erscheinungsdatum:** 2021-09-29
Webseite: National Center for Biotechnology Information — **Publisher:** Biophys Rep (N Y)

[s412] - https://www.eurekalert.org/news-releases/1055484
Autor: Sebastian Deindl — **Titel:** New approach for profiling complex dynamics at the single-molecule level
von: Uppsala University — **Erscheinungsdatum:** 23-Aug-2024
Webseite: EurekAlert — **Publisher:** American Association for the Advancement of Science (AAAS)

[s413] - https://pubmed.ncbi.nlm.nih.gov/29476477/
Autor: Daria M Potashnikova, Sergey A Golyshev, Alexey A Penin, Maria D Logacheva, Anna V Klepikova, Anastasia A Zharikova, Andrey A Mironov, Eugene V Sheval, Ivan A Vorobjev — **Titel:** FACS Isolation of Viable Cells in Different Cell Cycle Stages from Asynchronous Culture for RNA Sequencing
Erscheinungsdatum: 2018 — **Webseite:** pubmed.ncbi.nlm.nih.gov
Publisher: Methods Mol Biol

[s414] - https://www.ncbi.nlm.nih.gov/pmc/articles/PMC2848913/
Autor: Jeffrey R Deschamps — **Titel:** X-Ray Crystallography of Chemical Compounds
von: Naval Research Laboratory — **Erscheinungsdatum:** 2011-04-10
Webseite: NCBI — **Publisher:** Life Sciences

[s415] - https://sites.nationalacademies.org/cs/groups/pgasite/documents/webpage/pga_049002.pdf
Autor: American Crystallographic Association and the United States National Committee for Crystallography — **Titel:** Crystallography Education Policies for the Physical and Life Sciences: Sustaining the Science of Molecular Structure in the 21st Century
Erscheinungsdatum: 2006 — **Webseite:** National Academies

[s416] https://chem.libretexts.org/Bookshelves/Analytical_Chemistry/Supplemental_Modules_(Analytical_Chemistry)/Instrumentation_and_Analysis/Diffraction_Scattering_Techniques/X-ray_Crystallography
Autor: Roman Kazantsev, Michelle Towles — **Titel:** X-ray Crystallography
von: LibreTexts — **Erscheinungsdatum:** 2023-08-29
Webseite: LibreTexts

[s417] - https://journals.iucr.org/paper?ky3230
Autor: Lauren E. Hatcher, Mark R. Warren, Paul R. Raithby — **Titel:** Methods in molecular photocrystallography
Erscheinungsdatum: October 2024 — **Webseite:** IUCr Journals
Publisher: International Union of Crystallography

[s418] - https://pubmed.ncbi.nlm.nih.gov/25080254/
Autor: Yun Xu, Linglei Jiang, Xuefeng Mei — **Titel:** Supramolecular structures and physicochemical properties of norfloxacin salts
von: Shanghai Institute of Materia Medica, Chinese Academy of Sciences — **Erscheinungsdatum:** 2014-07-31
Webseite: PubMed — **Publisher:** Acta Crystallographica Section B: Structural Science, Crystal Engineering and Materials

[s419] - https://www.nrl.navy.mil/Media/News/Article/2563124/jerome-karle-nobel-prize-laureate-and-navy-scientist-dies-at-94/
Autor: Donna McKinney — **Titel:** Jerome Karle, Nobel Prize Laureate and Navy Scientist, Dies at 94
von: U.S. Naval Research Laboratory — **Erscheinungsdatum:** June 6, 2013
Webseite: U.S. Naval Research Laboratory

[s420] - https://www.nature.com/articles/s41586-021-04218-3
Autor: Elyse A. Schriber, Daniel W. Paley, Robert **Titel:** Chemical crystallography by serial femtosecond X-ray diffraction
Bolotovsky, Daniel J. Rosenberg, Raymond G.
Sierra, Andrew Aquila, Derek Mendez, Frdric
Poitevin, Johannes P. Blaschke, Asmit B
howmick, Ryan P. Kelly, Mark Hunter, Brandon
Hayes, Derek C. Popple, Matthew Yeung, Carina
Pareja-Rivera, Stella Lisova, Kensuke Tono,
Michihiro Sugahara, Shigeki Owada, Tevye Kuyk
endall, Kaiyuan Yao, P. James Schuck, Diego
Solis-Ibarra, Nicholas K. Sauter, Aaron S. Bre
wster, J. Nathan Hohman
von: Nature **Erscheinungsdatum:** 19 January 2022
Webseite: nature.com **Publisher:** Nature Publishing Group

[s421] - https://rockymountainlabs.com/difference-between-ftir-and-xrd/
Autor: rmladmin **Titel:** Difference between FTIR and XRD
von: Rocky Mountain Laboratories, Inc. **Erscheinungsdatum:** October 19, 2023
Webseite: Rocky Mountain Laboratories

[s422] - https://www.epa.gov/regulation-biotechnology-under-tsca-and-fifra/genetically-modified-organisms
Titel: Regulation of Biotechnology under TSCA and **von:** Environmental Protection Agency (EPA)
FIFRA: Genetically Modified Organisms
Erscheinungsdatum: June 20, 2024 **Webseite:** EPA
Publisher: United States Government

[s423] - https://www.genome.gov/genetics-glossary/Genetic-Engineering
Autor: Mike Smith, Ph.D. **Titel:** Genetic Engineering
von: National Human Genome Research Institute **Erscheinungsdatum:** January 1, 2025
(NHGRI)
Webseite: Genome.gov

[s424] - https://medlineplus.gov/ency/article/002432.htm
Autor: Stefania Manetti, RDN, CDCES, RYT200 **Titel:** Genetically modified organisms - GMOs
von: My Vita Sana LLC **Erscheinungsdatum:** 03042024
Webseite: MedlinePlus **Publisher:** National Library of Medicine

[s425] - https://pubmed.ncbi.nlm.nih.gov/30415344/
Autor: Stephen Novak **Titel:** Plant Biotechnology Applications of Zinc Finger Technology
von: Corteva Agriscience **Erscheinungsdatum:** 2019
Publisher: Methods Mol Biol

[s426] - https://www.who.int/news-room/questions-and-answers/item/food-genetically-modified
Titel: Food, genetically modified **von:** World Health Organization
Erscheinungsdatum: 1 May 2014 **Webseite:** World Health Organization

[s427] - https://www.ift.org/policy-and-advocacy/advocacy-toolkits/biotechnology-and-genetic-engineering
Titel: Biotechnology and Genetic Engineering **von:** Institute of Food Technologists (IFT)
Webseite: IFT

[s428] - https://www.ams.usda.gov/sites/default/files/media/MSExcludedMethods.pdf
Autor: Tracy Favre **Titel:** Excluded Methods Terminology Recommendat
ion
von: National Organic Standards Board (NOSB) **Erscheinungsdatum:** November 18, 2016
Webseite: USDA

[s429] - https://link.springer.com/article/10.1007/s00253-006-0465-8
Autor: Kay Terpe **Titel:** Overview of bacterial expression systems for
heterologous protein production: from molecular
and biochemical fundamentals to commercial
systems
von: Springer Berlin Heidelberg **Erscheinungsdatum:** 22 June 2006
Webseite: Springer **Publisher:** Springer

[s430] - https://bmcbiotechnol.biomedcentral.com/articles/10.1186/1472-6750-11-27
Autor: Elke E Noens, Chris Williams, Madhankumar **Titel:** Improved mycobacterial protein productio usinge
Anandhakrishnan, Christian Poulsen, Matthias T a Mycobacterium smegmatis groEL1DeltaC exp
Ehebauer, Matthias Wilmanns ressio strain
von: BMC Biotechnology **Erscheinungsdatum:** 25 March 2011
Webseite: BMC Biotechnology **Publisher:** BioMed Central

[s431] - https://bmcbiotechnol.biomedcentral.com/articles/10.1186/s12896-016-0268-7
Autor: Da-Chuan Piao, Do-Woon Shin, In-Seon Kim, **Titel:** Trigger factor assisted soluble expression of reco
Hui-Shan Li, Seo-Ho Oh, Bijay Singh, S. mbinant spike protein of porcine epidemic
Maharjan, Yoon-Seok Lee, Jin-Duck Bok, diarrhea virus in Escherichia coli
Chong-Su Cho, Zhong-Shan Hong, Sang-Kee
Kang, Yun-Jaie Choi
von: BMC Biotechnology **Erscheinungsdatum:** 04 May 2016
Webseite: BMC Biotechnology **Publisher:** BioMed Central

[s432] - https://biotechnologyforbiofuels.biomedcentral.com/articles/10.1186/s13068-021-02013-w
Autor: Nai-Xin Lin, Rui-Zhen He, Yan Xu, Xiao-Wei Yu **Titel:** Oxidative stress tolerance contributes to heterolo
gous protein production in Pichia pastoris
Erscheinungsdatum: 20 July 2021 **Webseite:** Biotechnology for Biofuels
Publisher: BMC

[s433] - https://www.nature.com/articles/nbt1095
Autor: Thomas A Kost, J Patrick Condreay, Donald L **Titel:** Baculovirus as versatile vectors for protein expre
Jarvis ssion in insect and mammalian cells
von: Nature Biotechnology **Erscheinungsdatum:** 05 May 2005
Webseite: nature.com **Publisher:** Nature Publishing Group

[s434] - https://link.springer.com/article/10.1023/A:1018723712996
Autor: A. John Clark **Titel:** The Mammary Gland as a Bioreactor: Expre
ssion, Processing, and Production of Rec
ombinant Proteins
Erscheinungsdatum: July 1998 **Webseite:** Springer
Publisher: Kluwer Academic Publishers-Plenum Publishers

[s435] - https://www.nature.com/articles/s41587-022-01393-0
Autor: Robert Chen, Sean K. Wang, Julia A. Belk, Laura **Titel:** Engineering circular RNA for enhanced protein
Amaya, Zhijian Li, Angel Cardenas, Brian T. production
Abe, Chun-Kan Chen, Paul A. Wender, Howard
Y. Chang
von: Nature Biotechnology **Erscheinungsdatum:** 18 July 2022
Webseite: Nature **Publisher:** Nature Publishing Group

[s436] - https://pubmed.ncbi.nlm.nih.gov/27905833/
Autor: Isabelle Legastelois, Sophie Buffin, Isabelle Peubez, Charlotte Mignon, Rgis Sodoyer, Bettina Werle **Titel:** Non-conventional expression systems for the production of vaccine proteins and immunotherapeutic molecules
von: Sanofi Pasteur, Technology Research Institute Bioaster **Erscheinungsdatum:** 2017-04-03
Webseite: PubMed **Publisher:** Taylor Francis

[s437] - https://pubmed.ncbi.nlm.nih.gov/22179756/
Autor: Zihe Liu, Keith E J Tyo, Jos L Martínez, Dina Petranovic, Jens Nielsen **Titel:** Different expression systems for production of recombinant proteins in Saccharomyces cerevisiae
von: Chalmers University of Technology **Erscheinungsdatum:** 2012-05
Webseite: PubMed **Publisher:** Wiley Periodicals, Inc.

[s438] - https://www.susupport.com/knowledge/biopharmaceutical-products/fermentation/microbial-fermentation-simply-explained
Autor: Michael Eder **Titel:** Microbial Fermentation simply explained
von: Single Use Support **Erscheinungsdatum:** 2023-02-14
Webseite: Single Use Support

[s439] - https://www.admissions.purdue.edu/majors/a-to-z/fermentation-science.php
Titel: Fermentation Science **von:** Purdue University
Webseite: Purdue University Admissions

[s440] - https://biotechnologyforbiofuels.biomedcentral.com/articles/10.1186/s13068-022-02253-4
Autor: Yu Sun, Marika Kokko, Igor Vassilev **Titel:** Anode-assisted electro-fermentation with Bacillus subtilis under oxygen-limited conditions
Erscheinungsdatum: 10 January 2023 **Webseite:** Biotechnology for Biofuels and Bioproducts
Publisher: BMC

[s441] - https://pmc.ncbi.nlm.nih.gov/articles/PMC3042664/
Autor: C K Lee, I Darah, C O Ibrahim **Titel:** Production and Optimization of Cellulase Enzyme Using Aspergillus niger USM AI 1 and Comparison with Trichoderma reesei via Solid State Fermentation System
von: Universiti Sains Malaysia, Universiti Malaysia Kelantan **Erscheinungsdatum:** 2010 Oct 11
Webseite: NCBI **Publisher:** Wiley

[s442] - https://biotechnologyforbiofuels.biomedcentral.com/articles/10.1186/s13068-015-0272-5
Autor: Jin Chen, Jose A. Gomez, Kai Hffner, Paul I. Barton, Michael A. Henson **Titel:** Metabolic modeling of synthesis gas fermentation in bubble column reactors
Erscheinungsdatum: 20 June 2015 **Webseite:** Biotechnology for Biofuels
Publisher: BMC

[s443] - https://link.springer.com/article/10.1007/BF01577698
Autor: Adela M. Abaelu, Daniel K. Olukoya, Veronica I. Okochi, Ezekiel O. Akinrimisi **Titel:** Biochemical changes in fermented melon (egusi) seeds (Citrullis vulgaris)
von: Springer-Verlag **Erscheinungsdatum:** November 1990
Webseite: Journal of Industrial Microbiology

[s444] - https://pubmed.ncbi.nlm.nih.gov/35147079/
Autor: Sara Tejedor-Sanz, Eric T Stevens, Siliang Li, Peter Finnegan, James Nelson, Andre Knoesen, Samuel H Light, Caroline M Ajo-Franklin, Maria L Marco **Titel:** Extracellular electron transfer increases fermentation in lactic acid bacteria via a hybrid metabolism
Erscheinungsdatum: 2022-02-11 **Webseite:** eLife
Publisher: eLife Sciences Publications

[s445] - https://www.ncbi.nlm.nih.gov/pmc/articles/PMC3223595/
Autor: Nick Wierckx, Frank Koopman, Harald J Ruijssenaars, Johannes H de Winde **Titel:** Microbial degradation of furanic compounds: biochemistry, genetics, and impact
von: BIRD Engineering BV **Erscheinungsdatum:** 2011 Oct 28
Webseite: NCBI **Publisher:** Springer

[s446] - https://pubmed.ncbi.nlm.nih.gov/38354879/
Autor: Heghine Gevorgyan, Lilit Baghdasaryan, Karen Trchounian **Titel:** Regulation of metabolism and proton motive force generation during mixed carbon fermentation by an Escherichia coli strain lacking the FOF1-ATPase
von: Yerevan State University **Erscheinungsdatum:** 2024-04-01
Webseite: PubMed **Publisher:** Elsevier B.V.

[s447] - https://pubmed.ncbi.nlm.nih.gov/37995253/
Autor: R Buller, S Lutz, R J Kazlauskas, R Snajdrova, J T C Moore, U T Bornscheuer **Titel:** From nature to industry: Harnessing enzymes for biocatalysis
von: Codexis Incorporated, Novartis Institutes for BioMedical Research, Merck Co. **Erscheinungsdatum:** 2023-11-24
Webseite: Science

[s448] - https://www.frontiersin.org/journals/bioengineering-and-biotechnology/articles/10.3389/fbioe.2023.1256181/pdf
Autor: Jiandong Cui, Ismail Ocsoy, Mohamed Abdelraof Mahmoud, Yingjie Du **Titel:** Editorial: Enzyme immobilization technologies and their biomanufacturing applications
von: Frontiers Media SA **Erscheinungsdatum:** 2023-07-28
Webseite: Frontiers in Bioengineering and Biotechnology **Publisher:** Frontiers Media SA

[s449] - https://pmc.ncbi.nlm.nih.gov/articles/PMC10433197/
Autor: Jiandong Cui, Ismail Ocsoy, Mohamed Abdelraof Mahmoud, Yingjie Du **Titel:** Editorial: Enzyme immobilization technologies and their biomanufacturing applications
Erscheinungsdatum: 2023 Jul 31 **Webseite:** PMC
Publisher: Frontiers Media SA

[s450] - https://www.nature.com/articles/s41467-024-46574-4
Autor: Enrico Orsi, Lennart Schada von Borzyskowski, Stephan Noack, Pablo I. Nikel, Steffen N. Lindner **Titel:** Automated in vivo enzyme engineering accelerates biocatalyst optimization
von: Nature Communications **Erscheinungsdatum:** 24 April 2024
Webseite: Nature **Publisher:** Nature Publishing Group

[s451] - https://biotechnologyforbiofuels.biomedcentral.com/articles/10.1186/s13068-024-02519-z
Autor: Katharina Oehlenschlger, Emily Schepp, Judith Stiefelmaier, Dirk Holtmann, Roland Ulber **Titel:** Simultaneous fermentation and enzymatic biocatalysisa useful process option?
von: Biotechnology for Biofuels and Bioproducts **Erscheinungsdatum:** 2024-05-25
Webseite: Biotechnology for Biofuels and Bioproducts **Publisher:** BMC

[s452] - https://stemcellres.biomedcentral.com/articles/10.1186/s13287-019-1165-5
Autor: Voychieh Zakshevski, Matsiey Dobjinski, Maria Shimonovitch, Zbigniev Ribak **Titel:** Stem cells: past, present, and future
von: BMC **Erscheinungsdatum:** 26 February 2019
Webseite: Stem Cell Research Therapy **Publisher:** BMC

[s453] - https://cancerci.biomedcentral.com/articles/10.1186/s12935-023-03190-4
Autor: Oliwia Piwocka, Marika Musielak, Karolina Ampula, Igor Piotrowski, Beata Adamczyk, Magdalena Fundowicz, Wiktoria Maria Suchorska, Julian Malicki
Titel: Navigating challenges: optimising methods for primary cell culture isolation
von: Poznan University of Medical Sciences
Erscheinungsdatum: 11 January 2024
Webseite: Cancer Cell International
Publisher: BMC

[s454] - https://database.ich.org/sites/default/files/Q5D%20Guideline.pdf
Autor: International Conference on Harmonisation of Technical Requirements for Registration of Pharmaceuticals for Human Use (ICH)
Titel: ICH Harmonised Tripartite Guideline: Derivation and Characterisation of Cell Substrates Used for Production of BiotechnologicalBiological Products Q5D
Erscheinungsdatum: 16 July 1997
Webseite: ICH

[s455] - https://www.nature.com/articles/s42003-019-0393-7
Autor: Johanna Michl, Kyung Chan Park, Pawel Swietach
Titel: Evidence-based guidelines for controlling pH in mammalian live-cell culture systems
von: Nature Publishing Group
Erscheinungsdatum: 2019-04-26
Webseite: Nature Communications Biology
Publisher: Nature Publishing Group

[s456] - https://pubmed.ncbi.nlm.nih.gov/32649060/
Autor: Teresa Rivera, Yuanyuan Zhao, Yuhui Ni, Jiwu Wang
Titel: Human-Induced Pluripotent Stem Cell Culture Methods Under cGMP Conditions
von: Allele Biotechnology and Pharmaceuticals, Inc.
Erscheinungsdatum: 2020-09
Webseite: PubMed
Publisher: Curr Protoc Stem Cell Biol

[s457]
https://www.ema.europa.eu/en/documents/scientific-guideline/ich-q5ar2-guideline-viral-safety-evaluation-biotechnology-products-derived-cell-lines-human-or-animal-origin-step-5_en.pdf
Autor: European Medicines Agency
Titel: ICH Q5A(R2) Guideline on viral safety evaluation of biotechnology products derived from cell lines of human or animal origin
Erscheinungsdatum: 14 December 2023
Webseite: European Medicines Agency

[s458] - https://www.nature.com/articles/s41598-018-36954-4
Autor: Thomas L. Moore, Dominic A. Urban, Laura Rodriguez-Lorenzo, Ana Milosevic, Federica Crippa, Miguel Spuch-Calvar, Sandor Balog, Barbara Rothen-Rutishauser, Marco Lattuada, Alke Petri-Fink
Titel: Nanoparticle administration method in cell culture alters particle-cell interaction
von: Nature Publishing Group
Erscheinungsdatum: 29 January 2019
Webseite: Nature
Publisher: Scientific Reports

[s459] - https://pubmed.ncbi.nlm.nih.gov/24297426/
Autor: Bjrn Frahm
Titel: Seed train optimization for cell culture
von: Ostwestfalen-Lippe University of Applied Sciences
Erscheinungsdatum: 2014
Webseite: PubMed
Publisher: Methods Mol Biol

[s460] - https://www.mccormick.northwestern.edu/biotechnology/curriculum/descriptions/mbiotech-476-1.html
Titel: MBIOTECH 476-1: Bioprocess Engineering I: Kinetics, Energetics and Bioreactor Design
von: Northwestern University
Webseite: Northwestern Engineering
Publisher: Robert R. McCormick School of Engineering and Applied Science

[s461] - https://sites.uml.edu/dongming-xie/research/continuous-biomanufacturing/
Autor: Dongming Xie
Titel: Continuous Biomanufacturing
von: University of Massachusetts Lowell
Webseite: UMass Lowell

[s462] - https://cib.ucr.edu/ms-industrial-biotechnology
Titel: M.S. in Industrial Biotechnology
von: University of California, Riverside
Webseite: Center for Industrial Biotechnology

[s463] - https://medcraveonline.com/JABB/design-aspects-of-solid-state-fermentation-as-applied-to-microbial-bioprocessing.html
Autor: Colin Webb, Musaalbakri Abdul Manan
Titel: Design aspects of solid state fermentation as applied to microbial bioprocessing
von: Malaysian Agricultural Research and Development Institute (MARDI)
Erscheinungsdatum: October 18, 2017
Webseite: MedCrave Online
Publisher: Journal of Applied Biotechnology Bioengineering

[s464] - https://www.esf.edu/academics/graduate/bioprocessengineering.php
Titel: Bioprocess Engineering Graduate Programs
von: SUNY College of Environmental Science and Forestry
Webseite: ESF

[s465] - https://seed.nih.gov/sites/default/files/2024-03/Regulatory-Knowledge-Guide-for-Small-Molecules.pdf
Autor: NIH SEED Innovator Support Team
Titel: Regulatory Knowledge Guide for Small Molecules
von: National Institutes of Health (NIH)
Erscheinungsdatum: November 2023
Webseite: NIH SEED

[s466] - https://seed.nih.gov/sites/default/files/2024-03/Regulatory-Knowledge-Guide-Biological-Products.pdf
Autor: NIH SEED Innovator Support Team
Titel: Regulatory Knowledge Guide for Biological Products
Erscheinungsdatum: November 2023
Webseite: NIH SEED

[s467] - https://www.ema.europa.eu/en/documents/presentation/presentation-manufacturing-process-biologics-kowid-ho-afssaps_en.pdf
Autor: K. Ho
Titel: Manufacturing process of biologics
von: Afssaps, France
Erscheinungsdatum: 2011
Webseite: European Medicines Agency
Publisher: ICH International Conference on Harmonisation of Technical Requirements for Registration of Pharmaceuticals for Human Use

[s468] - https://clintonwhitehouse5.archives.gov/media/pdf/pharmaceutical.pdf
Titel: Case Study No. IV: Farm Animal (Goat) That Produces Human Drugs
von: Clinton White House
Webseite: Clinton White House Archives

[s469]
https://www.susupport.com/knowledge/biopharmaceutical-products/fermentation/fermentation-pharmaceutical-industry-complete-guide
Autor: Daniel Tischler
Titel: Fermentation in the pharmaceutical industry: A complete guide
von: Single Use Support
Erscheinungsdatum: 2023-02-17
Webseite: Single Use Support

[s470] - https://pubmed.ncbi.nlm.nih.gov/32333387/
Autor: Mason Schneier, Sidharth Razdan, Allison M Miller, Maria E Briceno, Sutapa Barua
Titel: Current technologies to endotoxin detection and removal for biopharmaceutical purification
von: Missouri University of Science and Technology
Erscheinungsdatum: 2020-05-16
Webseite: PubMed
Publisher: Wiley Periodicals LLC

[s471] - https://www.fda.gov/files/drugs/published/Process-Validation--General-Principles-and-Practices.pdf
Autor: U.S. Department of Health and Human Services **Titel:** Process Validation: General Principles and Practices
von: Food and Drug Administration **Erscheinungsdatum:**January 2011
Webseite: FDA

[s472] - https://database.ich.org/sites/default/files/Q6B%20Guideline.pdf
Titel: Specifications: Test Procedures and Acceptance Criteria for BiotechnologicalBiological Products **von:** International Conference on Harmonisation (ICH)
Erscheinungsdatum:10 March 1999 **Webseite:** ICH

[s473] - https://biomanufacturing.org/uploads/files/198513138537901091-9-chapter-9-updated.pdf
Autor: Montgomery County Community College **Titel:** Chapter 9 - Quality Control: Biochemistry
Erscheinungsdatum:2016 **Webseite:** biomanufacturing.org

[s474] - https://www.cdc.gov/mmwr/pdf/rr/rr6102.pdf
Autor: Bin Chen, PhD, Joanne Mei, PhD, Lisa Kalman, PhD, Shahram Shahangian, PhD, Irene Williams, MMSc, MariBeth Gagnon, MS, Diane Bosse, MS, Angela Ragin, PhD, Carla Cuthbert, PhD, Barbara Zehnbauer, PhD **Titel:** Good Laboratory Practices for Biochemical Genetic Testing and Newborn Screening for Inherited Metabolic Disorders
von: Centers for Disease Control and Prevention **Erscheinungsdatum:**April 6, 2012
Webseite: Centers for Disease Control and Prevention **Publisher:** U.S. Department of Health and Human Services

[s475] - https://ojrd.biomedcentral.com/articles/10.1186/s13023-024-03195-w
Autor: Jing-Wen Li, Shao-Jia Mao, Yun-Qi Chao, Chen-Xi Hu, Yan-Jie Qian, Yang-Li Dai, Ke Huang, Zheng Shen, Chao-Chun Zou **Titel:** Application of tandem mass spectrometry in the screening and diagnosis of mucopolysacchari doses
Erscheinungsdatum:2024-04-29 **Webseite:** Orphanet Journal of Rare Diseases
Publisher: BMC

[s476] - https://www.nature.com/articles/gim200822
Autor: Piero Rinaldo, Tina M Cowan, Dietrich Matern **Titel:** Acylcarnitine profile analysis
von: Mayo Clinic College of Medicine **Erscheinungsdatum:**February 2008
Webseite: Nature **Publisher:** Springer Nature

[s477] - https://clinicalproteomicsjournal.biomedcentral.com/articles/10.1186/s12014-023-09424-x
Autor: Alemayehu Godana Birhanu **Titel:** Mass spectrometry-based proteomics as an emerging tool in clinical laboratories
Erscheinungsdatum:26 August 2023 **Webseite:** Clinical Proteomics
Publisher: BMC

[s478] - https://pubmed.ncbi.nlm.nih.gov/17484616/
Autor: Giuseppe Banfi, Gian Luca Salvagno, Giuseppe Lippi **Titel:** The role of ethylenediamine tetraacetic acid (EDTA) as in vitro anticoagulant for diagnostic purposes
von: IRCCS Galeazzi and Chair of Clinical Biochemistry, School of Medicine, University of Milan **Erscheinungsdatum:**2007
Webseite: PubMed **Publisher:** Clin Chem Lab Med

[s479] - https://jnanobiotechnology.biomedcentral.com/articles/10.1186/s12951-021-00852-1
Autor: Wei-Hsuan Sung, Yu-Ting Tsao, Ching-Ju Shen, Chia-Ying Tsai, Chao-Min Cheng **Titel:** Small-volume detection: platform developments for clinically-relevant applications
Erscheinungsdatum:21 April 2021 **Webseite:** Journal of Nanobiotechnology
Publisher: BMC

[s480] - https://www.cdc.gov/cliac/docs/addenda/cliac0210/Addendum-O.pdf
Titel: CLIAC Recommendations for Good Laboratory Practices for Biochemical Genetic Testing and Newborn Screening for Diagnosis and Monitoring of Inborn Errors of Metabolism **von:** Centers for Disease Control and Prevention (CDC)
Webseite: CDC

[s481] - https://www.nature.com/articles/ejhg2013125
Autor: Mireille Claustres, Viktor Kozich, Els Dequeker, Brian Fowler, Jayne Y Hehir-Kwa, Konstantin Miller, Cor Oosterwijk, Borut Peterlin, Conny van Ravenswaaij-Arts, Uwe Zimmermann, Orsetta Zuffardi, Ros J Hastings, David E Barton **Titel:** Recommendations for reporting results of diagnostic genetic testing (biochemical, cytogenetic and molecular genetic)
von: European Society of Human Genetics **Erscheinungsdatum:**2013-08-14
Webseite: Nature **Publisher:** European Journal of Human Genetics

[s482] - https://www.wadsworth.org/regulatory/clep/clinical-labs/obtain-permit/test-approval
Autor: New York State Department of Health, Wadsworth Center **Titel:** Test Approval
Webseite: Wadsworth Center

[s483] - https://catalog.oregonstate.edu/college-departments/agricultural-sciences/food-science-technology/
Titel: Food Science and Technology **von:** Oregon State University
Webseite: Oregon State University

[s484] - https://catalog.ufl.edu/UGRD/courses/food_science_and_human_nutrition/
Titel: Food Science and Human Nutrition **von:** University of Florida
Webseite: University of Florida

[s485] - https://www.openaccessjournals.com/articles/exploring-the-industrial-applications-of-biochemistry-in-food-and-chemical-sectors.pdf
Autor: Caifang Wang **Titel:** Exploring the Industrial Applications of Biochemistry in Food and Chemical Sectors
Erscheinungsdatum:29-06-2023 **Webseite:** Open Access Journals
Publisher: Journal of Biochemistry Research

[s486] - https://guide.wisc.edu/courses/food_sci/
Titel: Food Science Courses **von:** University of WisconsinMadison
Webseite: University of WisconsinMadison Course Guide

[s487] - https://pubmed.ncbi.nlm.nih.gov/37755640/
Autor: Sarita Roy, Tanmay Sarkar, Vijay Jagdish Upadhye, Runu Chakraborty **Titel:** Comprehensive Review on Fruit Seeds: Nutritional, Phytochemical, Nanotechnology, Toxicity, Food Biochemistry, and Biotechnology Perspective
Erscheinungsdatum:2023 Sep 27 **Webseite:** PubMed
Publisher: Springer Science+Business Media, LLC, part of Springer Nature

[s488] - https://foodsci.rutgers.edu/Graduate/gradContent.php?c=CourseDescription
Titel: Graduate Program in Food Science - CourseDescription **von:** Rutgers University
Webseite: Rutgers University Food Science

[s489] - https://summerprogram.unl.edu/programs/crop-food-innovation/
Titel: Crop-to-Food Innovation von: University of NebraskaLincoln
Webseite: University of NebraskaLincoln Summer Research Program

[s490] - https://engineering.tufts.edu/bioengineering/academics/environmental-biotechnology-track
Titel: Environmental Biotechnology Track von: Tufts University
Webseite: Tufts University School of Engineering

[s491] - https://fpbt.vscht.cz/research/departments/319
Autor: Jana Krtk Titel: Department of Biotechnology Research Overview
von: University of Chemistry and Technology, Prague Erscheinungsdatum:2018-04-24
Webseite: UCT Prague

[s492] - https://inria.hal.science/ird-01586541v3/html_references
Titel: Formation and impact of granules in fostering von: Inria
clean energy production and wastewater treatment in upflow anaerobic sludge blanket (UASB) reactors
Erscheinungsdatum:2012 Webseite: inria.hal.science

[s493] - https://wayne.edu/people/gc5668
Autor: Kishore Gopalakrishnan Titel: Research Scientist
von: Wayne State University Webseite: Wayne State University

[s494] - https://www.ctahr.hawaii.edu/site/Bio.aspx?ID=KHANASAM
Autor: Samir Khanal Titel: Professor in Department of Molecular Bio
sciences BioEngineering
von: University of Hawaii Erscheinungsdatum:December 6, 2017
Webseite: ctahr.hawaii.edu

[s495] - https://www.uakron.edu/engineering/filesdocs/cv_ju.pdf
Autor: Lu-Kwang Ju Titel: Curriculum Vitae of Lu-Kwang Ju
von: The University of Akron Webseite: http:blogs.uakron.edujugroup

[s496] - https://manoa.hawaii.edu/catalog/category/ctahr/mbbe/be/
Titel: 2024-2025 General Catalog von: University of Hawaii at Manoa
Webseite: manoa.hawaii.edu

[s497] - https://link.springer.com/article/10.1007/s10311-021-01273-0
Autor: Ahmed I. Osman, Neha Mehta, Ahmed M. Elg Titel: Conversion of biomass to biofuels and life cycle
arahy, Amer Al-Hinai, Ala'a H. Al-Muhtaseb, assessment: a review
David W. Rooney
von: Springer Erscheinungsdatum:23 July 2021
Webseite: SpringerLink Publisher: Springer

[s498] - https://afdc.energy.gov/fuels/emerging-hydrocarbon
Titel: Renewable Gasoline von: U.S. Department of Energy
Webseite: Alternative Fuels Data Center

[s499] - https://afdc.energy.gov/fuels/renewable-diesel
Titel: Renewable Diesel von: U.S. Department of Energy
Webseite: Alternative Fuels Data Center

[s500] - https://pubmed.ncbi.nlm.nih.gov/26598400/
Autor: Simone Brethauer, Michael H Studer Titel: Biochemical Conversion Processes of Lign
ocellulosic Biomass to Fuels and Chemicals - A Review
von: University of Applied Sciences School of Erscheinungsdatum:2015
Agricultural, Forestry and Food Sciences
Webseite: PubMed Publisher: Chimia (Aarau)

[s501] - https://www.nrel.gov/bioenergy/biofuels-bio-based-chemicals-research.html
Titel: Biofuels and Bio-Based Chemicals Research von: National Renewable Energy Laboratory
Webseite: NREL

[s502] - https://www1.eere.energy.gov/bioenergy/pdfs/biochemical_four_pager.pdf
Titel: Biochemical Conversion: Using Enzymes, M von: U.S. Department of Energy
icrobes, and Catalysts to Make Fuels and Chemicals
Erscheinungsdatum:July 2013 Webseite: bioenergy.energy.gov

[s503] - https://changlab.wordpress.ncsu.edu/
Autor: Wei-Chen Chang Titel: Chang Lab
von: NC State University Webseite: changlab.wordpress.ncsu.edu

[s504] - https://biotechnologyforbiofuels.biomedcentral.com/articles/10.1186/s13068-019-1619-0
Autor: Jung Kim, Do Hyoung Kim, Ki Hyun Nam, Ky Titel: Enzymatic synthesis of l-fucose from l-fuculose
oung Heon Kim using a fucose isomerase from Raoultella sp. and
the biochemical and structural analyses of the enzyme
Erscheinungsdatum:2019-12-05 Webseite: Biotechnology for Biofuels
Publisher: BMC

[s505] - https://pubmed.ncbi.nlm.nih.gov/21882874/
Autor: Nan-Sheng Li, John K Frederiksen, Joseph A Titel: Synthesis, properties, and applications of oligonu
Piccirilli cleotide containing an RNA dinucleotide
phosphorothiolate linkage
Erscheinungsdatum:2011-12-20 Webseite: PubMed
Publisher: American Chemical Society

[s506] - https://pmc.ncbi.nlm.nih.gov/articles/PMC5310975/
Autor: Yi Zou, Marc Garcia-Borrs, Mancheng C Tang, Titel: Enzyme-Catalyzed Cationic Epoxide Rearra
Yuichiro Hirayama, Dehai H Li, Li Li, Kenji Wa ngements in Quinolone Alkaloid Biosynthesis
tanabe, K N Houk, Yi Tang
von: University of California, Los Angeles; University Erscheinungsdatum:2017 Jan 23
of Shizuoka; Ocean University of China
Webseite: National Center for Biotechnology Information Publisher: Nature Chemical Biology

[s507] - https://pmc.ncbi.nlm.nih.gov/articles/PMC11591914/
Autor: Jesús Fernndez-Lucas Titel: Biotechnological and Biomedical Applications of
Enzymes Involved in the Synthesis of Nucle
osides and Nucleotides2nd Edition
Erscheinungsdatum:2024 Nov 12 Webseite: PMC
Publisher: MDPI, Basel, Switzerland

[s508] - https://grants.nih.gov/grants/guide/rfa-files/RFA-RM-16-020.html
Titel: Facile Methods and Technologies for Synthesis von: National Institutes of Health (NIH)
of Biomedically Relevant Carbohydrates (U01)
Erscheinungsdatum:September 16, 2016 Webseite: NIH Grants

Bild-Quellen

Informationen zu allen folgenden Bildern

Keines der Bilder wurden verändert, nur die Auflösung wurde angepasst.

Alle Bilder haben weiterhin die ursprängliche Lizenz.

Trotz sorgfältiger Prüfung kann die Richtigkeit und die Zuordnung der Bilder nicht garantiert werden.

Alle verwendeten Bilder wurden gemäß ihrer jeweiligen Lizenzbestimmungen verwendet.

Bei der eBook Version wurden die Bilder zu nummerierten Collagen zusammengestellt.

Alle Bilder wurden final abgerufen und geprüft am 2025-01-02.

Verwendete Lizenzen

CC0   http://creativecommons.org/publicdomain/zero/1.0/deed.en

CC BY 4.0   https://creativecommons.org/licenses/by/4.0

CC BY 3.0   https://creativecommons.org/licenses/by/3.0

Bildnachweise

[i11] - 001_002_001_image_aquaporin.jpeg
https://upload.wikimedia.org/wikipedia/commons/c/c4/173-Aquaporin_1fqy.jpg
Date: 2014-05-01 **von:** Dcrjsr
Künstler: David Goodsell **License:** CC BY 3.0 (https:creativecommons.orglicensesby3.0)

[i12] - 001_002_001_image_glykoprotein.jpeg
https://upload.wikimedia.org/wikipedia/commons/4/46/T_Cell_Surface_Glycoprotein_CD4_-_PDB_1CDH.jpg
Date: 2013-01-25 **von:** Jacopo Werther
Künstler: RCSB Protein Data Bank **License:** Public domain

[i13] - 001_002_001_image_cholesterin.jpeg
https://upload.wikimedia.org/wikipedia/commons/4/48/Cholesterol_molecule_skeletal.png
Date: 2011-08-04 **von:** Jynto
License: CC0 (http:creativecommons.orgpublicdomainzero1.0deed.en)

[i14] - 001_002_003_image_zellkern.jpeg
https://upload.wikimedia.org/wikipedia/commons/6/6c/HeLa_cells_stained_with_Hoechst_33258.jpg
Date: 2007-01-20 **von:** Masur
Künstler: TenOfAllTrades **License:** Public domain

[i15] - 001_002_003_image_chromosomen.jpeg
https://upload.wikimedia.org/wikipedia/commons/5/53/NHGRI_human_male_karyotype.png
Date: 2012-03-01 **von:** Earthsound
Künstler: Courtesy: National Human Genome Research **License:** Public domain
Institute

[i16] - 001_002_004_image_ribosomen.jpeg
https://upload.wikimedia.org/wikipedia/commons/c/c0/P._urativorans_70S_ribosome_with_Balon_and_RaiA.jpg
Date: 2024-02-21 **von:** Mrfoogles
Künstler: Helena-Bueno, K., Rybak, M.Y., Gagnon, M.G., **License:** CC0 (http:creativecommons.orgpublicdomain
Hill, C.H., Melnikov, S.V. nzero1.0deed.en)

[i17] - 001_002_004_image_steroidhormone.jpeg
https://upload.wikimedia.org/wikipedia/commons/b/b9/Tetrahydrodeoxycorticosterone.png
Date: 2008-11-16 **von:** CopperKettle
Künstler: Meodipt, a user at English Wiki **License:** Public domain

[i18] - 001_002_005_image_mikrotubuli.jpeg
https://upload.wikimedia.org/wikipedia/commons/0/09/FluorescentCells.jpg
Date: 2006-03-24 **von:** Splette
License: Public domain

[i19] - 001_002_006_image_vatpasen.jpeg
https://upload.wikimedia.org/wikipedia/commons/7/7a/PDB_1kyi_EBI.jpg
Date: 2009-04-01 **von:** DonabelSDSU.bot
Künstler: European Bioinformatics Institute **License:** Public domain

[i20] - 001_002_006_image_makrophagen.jpeg
https://upload.wikimedia.org/wikipedia/commons/7/74/Hemophagocytosis_1.jpg
Date: 2009-06-06 **von:** Koenjo~commonswiki
Künstler: Koenjo **License:** Public domain

[i21] - 001_002_009_image_blattmesophyll.jpeg
https://upload.wikimedia.org/wikipedia/commons/f/f4/Leaf_1_web.jpg
Date: 2003-01-05 **von:** Weft
Künstler: Jon Sullivan **License:** Public domain

[i22] - 001_002_009_image_chloroplasten.jpeg
https://upload.wikimedia.org/wikipedia/commons/0/05/Clorofila_3.jpg
Date: 2007 **von:** Wilfredor
License: CC0 (http:creativecommons.orgpublicdomainzero1.0deed.en)

[i23] - 001_002_009_image_cyanobakterien.jpeg
https://upload.wikimedia.org/wikipedia/commons/0/08/Blue-green_algae_on_Emerald_Terrace.jpg
Date: 2019-07-27 **von:** Pseudopanax
License: Public domain

[i24] - 001_002_009_image_parenchymzellen.jpeg
https://upload.wikimedia.org/wikipedia/commons/5/5e/Root_parenchyma_%2834877668995%29.jpg
Date: 2014-02-10 **von:** Netha Hussain
Künstler: Berkshire Community College Bioscience Image **License:** CC0 (http:creativecommons.orgpublicdomain
Library nzero1.0deed.en)

[i25] - 001_003_002_image_isocitratdehydrogenase.jpeg
https://upload.wikimedia.org/wikipedia/commons/8/80/Porcine_Mitochondrial_IDH_surface_with_greenpocket.jpg
Date: 2007-12-06 **von:** Haynathart~commonswiki
Künstler: Haynathart **License:** Public domain

[i26] - 001_003_003_image_cytochrome.jpeg
https://upload.wikimedia.org/wikipedia/commons/0/07/Cytochrome_c.png
Date: 2006-11-20 **von:** Hoffmeier
License: Public domain

[i27] - 001_003_004_image_atp.jpeg
https://upload.wikimedia.org/wikipedia/commons/2/25/ATP-3D-sticks.png
Date: 2020-09-15 **von:** Leonel Sohns
License: Public domain

[i28] - 001_003_004_image_rubisco.jpeg
https://upload.wikimedia.org/wikipedia/commons/7/74/Rubisco.png
Date: 30 November 2005 **von:** Shizhao
Künstler: ARP **License:** Public domain

[i29] - 001_003_004_image_glutathion.jpeg
https://upload.wikimedia.org/wikipedia/commons/8/86/Glutathione-from-xtal-3D-balls.png
Date: 2008-09-04 **von:** Benjah-bmm27
Künstler: Ben Mills **License:** Public domain

[i30] - 001_003_007_image_arylhydrocarbonrezeptor.jpeg
https://upload.wikimedia.org/wikipedia/commons/3/3f/Aryl_hydrocarbon_receptor_PDB_7ZUB.png
Date: 2023-07-28 **von:** Synpath
License: CC0 (http:creativecommons.orgpublicdomainzero1.0deed.en)

[i31] - 002_001_001_image_ballaststoffe.jpeg
https://upload.wikimedia.org/wikipedia/commons/3/3d/Fruit%2C_Vegetables_and_Grain_NCI_Visuals_Online.jpg
Date: 1989 **von:** Lobo
Künstler: Unknown authorUnknown author **License:** Public domain

[i32] - 002_001_002_image_terpene.jpeg
https://upload.wikimedia.org/wikipedia/commons/5/5f/Beta-Myrcene_molecule_ball.png
Date: 2011-08-29 **von:** Jynto
License: CC0 (http:creativecommons.orgpublicdomai nzero1.0deed.en)

[i33] - 002_001_003_image_glykolyse.jpeg
https://upload.wikimedia.org/wikipedia/commons/8/86/Glycolysis%26Gluconeogenesis.jpg
Date: 2020-11-19 **von:** BiochemistryProf
License: CC0 (http:creativecommons.orgpublicdomai nzero1.0deed.en)

[i34] - 002_001_004_image_hormone.jpeg
https://upload.wikimedia.org/wikipedia/commons/2/21/Peptide_hormone_-_2arv.png
Date: 2008-08-31 **von:** Ayacop
Künstler: own work **License:** Public domain

[i35] - 002_001_004_image_gehirn.jpeg
https://upload.wikimedia.org/wikipedia/commons/0/0a/Human_brain_NIH.png
Date: 2007-07-23 **von:** Talgraf777
Künstler: National Institutes of Health **License:** Public domain

[i36] - 002_001_005_image_massenspektrometrie.jpeg
https://upload.wikimedia.org/wikipedia/commons/f/f1/Europa_Clipper%27s_Mass_Spectrometer.jpg
Date: 2022-12-20 **von:** Artem.G
Künstler: NASAJPL-Caltech **License:** Public domain

[i37] - 002_001_006_image_signaltransduktion.jpeg
https://upload.wikimedia.org/wikipedia/commons/5/5c/3D0E_Ribbon.png
Date: 2011-09-27 **von:** Cmdrjameson
Künstler: Gennifer Tsoi **License:** CC0 (http:creativecommons.orgpublicdomai nzero1.0deed.en)

[i38] - 002_001_006_image_vitamin_e.jpeg
https://upload.wikimedia.org/wikipedia/commons/f/f0/Vitamin-E-from-xtal-3D-bs-17.png
Date: 2023-10-22 **von:** Benjah-bmm27
Künstler: Ben Mills **License:** Public domain

[i39] - 002_001_007_image_antioxidantien.jpeg
https://upload.wikimedia.org/wikipedia/commons/3/3c/Glutathione-3D-vdW.png
Date: 2007-06-24 **von:** dodekairaamen
Künstler: Ben Mills **License:** Public domain

[i40] - 002_001_007_image_stickstoffmonoxid.jpeg
https://upload.wikimedia.org/wikipedia/commons/7/73/Nitric-oxide-3D-vdW.png
Date: 2007-02-18 **von:** Benjah-bmm27
License: Public domain

[i41] - 002_001_007_image_flavinylierung.jpeg
https://upload.wikimedia.org/wikipedia/commons/f/fb/Flavin_mononucleotide_anion_3D_ball.png
Date: 2011-07-03 **von:** Jynto
License: CC0 (http:creativecommons.orgpublicdomai nzero1.0deed.en)

[i42] - 002_002_001_image_ligand.jpeg
https://upload.wikimedia.org/wikipedia/commons/7/75/NOTCH-1_ligand_binding_region.png
Date: 2007-05-17 **von:** Hannes Rst
License: Public domain

[i43] - 002_002_001_image_spikeprotein.jpeg
https://upload.wikimedia.org/wikipedia/commons/0/01/Coronavirus_spike_protein_%2850249457617%29.png
Date: 2020-08-20 **von:** Netha Hussain
Künstler: NIH Image Gallery **License:** Public domain

[i44] - 002_002_001_image_bindungsaffinitaet.jpeg
https://upload.wikimedia.org/wikipedia/commons/5/5a/Streptavidin.png
Date: 2010-05-20 **von:** Roo1812
License: Public domain

[i45] - 002_002_001_image_zytokin.jpeg
https://upload.wikimedia.org/wikipedia/commons/f/f9/IL17F_1JPY.png
Date: 2010-11-21 **von:** Boghog
License: Public domain

[i46] - 002_002_002_image_konformationellen_uebergaengen.jpeg
https://upload.wikimedia.org/wikipedia/commons/3/38/IL10_Crystal_Structure.rsh.png
Date: 2006-10-12 **von:** Sedmic
Künstler: Ramin Herati **License:** Public domain

[i47] - 002_002_002_image_nadabhaengige_isocitratdehydrogenase.jpeg
https://upload.wikimedia.org/wikipedia/commons/5/5c/Isocitrate_dehydrogenase_%28coli%29.jpg
Date: 2006-11-15 **von:** Giac83
Künstler: this site **License:** Public domain

[i48] - 002_002_002_image_hexokinase_i.jpeg
https://upload.wikimedia.org/wikipedia/commons/2/28/Hexokinase_3O08.png
Date: 2010-11-10 **von:** Boghog
Künstler: Hexokinase.pdb2.jpg **License:** CC0 (http:creativecommons.orgpublicdomai nzero1.0deed.en)

[i49] - 002_002_003_image_intrinsisch_ungeordnete_proteine.jpeg
https://upload.wikimedia.org/wikipedia/commons/7/7d/Human_androgen_receptor.png
Date: 2024-12-23 **von:** Sangak
License: CC0 (http:creativecommons.orgpublicdomai nzero1.0deed.en)

[i50] - 002_002_004_image_dnaproteinkomplexe.jpeg
https://upload.wikimedia.org/wikipedia/commons/f/f0/Streptococcus_pyogenes_Cas9-DNA-RNA_complex_PDB_4OO8.png
Date: 2023-06-21 **von:** Synpath
License: CC0 (http:creativecommons.orgpublicdomai nzero1.0deed.en)

[i51] - 002_002_004_image_zinkfinger.jpeg
https://upload.wikimedia.org/wikipedia/commons/8/8a/Chain_A%2C_Crystal_Structure_Of_Mcpip1_Conserved_Domain_With_Zinc-finger_Motif.png
Date: 2014-05-07 **von:** Bwhiskers
Künstler: NCBI **License:** Public domain

[i52] - 002_002_004_image_gleitende_klammern.jpeg
https://upload.wikimedia.org/wikipedia/commons/a/a6/Sliding_clamp_dna_complex.png
Date: 2010-12-23 **von:** Boghog
License: Public domain

[i53] - 002_002_005_image_integrine.jpeg
https://upload.wikimedia.org/wikipedia/commons/e/ec/Protein_ITGB1_PDB_1K11.png
Date: 2011-08-03   von: Pleiotrope
License: Public domain

[i54] - 002_002_006_image_sekretorisches_immunglobulin_a.jpeg
https://upload.wikimedia.org/wikipedia/commons/d/dd/Ig_A.jpg
Date: 29 January 2005   von: Arcadian
Künstler: Tukan   License: Public domain

[i55] - 002_002_007_image_neurotransmitter.jpeg
https://upload.wikimedia.org/wikipedia/commons/f/f9/Leu-enkephalin_molecule_ball.png
Date: 2015-06-26   von: Jynto
License: CC0 (http:creativecommons.orgpublicdomainzero1.0deed.en)

[i56] - 002_003_001_image_transkriptionsfaktoren.jpeg
https://upload.wikimedia.org/wikipedia/commons/9/91/SRY%2BDNA_1J46.png
Date: 2008-09-23   von: Ayacop
Künstler: own work   License: Public domain

[i57] - 002_003_002_image_kuheterodimer.jpeg
https://upload.wikimedia.org/wikipedia/commons/0/0c/Crystal_Structure_of_the_Ku_Heterodimer_-_35.png
Date: 2009-12-22   von: Karol007
License: Public domain

[i58] - 002_003_003_image_gproteingekoppelte_rezeptoren.jpeg
https://upload.wikimedia.org/wikipedia/commons/d/d9/Gprotein-coupled_receptor_kinase.png
Date: 41111   von: KunkMast3rFl3x
Künstler: Jmol development team   License: CC0 (http:creativecommons.orgpublicdomainzero1.0deed.en)

[i59] - 002_003_004_image_interleukin2.jpeg
https://upload.wikimedia.org/wikipedia/commons/7/73/IL6_Crystal_Structure.png
Date: 2011-02-22   von: SchuminWeb
Künstler: Sedmic   License: Public domain

[i60] - 002_003_005_image_chondrozyten.jpeg
https://upload.wikimedia.org/wikipedia/commons/e/ee/Hypertrophic_Zone_of_Epiphyseal_Plate.jpg
Date: 2010-02-22   von: Robert M. Hunt~commonswiki
Künstler: Robert M. Hunt   License: Public domain

[i61] - 002_003_006_image_calmodulin.jpeg
https://upload.wikimedia.org/wikipedia/commons/5/59/PDB_1xfu_EBI.jpg
Date: 2009-02-10   von: DonabelSDSU.bot
Künstler: European Bioinformatics Institute   License: Public domain

[i62] - 002_003_006_image_hitzeschockproteine.jpeg
https://upload.wikimedia.org/wikipedia/commons/d/d8/AhR-Hsp90-XAP2_complex_PDB_7ZUB.png
Date: 2023-07-28   von: Synpath
License: CC0 (http:creativecommons.orgpublicdomainzero1.0deed.en)

[i63] - 003_001_005_image_chlorophyll.jpeg
https://upload.wikimedia.org/wikipedia/commons/9/92/Chlorophyll-a-3D-vdW.png
Date: 2006-08-16   von: Benjah-bmm27
License: Public domain

[i64] - 003_002_001_image_polypeptidkette.jpeg
https://upload.wikimedia.org/wikipedia/commons/b/b6/PDB_1bba_EBI.jpg
Date: 2009-02-04   von: DonabelSDSU.bot
Künstler: European Bioinformatics Institute   License: Public domain

[i65] - 003_002_001_image_chaperone.jpeg
https://upload.wikimedia.org/wikipedia/commons/4/4d/PDB_1s28_EBI.jpg
Date: 2009-03-22   von: DonabelSDSU.bot
Künstler: European Bioinformatics Institute   License: Public domain

[i66] - 003_002_003_image_laktat.jpeg
https://upload.wikimedia.org/wikipedia/commons/f/f2/L-%28-%29-ethyl-lactate-3D-balls.png
Date: 2010-11-06   von: Jynto
License: Public domain

[i67] - 003_002_004_image_dihydroorotatdehydrogenase.jpeg
https://upload.wikimedia.org/wikipedia/commons/2/2d/PDB_1jrb_EBI.jpg
Date: 2009-03-08   von: DonabelSDSU.bot
Künstler: European Bioinformatics Institute   License: Public domain

[i68] - 003_002_005_image_sekundaermetabolite.jpeg
https://upload.wikimedia.org/wikipedia/commons/9/9c/Griseoxanthone.png
Date: 2022-02-07   von: Esculenta
License: CC0 (http:creativecommons.orgpublicdomainzero1.0deed.en)

[i69] - 003_003_002_image_rnabindende_proteine.jpeg
https://upload.wikimedia.org/wikipedia/commons/2/25/PDB_1wel_EBI.jpg
Date: 2009-03-22   von: DonabelSDSU.bot
Künstler: European Bioinformatics Institute   License: Public domain

[i70] - 003_003_003_image_sod1.jpeg
https://upload.wikimedia.org/wikipedia/commons/9/9e/SODC_2C9U.png
Date: 2008-10-11   von: Ayacop
Künstler: own work   License: Public domain

[i71] - 003_003_003_image_kryoelektronenmikroskopie.jpeg
https://upload.wikimedia.org/wikipedia/commons/c/c7/Retromer_6H7W.png
Date: 2024-03-03   von: Boghog
License: CC0 (http:creativecommons.orgpublicdomainzero1.0deed.en)

[i72] - 003_003_004_image_kinesin.jpeg
https://upload.wikimedia.org/wikipedia/commons/1/1d/PDB_1ry6_EBI.jpg
Date: 2009-03-10   von: DonabelSDSU.bot
Künstler: European Bioinformatics Institute   License: Public domain

[i73] - 003_003_004_image_gtpasen.jpeg
https://upload.wikimedia.org/wikipedia/commons/1/1a/PDB_1x0h_EBI.jpg
Date: 2009-03-29   von: DonabelSDSU.bot
Künstler: European Bioinformatics Institute   License: Public domain

[i74] - 003_003_005_image_calciumkanaele.jpeg
https://upload.wikimedia.org/wikipedia/commons/7/7c/PDB_1t3s_EBI.jpg
Date: 2009-03-09   von: DonabelSDSU.bot
Künstler: European Bioinformatics Institute   License: Public domain

[i75] - 003_003_006_image_caspasen.jpeg
https://upload.wikimedia.org/wikipedia/commons/7/7e/Caspase_1.png
Date: 12 July 2007   von: Lijealso
License: Public domain

[i76] - 003_003_006_image_cytochrom_c.jpeg
https://upload.wikimedia.org/wikipedia/commons/8/80/Cytochrome-c-CXXCH-heme-binding-pdb-3ZCF.png
Date: 2018-11-29   von: Antibob
License: CC0   (http:creativecommons.orgpublicdomai
               nzero1.0deed.en)

[i77] - 004_001_001_image_chromatographie.jpeg
https://upload.wikimedia.org/wikipedia/commons/5/5c/EPA_GULF_BREEZE_LABORATORY%2C_CHEMISTRY_LAB._DENNIS_KNIGH
T_PHYSICAL_SCIENCE_TECHNICIAN%2C_PREPARES_PESTICIDE_SEDIMENT..._-_NARA_-_546310.jpg
Date: July   von: US National Archives bot
Künstler: NARA record: 8464472   License: Public domain

[i78] - 004_001_002_image_spektroskopie.jpeg
https://upload.wikimedia.org/wikipedia/commons/e/ef/SpectroscopyResearch_012.jpg
Date: 1948-09-29   von: NISTResearchLibrary
Künstler: National Institute of Standards and Technology   License: Public domain

[i79] - 004_001_003_image_elektrophorese.jpeg
https://upload.wikimedia.org/wikipedia/commons/7/7b/Micro-electrophoresis_apparatus_close_up._Photograph_taken_June_5%2C_1963._Joh
n_H._Lawrence_Collection-3634._%28Photograph_by-_Doug_Bradley%29_-_DPLA_-_1ef94aaae639a4096378417023f7c1b5.jpg
Date: 6 May 1963 styledisplay: none;>date QS:Pvon: DPLA bot
               571,+1963-05-06T00:00:00Z11
License: Public domain

[i80] - 004_001_003_image_labonachip.jpeg
https://upload.wikimedia.org/wikipedia/commons/3/33/Lab_on_a_Chip_%287788250170%29.jpg
Date: 2008-05-16   von: Vanished Account Byeznhpyxeuztibuo
Künstler: National Institute of Standards and Technology   License: Public domain

[i81] - 004_001_004_image_fluessigchromatographie.jpeg
https://upload.wikimedia.org/wikipedia/commons/9/9b/High-performance_liquid_chromatography.jpg
Date: 2017-03-13   von: Dqwyy
License: CC0   (http:creativecommons.orgpublicdomai
               nzero1.0deed.en)

[i82] - 004_001_005_image_rasterelektronenmikroskopie.jpeg
https://upload.wikimedia.org/wikipedia/commons/f/f9/Flea_Scanning_Electron_Micrograph_False_Color.jpg
Date: 2009-08-04   von: Raeky
Künstler: CDCJanice Haney Carr   License: Public domain

[i83] - 004_001_005_image_transmissionselektronenmikroskopie.jpeg
https://upload.wikimedia.org/wikipedia/commons/3/30/Transmission_Electron_Microscope_Kemira.jpg
Date: 2009   von: Kallerna
Künstler: kallerna   License: Public domain

[i84] - 004_001_005_image_phasenkontrastmikroskopie.jpeg
https://upload.wikimedia.org/wikipedia/commons/5/5c/Phase_contrast_microscope.jpg
Date: 2007-06-19   von: GcG~commonswiki
Künstler: GcG   License: Public domain

[i85] - 004_001_007_image_kristallisation.jpeg
https://upload.wikimedia.org/wikipedia/commons/f/fd/%D0%9A%D1%80%D0%B8%D1%81%D1%82%D0%B0%D0%BB%D1%96%D0%B
7%D0%B0%D1%86%D1%96%D1%8F_%D1%81%D0%BE%D0%BB%D1%96_%D0%BD%D0%B0_%D0%B4%D0%BD%D1%96_%D
1%81%D0%BE%D0%BB%D0%BE%D0%BD%D0%BE%D0%B3%D0%BE_%D0%BE%D0%B7%D0%B5%D1%80%D0%B0_%D0%B2
%D0%9A%D1%80%D0%B8%D0%BC%D1%83.jpg
Date: 2022-08-01   von: Helen Owl
License: CC0   (http:creativecommons.orgpublicdomai
               nzero1.0deed.en)

[i86] - 004_001_007_image_xrd.jpeg
https://upload.wikimedia.org/wikipedia/commons/1/10/PIA16217-MarsCuriosityRover-1stXRayView-20121017.jpg
Date: 2012-10-30   von: Drbogdan
Künstler: NASAJPL-CaltechAmes   License: Public domain

[i87] - 004_002_001_image_gentechnik.jpeg
https://upload.wikimedia.org/wikipedia/commons/3/3e/Bacteria_used_to_make_wheat_seeds_nearly_immune_to_wheat_take-all.jpg
Date: 0001-02-08   von: Photohound
Künstler: Jack Dykinga   License: Public domain

[i88] - 004_002_001_image_synthesebio.jpeg
https://upload.wikimedia.org/wikipedia/commons/2/2b/D5SICS.png
Date: 2016-04-22   von: Powermelon
License: CC0   (http:creativecommons.orgpublicdomai
               nzero1.0deed.en)

[i89] - 004_002_004_image_enzymengineering.jpeg
https://upload.wikimedia.org/wikipedia/commons/2/2c/Plague_Enzyme_Structure_%285880495581%29.jpg
Date: 2006-08-17   von: Vanished Account Byeznhpyxeuztibuo
Künstler: National Institute of Standards and Technology   License: Public domain

[i90] - 004_002_004_image_molekulardynamiksimulationen.jpeg
https://upload.wikimedia.org/wikipedia/commons/9/9b/Visual_Molecular_Dynamics_visualization.jpg
Date: 2011-01-29   von: Toughpkh
License: Public domain

[i91] - 004_002_005_image_fibroblasten.jpeg
https://upload.wikimedia.org/wikipedia/commons/3/3e/Human_embryonic_stem_cell_colony_phase.jpg
Date: 12 July 2007   von: File Upload Bot (Magnus Manske)
Künstler: Id711   License: Public domain

[i92] - 004_002_005_image_induzierte_pluripotente_stammzellen.jpeg
https://upload.wikimedia.org/wikipedia/commons/3/3e/Human_induced_pluripotent_stem_cell_colony_%2851816035910%29.jpg
Date: 2022-01-11   von: Daniel Mietchen
Künstler: NIH Image Gallery   License: Public domain

[i93] - 004_002_006_image_computational_fluid_dynamics.jpeg
https://upload.wikimedia.org/wikipedia/commons/3/30/ConvectionHorizontalPlate.png
Date: 05.09.2008   von: Harke
License: Public domain

[i94] - 004_003_001_image_pharmazeutische_produktion.jpeg
https://upload.wikimedia.org/wikipedia/commons/4/44/Waste_Processing%3B_Drugs_in_Wastewater_%285884716167%29.jpg
Date: 2011-06-29   von: Vanished Account Byeznhpyxeuztibuo
Künstler: National Institute of Standards and Technology   License: Public domain

[i95] - 004_003_002_image_fluessigkeitschromatographie.jpeg
https://upload.wikimedia.org/wikipedia/commons/9/94/AN_ENVIRONMENTAL_PROTECTION_AGENCY_LABORATORY_TECHNICIA
N_IN_NEW_YORK_CITY_IS_SHOWN_WORKING_WITH_A_GAS_LIQUID..._-_NARA_-_555265.jpg

| Date: | March | von: | US National Archives bot |
| Künstler: | Dan McCoy | License: | Public domain |

[i96] - 004_003_002_image_pointofcarediagnostik.jpeg
https://upload.wikimedia.org/wikipedia/commons/6/61/Rapid_point-of-care_syphilis_test-CDC.jpg

| Date: | 2013-05-13 | von: | 7mike5000 |
| Künstler: | Centers for Disease Control and Prevention | License: | Public domain |

[i97] - 004_003_003_image_fermentation.jpeg
https://upload.wikimedia.org/wikipedia/commons/e/e6/Lacto-fermentation-861551.jpg

| Date: | 2015-07-16 | von: | Pixeltoo |
| Künstler: | Corey Ryan Hanson | License: | CC0 (http:creativecommons.orgpublicdomainzero1.0deed.en) |

[i98] - 004_003_003_image_aromaforschung.jpeg
https://upload.wikimedia.org/wikipedia/commons/1/1c/Plant_Habitat-04_%28PH-04%29_Pepper_Seed_Planting_%28KSC-20210408-PH-IL
W01_0040%29.jpg

| Date: | Taken | von: | OptimusPrimeBot |
| Künstler: | NASA Kennedy Space Center NASAIsaac Watson | License: | Public domain |

[i99] - 004_003_003_image_nachhaltige_lebensmittelproduktion.jpeg
https://upload.wikimedia.org/wikipedia/commons/c/cf/Mars_Food_Production_-_Bisected.jpg

| Date: | 2015-08-07 | von: | Ras67 |
| Künstler: | NASA | License: | Public domain |

[i100] - 004_003_004_image_mikroalgen.jpeg
https://upload.wikimedia.org/wikipedia/commons/a/a1/15_3klein2.jpg

| Date: | 2009-03-15 | von: | Inks002~commonswiki |
| Künstler: | Inks002 | License: | Public domain |

[i101] - 004_003_004_image_aquaponik.jpeg
https://upload.wikimedia.org/wikipedia/commons/8/84/BackyardAqauponics%40BAU.jpg

| Date: | 2011-01-30 | von: | Goodybuddy |
| Künstler: | BackyardAqauponics@BAU.jpg | License: | CC0 (http:creativecommons.orgpublicdomainzero1.0deed.en) |

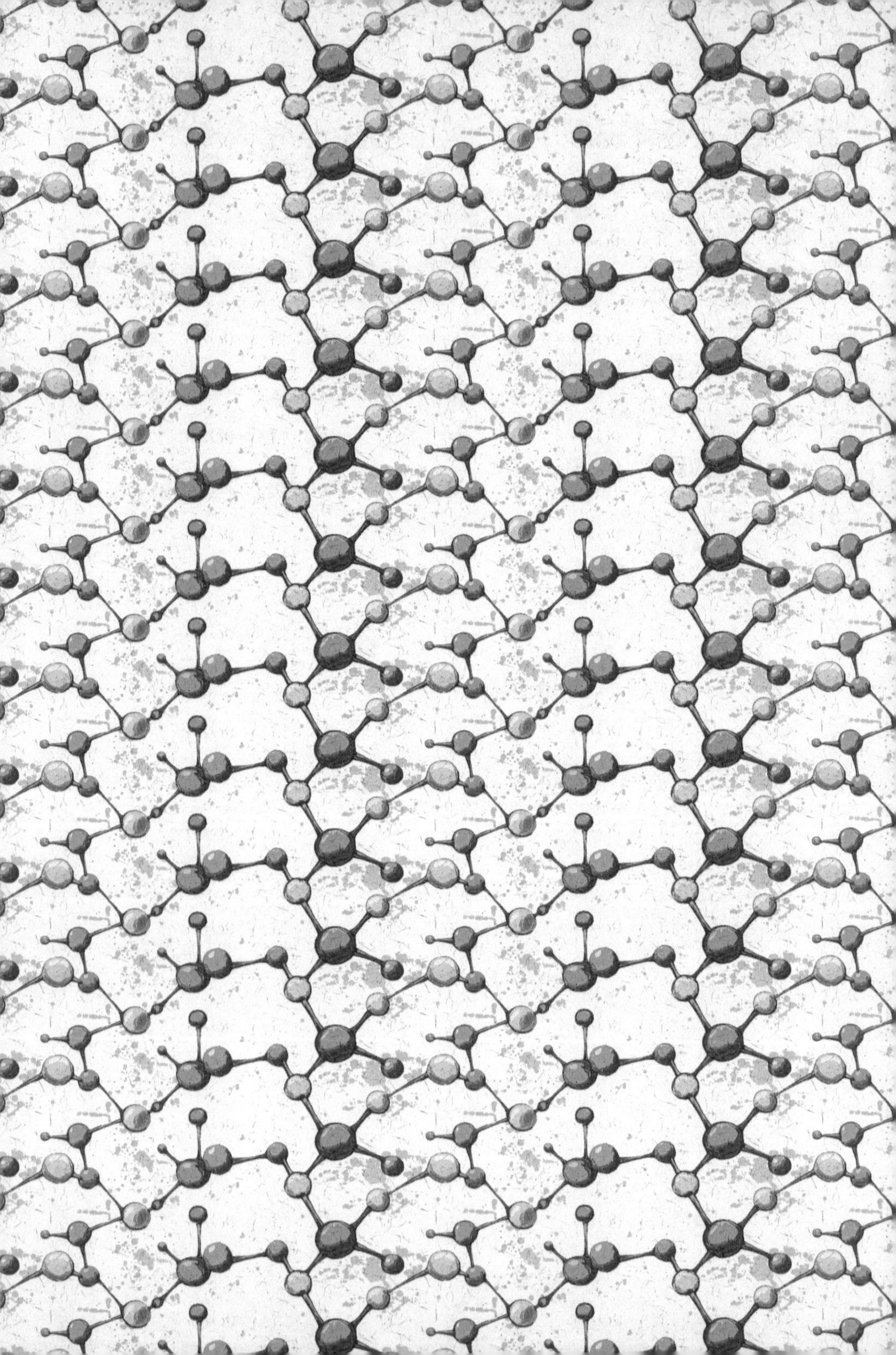